U0309301

水利部农村电气化研究所
亚太地区小水电研究培训中心

30年发展纪事

◎水利部农村电气化研究所 编著

中国水利水电出版社
www.waterpub.com.cn

内 容 提 要

本书全面回顾了水利部农村电气化研究所（亚太地区小水电研究培训中心）成立30年来的发展历程，详细阐述了其在国际合作与交流方面、科学研究和新技术研发方面、国内培训及情报交流方面、小水电技术服务方面的工作成果。全书以历史档案为基础，收集、整理的材料完整、真实，并本着“纪实”的原则，记录客观事实，完整展现发展历史，全面反映其各个时期的发展状况。

本书可供水电专业人员及关心水电发展的相关人士阅读。

图书在版编目（CIP）数据

水利部农村电气化研究所（亚太地区小水电研究培训中心）30年发展纪事 / 水利部农村电气化研究所编著. -- 北京 : 中国水利水电出版社, 2011.12
ISBN 978-7-5084-9336-7

Ⅰ. ①水… Ⅱ. ①水… Ⅲ. ①水力发电工程—国际交流—概况—中国 Ⅳ. ①TV7

中国版本图书馆CIP数据核字(2011)第275824号

书　　名	水利部农村电气化研究所 亚太地区小水电研究培训中心　30年发展纪事
作　　者	水利部农村电气化研究所　编著
出版发行	中国水利水电出版社 （北京市海淀区玉渊潭南路1号D座　100038） 网址：www.waterpub.com.cn E-mail：sales@waterpub.com.cn 电话：(010) 68367658（发行部）
经　　售	北京科水图书销售中心（零售） 电话：(010) 88383994、63202643、68545874 全国各地新华书店和相关出版物销售网点
排　　版	中国水利水电出版社微机排版中心
印　　刷	北京新华印刷有限公司
规　　格	184mm×260mm　16开本　21.25印张　394千字　11插页
版　　次	2011年12月第1版　2011年12月第1次印刷
印　　数	0001—1200册
定　　价	**98.00**元

凡购买我社图书，如有缺页、倒页、脱页的，本社发行部负责调换

开拓前进
再创辉煌

祝贺
农电所（亚太中心）
成立三十周年

钱正英
二〇一一年三月

中国工程院院士、全国政协原副主席、水利部原部长钱正英题词

贯彻落实科学发展观
促进农村水电新跨越

陈雷

二〇一一年六月

水利部部长陈雷为农电所（亚太中心）成立30周年题词

贺农电所(亚太中心)成立三十周年

科技创新发展农电
人水和谐改善民生

胡四一
2011.6.26

水利部副部长胡四一题词

序一

20世纪90年代初，我开始接触亚太地区小水电研究培训中心（以下简称亚太中心），知道它是联合国和中国政府共同支持成立的一个机构，目的是加强小水电国际交流与合作、促进发展中国家小水电发展，以缓解世界石油危机，遏制全球环境恶化。该机构对内称水利部农村电气化研究所（以下简称农电所），是为我国农村水电及电气化发展服务的。出自职业本能和爱好，我对这个机构及其从事的行业颇感兴趣，并结下可喜之缘。

从1993年开始，作为河海大学教授，我多次应邀为亚太中心举办的小水电国际培训班讲课，还参加了亚太中心与河海大学合作的水利部科技重点项目“中小型抽水蓄能电站开发研究”以及国内首座中型抽水蓄能电站——宁波溪口抽水蓄能电站输水系统的研究和设计。2001年后，我在水利部任职期间，又分管科研管理和农村水电工作，对亚太中心有了更多接触和全面了解。这20年来我不仅对农电事业、小水电和可再生能源有了深厚感情，也与亚太中心（农电所）以及这里的好多同志都结下了可贵友谊。在纪念亚太中心（农电所）成立30

年的喜庆日子里，我愿对亚太中心（农电所）及其全体同仁业已取得的辉煌成绩致以热烈的祝贺。

当前，水利事业正面临难得的机遇和重大挑战。2011年的中央1号文件《中共中央 国务院关于加快水利改革发展的决定》和刚刚召开的中央水利工作会议开启了我国水利跨越式发展的新征程，水利建设包括农村水电将迎来新的热潮。鉴于全球能源困境持续深化，气候及环境问题日趋严峻，可再生能源和清洁能源的发展正成为国际社会的关注焦点、迫切要求和重大课题。国内外形势都要求亚太中心（农电所）做出更大贡献。衷心祝愿亚太中心（农电所）百尺竿头，更上一层楼，为我国农电事业和小水电国际合作创建新的功勋。

是为序。

索丽生

民盟中央副主席、水利部原副部长

2011年7月

序二

斗转星移，春华秋实。在喜迎中国共产党成立90年之际，《水利部农村电气化研究所亚太地区小水电研究培训中心30年发展纪事》付梓出版，这也是向水利部农村电气化研究所（亚太地区小水电研究培训中心）建立30周年献上的一份厚礼。

亚太地区小水电研究培训中心是我国政府和联合国有关机构共同支持，由水利部负责组建的一个区域小水电研究和培训中心，是我国对外开放的一个产物。水利部农村电气化研究所则是为我国农村水电及电气化发展进行研究和服务的科研机构。1981年农电所（亚太中心）成立以来，为小水电国际合作做了大量工作，为国内农村水电及电气化建设提供了卓有成效的技术服务与支撑。自2001年水利部决定将农电所（亚太中心）划归南京水利科学研究院管理以来，在水利部的正确领导和大力支持下，农电所（亚太中心）紧密围绕水利中心工作，紧紧抓住国家实施农村电气化县建设、送电到乡和小水电代燃料生态保护工程的机遇，承担完成了一批水利公益性行业专项研究，主持编制了《全国农村水电增效扩容规划》及农村水电方面的行业技术标准规划，积极申报国家项目，公益性和基础性研究明显增强。同时，进一步开拓了国内外技术合作和贸易业务，取得了可喜的成绩，综合实力也有了明显的提高，逐步走上了国家级科研院所的发展道路。

历史是一面镜子和教科书。回顾农电所（亚太中心）30年的发展历程，既可全面总结过去的工作与经验、肯定成绩、传承历史，同时又可以面向未来、激励同志、开拓创新、再创新的辉煌。农电所（亚太中心）领导认真组织力量，尽力搜集历史资料，实事求是地编写了这本反映历史真实的纪事，是一件非常有意义的事情。

2011年中央1号文件提出了当前和今后一段时期开展水利建设的指导思想和目标任务，明确了新时期的水利发展战略定位，强调水是生命之源、生产之要、生态之基，强调了水利的公益性、基础性、战略性。水利将迎来一个改革与发展的春天，包括农村水电在内的水利建设将面临难得的机遇和重大的挑战。国际上，能源危机有增无减，环境问题日趋严峻，对可再生能源发展的需求日益迫切，帮助发展中国家加速发展小水电也是农电所（亚太中心）面临的新的机遇。国内外的发展形势都要求农电所（亚太中心）有更大的作为，为水电新农村电气化建设、小水电代燃料等直接关系到人民群众生活保障的民生水利等更加努力地工作，为农村水电及电气化事业更好更快地发展提供技术支撑和服务，为小水电和清洁能源的科技创新做出更大贡献。国际上，要实施小水电"走出去"的战略，积极开拓市场，提供优良的技术咨询和技术服务。

农电所（亚太中心）在"十二五"规划目标中已提出"科研上水平、产业上规模、国际合作上台阶"，发展蓝图已绘就，发展目标已明确，发展思路已清晰。相信在水利部的正确领导和大力支持下，农电所（亚太中心）一定会和南京水利科学研究院这个大家庭一起，面对挑战、抢抓机遇、深化改革、勇于创新，在建设一流的国家级科研院所的道路上快速平稳地发展，相信在全体职工的共同努力下，农电所（亚太中心）的明天会更加美好！

是为序。

张建云

中国工程院院士、南京水利科学研究院院长

2011年9月

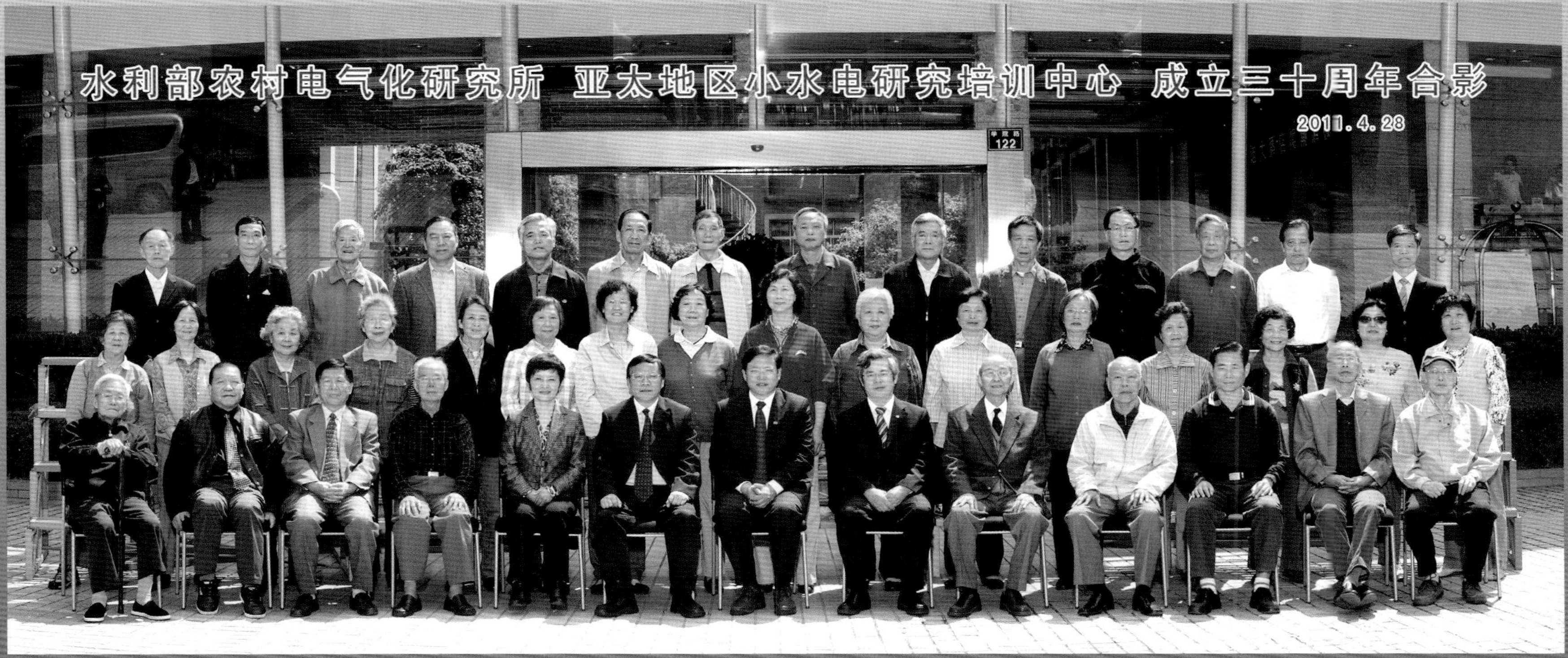

水利部农村电气化研究所 亚太地区小水电研究培训中心 成立三十周年合影

2011.4.28

离退休职工与领导合影

在职职工与领导合影

前　言

忆往昔，峥嵘岁月。弹指一挥间，水利部农村电气化研究所（亚太地区小水电研究培训中心）走过了30年的风雨历程，经历了创业、发展、壮大的艰难曲折过程。三十载春秋，我们艰苦创业，开拓进取，及时调整发展理念和发展战略，不断增强创新能力，担负起小水电国际合作和为国内农村水电及电气化事业的发展提供技术支撑和服务的历史使命。

农电所（亚太中心）的成立与发展，与国际能源形势息息相关，与我国改革开放进程同步发展。20世纪70年代出现的世界石油危机，使可再生能源崛起，小水电作为一种技术成熟的可再生能源受到国际社会的重视。为加强国际交流与合作，帮助发展中国家提高小水电建设能力，在联合国有关机构和中国政府的共同支持下，由水利部负责在杭州组建农电所（亚太中心）。农电所（亚太中心）在建设和发展过程中得到了水利部、商务部等有关部委各级领导和联合国官员的关心和支持，先后曾有20多位部领导和联合国高级官员到农电所（亚太中心）考察指导工作，水利部原部长钱正英和副部长李伯宁曾亲自来杭与浙江省原省长李丰平、杭州市原市委书记周峰会谈，商洽在杭州建立亚太中心的事宜，钱正英部长还两次到办公大楼施工现场视察，听取汇报，解决问题。

农电所（亚太中心）成立的第一个十年，为创业阶段，边建所边工作，除完成了我国政府对外承诺的“建成一个具有完善设备的小水电研究培训中心，可为亚太地区其他国家提供培训设施”的任务外，还进行了大量国际交流与合作，开展了国内农村水电及电气化政策和新技术研究，为后来的发展奠定了坚实的基础。第二个十年，为巩固和继续发展阶段，农电所（亚太中心）利用科技、人才和广泛的国际联系等优势，继续巩固国际合作与交流的任务，积极投身农村水电与农村电气化建设，服务于农电建设主战场。第三个十年，为发展、壮大的阶段，农电所（亚太中心）划归南京水利科学研究院管理，农电所（亚太中心）紧紧抓住国家实施农村电气化县建设、送电到乡、小水电代燃料生态保护工程和农村水电增效扩容改造的机遇，积极开拓为政府与社会服务的工作，扩大产业规模，开始朝着国家级农电和小水电科研单位的方向迈开了重要的步伐，并继续发挥小水电“对外窗口”的作用，国际咨询和贸易业务快速增长。30年来，在水利部的领导和大力支持下，在南京水利科学研究院的直接领导下，农电所（亚太中心）完成了大量工作，取得了显著成绩。

在国际合作与交流方面，先后组织了杭州“第二次国际小水电会议”、巴西“中小水电国际会议”、马其顿“清洁能源技术与设备推介会”、“发展中国家水资源及小水电部级研讨班”等26次重要国际会议和活动。组织出国团组190批，359人次赴62个国家参加重大国际会议并发表论文，开展项目洽谈、项目管理和协调等工作。接待了来自五大洲81个国家和组织的243个代表团共856位来宾，包括联合国副秘书长和多位部长等贵宾的来访。成功举办了60期国际小水电培训班，来自亚洲、非洲、拉丁美洲、东欧和大洋洲100多个国家1249名学员参加了培训，被国际社会公认为“世界小水电之家”，被商务部赞誉为“南南合作的典范”，为此，亚太中心主任程夏蕾还曾荣获商务部颁发的“援外奉献奖”。30年来，国际合作的层次和深度不断发展，从开始的发展中国家技术合作（TCDC）到经济合作（ECDC），再到贸易合作，为我国小水电“走出去”取得了实质性的成果。

在科学研究和新技术研发方面，培养和形成了一支专业结构、学历、年龄层次合理，实践经验丰富的专门从事农村水电研究的队伍，完成了90余项国家重点科技攻关、国家星火计划项目、科技部重大国际合作项目、科技部公益基金项目、科技部农业科技成果转化项目、水利部重点科技项目、水利科学基金项目、水利部科技创新项目、浙江省重点科技项目等，在农村水电方针政策研究，新技术、新产品研究开发等领域取得了一大批重要成果，其中24项获省部级以上奖励，获得国家发明和实用新型专利22项。还主持编制完成了农村水电技术方面的国家级或部级规范规程15份，在编标准26份，参与了我国农村三期653个初级电气化县规划编制及有关政策研究，主持编制了《全国农村水电增效扩容规划》和“十二五”全国水电新农村电气化规划相关标准编制工作。

在国内培训及情报交流方面，举办了小水电相关标准、实用技术、农村水电安全监察等77期培训班，来自全国20多个省（自治区、直辖市）和新疆生产建设兵团的3656名学员参加了培训。由农电所（亚太中心）主办的中文《小水电》和英文“SHP NEWS”是全国唯一的小水电专业技术性期刊，自1984年创刊以来，中文《小水电》已编辑出版162期；英文“SHP NEWS”已编辑出版90期并发行到90多个国家和地区。

在小水电技术服务方面，派遣大批技术人员开展农村水电技术扶贫工作，仅西藏自治区就先后派出14批34人次，完成了定结县荣孔电站、吉隆县宗嘎电站、嘉黎县嘉黎电站、贡觉县纳曲河电站等4座小水电站的工程设计、概算审核、施工监理等对口支援任务。为促进科研成果转化，科技人员深入到全国20多个省的农村水电与农村电气化建设县，在全国几百座农村小水电站推广实用新技术研究成果。完成了以浙江宁波溪口抽水蓄能电站、浙江温州泰顺洪溪一级电站、云南禄劝县小蓬祖水电站、浙江温州三插溪二级电站、浙江常山县芙蓉水库工程、河南南阳回龙抽水蓄能电站、浙江舟山围垦等为代表的526项以中小水电站为主的设计、技术改造、设备成套以及水利工程监理项目，并为马来西亚、越南、古巴等20多个国家和地区提供了近百项小水电技术咨询服务，在国内外小水电行业享有良好的声誉。

在农电所（亚太中心）成立30周年之际，我们组织编写了发展纪事，目的是全面认真回顾30年来的发展历程，总结取得的成绩和经验，“以史为镜，可以知兴替”，希望能从过去的经验、教训和发展规律中得到启迪，吸取智慧，使我们能够站在更高的起点，与时俱进，更好地开创未来，为农村水电及电气化事业的可持续发展做出新的贡献；同时也为了使后一辈职工全面了解农电所（亚太中心）的光荣历史，更加珍惜和热爱这个大家庭；也想借此机会对在农电所（亚太中心）建设和发展过程中给予关心和支持的各级领导和国内外朋友作个汇报并表达诚挚的感谢。

2010年初我们启动编写工作，先由各部门根据专业分别编写。在完成征求意见稿后，又向各部门、退休老领导、老同志征求意见，经过修改、征求意见、再修改的多次反复，经南京水利科学研究院领导审阅后方完成定稿。

编写过程中，我们以历史档案为基础，收集、整理的材料力求完整、真实可靠，并以“纪实”为原则，着重记录客观事实，尽可能完整地展现农电所（亚太中心）的历史实际，尽量全面地反映各个时期的发展状况。

本书的编写工作得到了农电所（亚太中心）广大职工尤其是退休老领导、老同志的关心和大力支持，不仅提供了大量历史资料和珍贵照片，有的还参与了编写和审改工作，对提高本书历史真实性起了重要作用。南京水利科学研究院领导和有关部门认真审阅了书稿并提出宝贵意见，中国水利水电出版社对书稿进行了精心的编辑。我们对支持和帮助本书出版工作的所有同志表示衷心感谢。

最后，感谢中国工程院院士、全国政协原副主席、水利部原部长钱正英，水利部部长陈雷、副部长胡四一为本书题词；感谢民盟中央副主席、水利部原副部长索丽生，中国工程院院士、南京水利科学研究院院长张建云为本书作序。

由于农电所（亚太中心）的历史涉及众多的人和事，加之时间仓促，水平有限，本书难免存在不足之处，诚望读者批评指正。

编者

2011年11月

目　录

第一篇

1981－1991年

1983年，时任水电部部长钱正英来亚太中心听取大楼筹建情况汇报,并与中心主任及外籍助理张忠誉博士合影

1981年，亚太中心在京筹备组离京赴杭前的合影（自右至左：郑乃柏、傅敬熙、朱效章、杨玉朋、王琦、杨仲林)

1983年，第一期亚太地区小水电培训讨论班人员合影，时任水电部副部长赵庆夫（前左7）、联合国工发组织高级官员田中宏先生（前左8）出席

1984年，第二期亚太地区小水电培训讨论班人员合影，前排自左到右分别为张海伦、梁瑞驹、邓秉礼、田中宏、朱效章、挪威教员阿莫特、张忠誉、丁光泉、邹幼兰

1986年，阿拉伯国家小水电考察培训讨论班人员合影

1986年，亚太地区小水电水工培训班人员合影，前左5为UNIDO官员布郎雷博士

1986年，亚洲地区提水工具研讨会在杭州举行

1991年，国家科委委托举办国际小水电水工培训班

1989年，亚太中心举办全国水利系统英语培训班

1986年，由农电所（亚太中心）与英国《国际水力发电与大坝建设》杂志社合办的国际小水电会议在杭州举行

1990年，亚太中心在巴西举办中小水电展示会

1986年，亚太中心专家赴尼泊尔进行水轮泵咨询

1987年，亚太中心专家赴尼泊尔为小水电项目提供咨询服务

1989年，亚太中心专家赴瓦努阿图进行小水电项目查勘

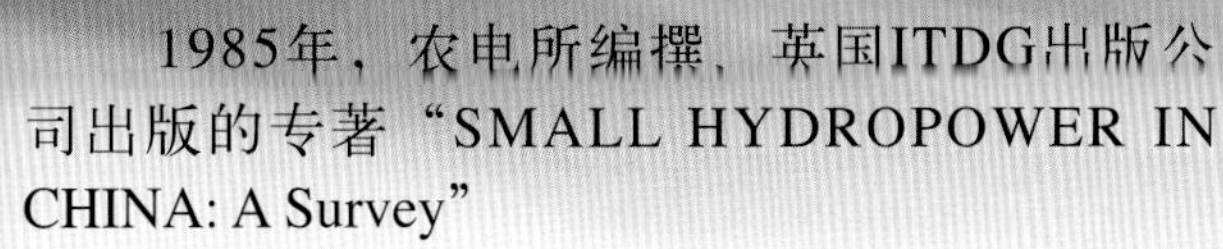
1985年，农电所编撰，英国ITDG出版公司出版的专著“SMALL HYDROPOWER IN CHINA: A Survey”

1984年，《小水电通讯》及“SHP NEWS”创刊

1986年，完成盘溪梯级小水电站自动化、远动化项目，并引进西屋公司PLC设备

第一章　组织机构与干部任用

第一节　成立背景及筹备过程

一、国际背景

自20世纪70年代出现世界石油危机以来，世界寻找“替代能源”的渴望持续高涨，小水电作为技术成熟、建设成本低、最为现实的可再生能源，尤其受到国际社会的重视，许多有条件的发展中国家也在制定和实施小水电计划，而中国则较早地走在前面。为加强国际交流与合作，帮助发展中国家克服小水电建设中的困难，国际社会和联合国有关机构逐渐统一认识，认为有必要在小水电发展较好的国家中，建立国际性的行业研究培训中心。20世纪70年代末和80年代初连续举办的三次国际会议，从认识上、法律上和联合国办事程序上逐步酝酿成熟了在中国建立一个国际性的小水电中心的任务。

第一次会议：加德满都会议1979年9月10—14日由联合国工业发展组织(UNIDO)、亚太经社会（ESCAP）和亚太地区技术转让中心（RCTT）联合主办，在尼泊尔首都加德满都举行的“微水电经验交流与技术转让研讨会”是世界石油危机后第一次举办的国际小水电会议，也是小水电国际合作的第一个里程碑。会议参加者68人，来自23个发展中国家、10个发达国家和联合国工业发展组织等机构。我国代表邓秉礼（时任水利部农水局副局长）在会上发表了题为《中国小水电的发展》的论文，第一次向国际社会宣布了中国已建有8万座小水电站，总装机容量600多万kW，引起了与会者极大兴趣。会议认为中国具有帮助其他发展中国家发展小水电的能力。会议最后形成的《加德满都宣言》中强调了系统地、有效地、有力地加强国际合作的必要性。这是在小水电领域中最早提出“南南合作”的概念，为建立国际交流与合作中心奠定了舆论基础。

第二次会议：杭州—马尼拉会议。1980年10月17日至11月8日由联合国工业发展组织在杭州和马尼拉两地，举行了“第二次微水电技术发展与应用研讨会”。参加者45人来自28个国家。我国水利部部长钱正英、副部长李伯宁、第一机械工业部副部长曹维廉以及浙江省省长李丰平出席了会议。这次会议是加德满都会议的后续行动，也是1980年2月18—22日联合国新能源与可再生资源筹委会水电专家组第一次会议的落实行动。会议总结中提出“强烈建议建立一个中心以培训小水电技术”“建立一个中心以研究和发展有关小水电技术”。从联合国系统办事机制来讲，这是以后联合国开发计划署与我国政府洽谈成立亚太中心的法律基础。

第三次会议：内罗毕会议。1981年8月10—21日由联合国秘书长主持的“新能源与可再生能源大会”在肯尼亚首都内罗毕举行。出席会议的有124个国家与地区的代表1400余人，包括10个国家元首与90位正、副部长，连同联合国机构、新闻记者等，共4000人参与活动。我国政府代表团由国家科学技术委员会副主任武衡任团长，共18人，亚太中心筹备负责人朱效章以顾问身份参加代表团（此前，朱效章是大会筹委会水电专家组成员）。会议正式通过的《行动纲领》中表示期望建立一批新能源与可再生能源（包括小水电）的“优秀中心”，以开展科研、示范、交流、培训和情报活动。这个决定为在更高层次上创建亚太中心奠定了法律基础。

二、筹备过程

亚太中心建立的具体事项是由联合国开发计划署出面与我国政府洽谈的（通过当时的对外贸易部）。从1980年初开始酝酿、洽谈、筹备，到1981年11月正式签署《亚太地区小水电研究、发展与培训中心项目文件》，整个过程历时两年。

从国内来讲，1980年初水利部领导层已开始酝酿建立一个国际性小水电中心，从选址（南京、北京、杭州）、中心的性质（是全球性还是亚太地区）、规模（是单一培训还是培训、研究、情报、咨询综合性的）、建立方式方法（新建或利用已有院校）、与国内研究及后勤服务如何结合、联合国与国内投入的比例以及干部调配等问题，水利部领导及有关方面在两年的时间里进行了多次反复讨论、交换意见和公文往返。据不完全记录，有正式记载的重要活动与文件就有20余次。其中关键性的事件与文件可归纳如下：

（1）1980年5月，联合国开发计划署（UNDP）与我国对外贸易部达成协议，同意在华建立“区域性小水电中心”，委托水利部编写“项目文件”。水利部于1980年7月9日提出初稿，以（80）水外联系第35号文报送对外贸易部。

（2）1980年6月，水利部党组讨论决定建立“国际小水电中心”，并结合杭州水利机械研究所进行筹建。

(3) 1980年7月21日，水利部对外司、农水局、制造局在进行了大量准备工作后，联名报告水利部党组，提出建立“国际小水电中心”的一些原则问题。报告经水利部部长钱正英批示“拟原则同意，先行筹建，似可不在党组讨论了。”5位副部长圈阅。

(4) 1980年10月18日，对外贸易部以（80）外经六字第967号《关于承办联合国多边技术合作项目问题》的文件（秘密、急件），通知水利部，已与联合国开发计划署作出安排，决定在我国建立“小水电研究中心”。文里还传达了中央批准的（79）外经请示六字003号文件精神，同意在我国建立沼气、桑蚕、淡水养殖、农村综合发展、针灸、小水电和基层卫生等7个研究、培训中心。

(5) 1980年10月下旬，水利部部长钱正英和副部长李伯宁在杭州与浙江省省长李丰平、杭州市市委书记周峰会谈，商洽在杭州建立国际小水电中心的问题。会后，浙江省人民政府以浙政办发（1980）13号函致水利部，同意国际小水电培训研究中心在杭州建立。1980年11月12日，水利部以（80）水外字第264号《关于国际小水电研究培训中心建设事项的函》致杭州市革委会，就小水电中心的名称、任务、人员编制、征地面积等作了明确规定，函中称机构名称为“国际小水电研究培训中心”，为便于联系工作，对内称“水利部小水电开发设计研究所”（后根据UNDP项目文件，正式确定机构名称为“亚太地区小水电研究培训中心”）。杭州市革委会随即以（1980）235号复函，同意国际小水电中心在杭州建立。1980年11月27日小水电开发设计研究所与杭州市住宅统建办公室建筑材料工业局在杭州市古荡公社庆丰大队征地15亩，签订了协议。

(6) 1981年3—11月，有关各方还进行了10多次正式会谈磋商，进一步落实了亚太中心的性质（国际级、区域级、国家级）、任务以及项目文件的洽谈、签字等问题。

(7) 1981年11月4日，亚太地区小水电研究培训中心的两个“项目文件”（一为区域项目，一为国别项目），由对外贸易部代表中国政府与联合国开发计划署驻华代表正式签字。

两年的具体筹备工作是由筹备小组承办的。1980年只有1人，后来发展到6人，小组在水利部农电司直接领导下，为中心的建立做了不少工作，如：调查、研究、编写“项目文件”以及各次会谈的准备工作和记录整理；学习、了解、提出要求联合国资助的设备清单；编写介绍亚太中心的小册子；提出第一期国际培训班的计划；编写有代表性的中国小水电建设经验；编译国际小水电发展情况的资料等。到1981年10月，任务完成，筹备小组撤离北京，到杭州归入即将成立的亚太中心。

1981年11月，亚太地区小水电研究培训中心正式成立。中心在中国杭州的成立，既是时代的呼唤，也是有关部委尤其是水利部及其相关司局的主要领导大力支持和努力争取的结果，也是浙江省小水电发展的雄厚基础和杭州优美环境的吸引所致，这个过程确似一曲天时、地利、人和相互呼应谱写而成的交响曲。

第二节 组 织 机 构

1980年11月12日，水利部以（80）水外字第264号文致函杭州市革委会，在杭州建立机构名称为“国际小水电研究培训中心”，后根据UNDP项目文件，正式确定机构名称为“亚太地区小水电研究培训中心”。为便于联系工作，对内称“水利部小水电开发设计研究所”，编制150人。

1981年11月4日，亚太地区小水电研究培训中心的两个“项目文件”（一为区域项目，一为国别项目），由对外贸易部代表中国政府与联合国开发计划署驻华代表正式签字。“亚太地区小水电研究培训中心”“水利部小水电开发设计研究所”正式挂牌成立，两块牌子，一套班子。

1982年12月，水利电力部（以下简称水电部）以（82）水电农水字第54号文件明确由农电所筹建亚太提水中心。文件规定了提水中心和亚太中心是“一个机构两个牌子”及“提水中心人员编制为10人”等事项。

1983年12月，水电部以（83）水电农电字第54号文件决定将“水利电力部小水电开发设计研究所”分为“水利电力部小水电开发设计研究所”（简称开发所）和“水利电力部设备设计研究所”（简称设备所）。

1985年3月，中共中央发布《关于科学技术体制改革的决定》，针对不同性质的科研机构，采用不同的拨款制度；农电所被确定为公益类科研机构，实行全额拨款。

1987年6月，水电部以（87）水电劳第56号决定将“水利电力部小水电开发设计研究所”改名为“水利电力部农村电气化研究所”。

1988年10月，水利部以水电［1988］18号文决定将“水利电力部农村电气化研究所”改名为“水利部、能源部农村电气化研究所”。

亚太提水中心的筹建

1981年11月2—26日，由联合国开发计划署和粮食及农业组织（以下简称粮农组织）以及我国水利部联合举办的“国际提水工具和水利管理研讨会议”在福州召开。这是新中国成立后首次在我国召开的提水灌溉领域方面的国际会议，与会代表70人，其中有来自不丹、缅甸、印尼、尼泊尔、菲律宾、斯里兰卡和泰国等国的19位代表，粮农组织5位代表以及我国水利部、农机部和14个省（自治区、直辖市）的40多位代表。水利部副部长李伯宁、福建省副省长许亚及粮农组织筒井晖博士等出席了开幕式并致辞。

通过3周会议的经验交流和现场参观，出席会议的外国代表对我国种类众多的提水灌溉工具特别是由我国独创的水轮泵表示了极大兴趣，一致要求粮农组织能予以资助在中国建立一个国际性提水工具研究中心，以便进一步推动各国间的经验交流并学习中国水轮泵等提水工具灌溉的实用技术。出席会议的水利部领导对此作了承诺。

之后，联合国开发计划署和粮农组织多次与我国对外贸易部和水利部商议，最后一致同意在我国建立提水工具中心，并将其列入我国拟建的第二批7个国际中心名单中。

按照水利部和粮农组织的要求，在农电所党委的统一安排下，提水中心（筹）于1986年4月21日至5月3日在杭州承办了由8国35位代表参加的亚太地区提水工具研讨会；在1984—1990年期间，先后组织派遣了9批专家以粮农组织技术顾问身份帮助亚洲7国建成了8座水轮泵示范站；在杭州举办了三期水轮泵国际培训班；多次主持了福建、湖南、江西、新疆等地的提水技术更新项目的鉴定。这些卓有成效的工作，深得联合国粮农组织和受援国的好评。此外，在国内工作方面，协助水利部农水司召开了两次水轮泵全国性会议和交流经验等活动，并完成了由农水司指派的水轮泵工程研究等任务。

后因联合国经费方面问题，粮农组织在征得水利部同意后，于1991年1月8—11日在其亚太地区代表处内组建成立“亚太地区提水灌溉工具网”代替拟建的提水中心。该网共有13个国家的17名成员单位，其中我国水利部农水司和农电所为中方的两名成员单位。接着，水利部农水司于1991年2月13日以农水机（1991）3号文件下达农电所，将中国网员工作秘书处设在农电所，具体工作由提水室承担。水利部对农电所有关提水中心的筹建、水轮泵工程的研究及推进方面的工作都作了充分的肯定。

第三节　干　部　任　用

一、主要领导人任免

1981 年 6 月，水利部任命曾慎聪为所长，朱效章为副所长兼总工程师，郑乃柏为副总工程师［（81）水干字第 122 号］。随后水利部党组任命李益同志为党委书记。

1983 年 6 月，任命朱效章为亚太地区小水电研究培训中心主任兼亚太地区小水电网协调员［（83）外经贸联字第 193 号文］。

1983—1998 年，朱效章连任浙江省人大常委会委员共 3 届。

1984 年 1 月，水电部任命朱效章为分所后的小水电开发设计研究所副所长兼总工程师，任命沈纶章为副所长（分管提水工具中心）［（84）水电干字第 4 号］。

1984 年 1 月，水电部党组批准成立小水电开发设计研究所党委，任命郑乃柏同志为党委书记，沈纶章、周任时同志为党委委员［（84）水电党字第 14 号］。

1987 年 3 月，水电部明确朱效章的行政级别为副司局级［（87）水电干字第 48 号］。

1987 年 8 月，水电部党组任命郑乃柏同志为改名后的水电部农村电气化研究所党委书记，沈纶章为所长，童建栋为副所长［（87）水电党字第 52 号］。

1987 年 11 月，水电部党组批复农电所上报的《关于中共农村电气化研究所委员会组成的请示》［（87）水电党字第 69 号］，新一届党委由郑乃柏、沈纶章、童建栋、周任时、曾月华等 5 位同志组成，其中童建栋、曾月华同志为新增补党委委员，郑乃柏同志任党委书记。

1991 年 3 月，水利部、能源部任命童建栋为所长、亚太地区小水电研究培训中心主任（人劳干 1991 第 22 号），朱效章为亚太地区小水电研究培训中心名誉主任，同时免去沈纶章农村电气化研究所所长、朱效章亚太地区小水电研究培训中心主任、童建栋农村电气化研究所副所长职务。

二、内设机构及干部任用

第一阶段（1981—1983 年）：不分室，人员主要按举办第一期国际小水电培训班进行分组。

第二阶段（1984—1987 年 3 月）：内部设立所长办公室（含科技管理）、

党委办公室、总工程师办公室、外事办公室、后勤办公室、基建办公室、自动化室、规划室、提水室、设备室、情报资料室、少年电站设计组等 12 个机构，曾经担任内设机构的负责人见表 1－1。

表 1－1　　1984—1987 年 3 月内设机构及负责人

内设机构	负责人
所长办公室	主任：童建栋，后由孔祥彪接任
总工程师办公室	主任：周任时
外事办公室	王琦
基建办公室	主任：丁慧深，后由魏恩赐接任
机电室	主任：杨玉朋，副主任：宋盛义
规划室	主任：丁光泉，后由丁慧深接任
提水室	主任：李志明
设备室	主任：黄中理，副主任：薛培鑫
情报资料室	海靖（情报）、王祖瑛（资料）
后勤办	主任：郭浩，后由马毅芳接任
少年电站设计组	组长：吕晋润

1987 年 4 月，内设机构及负责人作如下调整，见表 1－2。

表 1－2　　1987 年 4 月—1991 年 3 月内设机构及负责人

内设机构	负责人
所长办公室	主任：丁慧深，后由孔祥彪接任
党委办公室	主任：曾月华，副主任：李志刚
外事办公室	主任：王琦，副主任：刘国萍
一室（规划）	主任：丁慧深（调任所办主任后由副主任罗高荣接任）
二室（小水电水工）	主任：魏恩赐，副主任：吕天寿
三室（电网）	主任：黄中理
四室（电器产品）	主任：薛培鑫
五室（自动化及通讯）	主任：杨玉朋，副主任：程夏蕾
六室（水机）	主任：宋盛义，副主任：李永国
七室（提水）	主任：李志明
情报资料室	主任：海靖，副主任：吴华君、张秉钧（后由吴华君接任主任）
后勤办公室	主任：马毅芳
技术服务室	主任：潘丽芳

三、学术委员会

1984 年成立农电所技术职称评委会，主任：朱效章，副主任：郑乃柏、沈纶章，委员：朱效章、郑乃柏、沈纶章、周任时、丁光泉、付敬熙、王显焕。

1991 年成立农电所学术委员会（职称评审委员会），主任：童建栋，副主任：罗高荣，委员：童建栋、罗高荣、魏恩赐、海靖、杨玉朋、黄中理、薛培鑫。

第四节　党　工　团

一、党委及下属党支部

1984 年 1 月，第一届党委成立，党委委员为郑乃柏、沈纶章、周任时，郑乃柏同志为党委书记。

1987 年 11 月，第二届党委成立，党委委员为郑乃柏、沈纶章、童建栋、周任时、曾月华，郑乃柏同志任党委书记。

这一时期，未设立基层党支部。

二、工会

1990 年之前，农电所工会工作由陈铭、曾月华、朱颖等 3 位同志负责具体工作，未正式成立工会委员会。

1990 年，选举产生第一届工会委员会，工会主席为曾月华，工会委员为曾月华、朱颖、忻莺瑛、周剑雄。

三、团支部

1983 年所成立团支部：周苏任书记、李季任组织委员、程夏蕾任宣传委员。

1985 年团支部换届：李季任书记、程夏蕾任组织委员、罗青任宣传委员。

1987 年团支部换届：孔长才任书记、沈学群任组织委员、孙红星任宣传委员。

1989 年团支部换届：孙红星任书记、徐伟任组织委员、薛茵任宣传委员。

第二章 对外合作与交流

我国政府和联合国开发计划署在1981年11月签署的“亚太地区小水电研究、发展与培训中心”《项目文件》的初期目标是“要建成一个具有完善设备的小水电研究培训中心，可为本地区其他国家受训人员提供培训”。1980年，水利部（80）水外字第264号文明确所（中心）的主要职能是对发展中国家进行技术培训及技术指导；国际小水电标准系列及开发设计的技术研究；小水电技术情报的交流和科技合作；同时对小水电重点科研和技术革新项目开展研究和指导。1987年，水电部（87）水电劳字第56号文要求在原有职能基础上，还必须承担我国农村电气化方针、政策的研究，农村电网技术改造与技术进步，组织国内外农村电气化技术情报交流和其他有关农村电气化的专项委托研究任务。

建所之初，由于办公大楼尚未建成，办公地点曾两移其址，而且还要从全国各地调人组建队伍，至1987年5月大楼建成，各方面才基本纳入正轨。这一时期农电所（亚太中心）克服重重困难，边建设边工作，很快形成了生产力，组织了多次重要的国际会议和一系列国际培训，开展了国际情报交流和国际咨询活动，开展了国内农村水电及电气化政策和新技术研究等，着手开拓中小水电设计领域（如1990年开始溪口抽水蓄能电站勘测工作）。完成了我国政府与联合国签订的项目文件中要求的产出目标，还持续完成了联合国有关机构和水电部、对外经济贸易部提出的各项任务，多次得到肯定和好评，一直被对外经济贸易部认为是我国第一批建立的7个亚太区域中心里最好的几个之一，为“南南合作”做出了贡献。组建农电所（亚太中心）和创业初期所取得的成就、积累的经验以及建立的广泛国际关系和良好的声誉为农电所（亚太中心）的发展壮大奠定了基础。

第一节 国际会议

1981—1991年期间，农电所（亚太中心）在杭州主办或承办了9次不同规模的国际性小水电会议，其中规模最大的是1986年与英国《国际水力发电与大坝建设》杂志社合办的“第二届国际小水电会议”，来自38个国家的181位外国专家及96位国内代表出席，会议规模空前。

此外，还在1990年协助巴西圣保罗州电力委员会共同组织并主持了“’90国际中小水电会议”，参加者有来自9个国家的420人，中国代表团以水利部农电司司长邓秉礼为团长，12位专家来自水利部所属各单位，会议影响很大。

在此期间，受联合国和其他有关国际学术机构的邀请，农电所（亚太中心）先后派出专家50余人次赴意大利、马来西亚、美国、挪威、爱尔兰、瑞典、菲律宾、法国、巴基斯坦、加拿大、斯里兰卡、墨西哥、新西兰、苏联、泰国等10多个国家主持或参加国际会议及研讨班，并在多个会议上宣读论文。这些专家出国费用，绝大多数都是由联合国或东道国主动提供。

一、组织的国际会议

第二届国际小水电会议：1986年4月1—4日，由农电所（亚太中心）与英国《国际水力发电与大坝建设》杂志社合办的“第二届国际小水电会议”，在杭州饭店举行。会议是经水电部、对外经济贸易部（以下简称外经贸部）、外交部、国家科学技术委员会（以下简称国家科委）联合请示国务院批准的。水电部副部长杨振怀受部长钱正英委托代表中国政府和水电部、浙江省副省长吴敏达、英国驻华大使伊文斯、联合国驻华代表处高级官员锡辛等出席了开幕式并讲话。出席会议的有38个国家的181位专家、官员和公司负责人，还有中国代表96人，规模空前。会议分7个专题，由中外7个主席分别主持，中方主持人为朱效章、廉嘉才（天津电气传动研究所）、沈纶章。会议宣读论文35篇，其中中国专家的15篇，外国专家的20篇，朱效章作《亚洲小水电技术水平》主题报告。会后，有134位外国代表赴浙江、广东、陕西、北京、四川、西藏参观考察。当时旅游事业尚未发展，组织这样的活动，涉及七八个省（自治区、直辖市），难度很大，水电部外事司邹幼兰、郑如刚两位处长带领外事司国际合作处全体工作人员与农电所（亚太中心）工作人员一起全力以赴、协同作战，按计划圆满完成考察任务。会后，农电所（亚太中心）认真进行了总结上报。水电部外事司将总结作为《外事简报》的附件（总期105）于1986年5月14日发送国务院、外经贸部、国家科委及有关省份的外办、水电厅、水电部领导与各有关司局，对会议的成功举办给予充分肯定和高度赞扬。会议结束后，英国《国际水力发电与大坝建设》杂志社又正式印制了论文集，向世界发售。农电所（亚太中心）也组织把35篇论文全部译成中文，装订成册，供国内交流。

电子负荷控制器国际合作研究小组会议：1986年3月10—21日，亚太地区小水电网秘书处85/86计划中的第一个网内的合作项目“电子负荷控制器（ELC）国际合作研究小组会议”在杭州举行，参加会议的有：中国、尼泊尔、斯里兰卡国家小水电中心代表及英国中间技术发展公司代表（马来西亚因签证晚未能出席），共5位外宾。国内参加单位有浙江省水电厅、浙江省科委、上海电气技术研究所、德清县水电局、德清县湖家太电站、仙居县水电局、德清县科委及我所共15名代表。

会议主要议题有：英方介绍ELC技术及其应用；农电所介绍已进行的ELC就地装配经验，试验电站及蓄热炉研制等情况；尼泊尔介绍他们选定的试验点情况；斯里兰卡介绍ELC使用经验。

在德清县湖家太电站，英方进行了控制器现场操作运行。会议代表对这套采用英国主要部件而在中国就地装配的ELC性能表示满意，并对蓄热炉表示较大的兴趣。随后探讨了进一步合作的可能性。

亚太地区提水工具研讨会：1986年4月11日至5月3日，由联合国粮农组织主办，中国水利部协办，农电所提水中心（筹）承办的“亚太地区提水工具研讨会”在杭州举行。参加会议的有中国、孟加拉国、不丹、菲律宾、尼泊尔、巴基斯坦、斯里兰卡、泰国等国代表及联合国粮农组织官员共35人。粮农组织总部高级官员佛曼隆先生和该组织驻亚太地区代表处副代表筒井晖博士、驻华代表处高级官员张锡贵先生及水利部农水司副司长邓尚诗和总工程师高如山、排灌处冯广志、外事司邹幼兰处长和刘志广、浙江省水利厅厅长钟世杰以及农电所提水中心（筹）负责人沈纶章等均出席了会议。会议主旨是总结交流自1981年福州国际提水工具会议以来在亚洲六国建设水轮泵示范站的情况，并进一步传播中国在水轮泵、水压泵以及喷灌领域的技术经验。会议后期，与会外国代表赴湖南和广东参观考察了多处具有灌溉、发电及农副产品加工等综合效益的水轮泵站。本次会议得到国内多家主流媒体的重视，中央人民广播电台、《人民日报》、“China Daily”、《浙江日报》、《浙江科技报》、《湖南日报》、《杭州日报》及杭州电视台等均作了报道。

亚太地区新能源与可再生能源应用会议（后期）：联合国亚太技术转让中心与我国国家科委1988年10月19—24日在北京联合举办“亚太地区新能源与可再生能源应用会议”，会议后期18名亚太地区代表来杭进行4天讨论（10月25—29日）和参观访问。

根据会议计划，小水电与农村电气化部分讲座由亚太中心主任朱效章主讲，在亚太中心大楼进行。代表们观看了亚太中心简介及中国小水电录像片。此外，还参观了杭州发电设备制造厂及富阳新能源村。

代表们对小水电讲座很感兴趣，讨论热烈，对我国能提供什么小水电设备和技术转让，提了不少问题。在会议总结时，技术转让中心特别强调并组织与会各国代表填写了技术转让的要求与输出能力，为今后合作做好准备。

农村电气化对社会、经济影响国际会议：1988 年 11 月 7—12 日，由亚太经社会和水利部、能源部组织，农电所（亚太中心）承办的“农村电气化对社会、经济影响国际会议”在杭举行。参加这次会议的代表来自 9 个国家，不仅有亚太地区国家代表，还有法国和在斯里兰卡的西德技术合作署（GTZ）代表以及亚太经社会官员等 26 位。中方代表除水利部农村水电司、外事司、能源部农电司代表外，还有辽宁、湖南、浙江、南京等省市有关农村电气化和小水电方面的厅局长、院长、高工、总工程师、亚太小水电中心主任等 10 多位代表，共计中外代表 40 位。

会议在亚太小水电中心科研培训楼内进行。会上宣读并讨论了近 20 篇有关农村电气化的专题及国家报告，交流了各国农村电气化政策等有关问题，讨论了今后怎么在发展中国家之间开展经济技术合作等。会议期间，代表们参观了杭州发电设备厂和浙江省新昌县长沼水库一、二级电站；白云变电站（县调度所）以及农村电气化村。

巴西 90 国际中小水电会议：1990 年 3 月 18—22 日，由巴西圣保罗州能源企业管理委员会与农电所（亚太中心）联合举办的“巴西 ’90 国际中小水电会议”在巴西圣保罗市莱保萨会议中心举行。与会代表有巴西、中国、奥地利、法国、印度、菲律宾、葡萄牙、英国、美国等 9 个国家 420 余人，其中，中国代表团 12 人。会议开幕式由圣保罗州能源与公共工程局局长卡斯当致词并宣布开幕。会议主办单位，巴方由管委会执行秘书长席尔伯，中方由亚太中心主任朱效章致词。会议交流论文共 68 篇，其中中国 9 篇。会议得到我国驻圣保罗州总领事馆大力支持。会议还设置了 10 个展台，其中亚太中心展示了一个展台。会议广泛交流了经验，沟通了合作渠道，建立了友谊，效果显著，影响较大。《人民日报》于 1990 年 4 月 2 日发布了新华社圣保罗电的消息，题为“中国巴西联合举办中小水电站讨论会”。

二、参加的国际会议

1980 年 1 月，朱效章赴奥地利维也纳参加联合国新能源与可再生能源大会筹委会水电专家组第一次会议。

1980年11月，朱效章赴瑞士日内瓦参加联合国新能源与可再生能源大会筹委会水电专家组第二次会议。

1983年3月，朱效章赴马来西亚参加联合国第三次国际小水电会议，并发表论文。

1985年5月25日至6月3日，郑乃柏赴美国参加“世界粮食和水”大会。

1985年，薛培鑫与水电部农水司总工程师赵增光赴挪威参加“国际小水电规划及实施研讨会”。

1985年9月，作为联合国工发组织代表，朱效章赴爱尔兰参加欧洲工程师协会联合年会，并发表论文。

1985年6月10—14日，廖光华和宋盛义赴瑞典参加联合国工发组织召开的“着重于与能源有关的技术和设备的资本货物工业第二次协商大会”。

1985年7月22—24日，朱效章与水电部农电司司长邓秉礼赴菲律宾参加技术咨询组TAG（Technical Advisory Group）特殊会议（Special Session），期间，丁光泉与丁慧深同往，参加亚太小水电培训班教材编写讨论会。

1986年，海靖赴法国参加第十三届世界能源会议并作报告。

1986年10月21—25日，朱效章、邓秉礼等赴马来西亚参加亚太小水电网技术咨询组第二次会议。

1988年10月15—25日，郑乃柏赴巴基斯坦参加“小水电施工管理研讨班(会)”。

1988年，王显焕赴加拿大参加“加拿大88国际小水电会议”并发表论文。

1988年，海靖赴斯里兰卡参加“长期电力系统规划会议”并发表论文。

1988年4月，朱效章、邓秉礼赴墨西哥参加《国际水力发电与大坝建设》杂志社主办的第三届国际小水电会议并发表论文。

1988年6月27日至7月1日，朱效章、邓秉礼赴斐济参加亚太小水电网技术咨询组第三次会议。

1988年5月14—28日，童建栋、黄中理，水利部农电司张建强、杜斌赴新西兰参加小水电研讨会。

1988年10月17—21日，傅敬熙赴苏联参加联合国新能源技术发展与研讨会。

1988年12月13—16日，沈纶章赴泰国参加联合国粮农组织召开的亚洲地区灌溉专家会议，并当选为会议副主席。

1989 年 7 月 6—8 日，朱效章、邓秉礼赴斯里兰卡参加亚太小水电网技术咨询组第四次会议。

1989 年 8 月，沈纶章赴菲律宾参加亚洲开发银行举办的亚洲地区户用水压泵会议并发表和宣读论文。

1991 年 1 月 8—11 日，沈纶章赴泰国参加亚洲地区提水灌溉工具网成立暨专家磋商会议，并当选为会议副主席。会议由联合国粮农组织召开。经会议审定，参加网的有亚洲 13 个国家的 17 名成员单位。中国的两名成员单位为水利部农水司和农电所。1991 年 2 月 13 日，水利部农水司下达农水机（1991）3 号文，将中国网员秘书处设在农电所。

1991 年，童建栋赴意大利参加能源技术对环境影响国际会议（ESETT'91）。

1991 年 4 月 15—19 日，沈纶章赴北京参加国际灌溉排水执行理事会召开的代表会议，与会中外代表百余人。4 月 18 日，国务院总理李鹏接见全体代表并合影。

1991 年 6 月 12—15 日，朱效章应邀参加了在法国尼斯举办的 1991 国际水能会议。会议由法国能源管理协会主办，并由欧洲共同体、欧洲小水电协会、法国工业与土地开发部、法国研究与技术部支持。会议与会代表 290 余人，提供论文 75 篇，其中 50 位代表在大会上作了发言。朱效章发表了《在华兴建中外合资中小水电项目》的文章，反映很好，引起了广泛兴趣。会后参观了 3 条河流的梯级小水电站，显示了发达国家的技术水平和设计思路及其与我国的差异，科技和生产紧密结合，印象深刻。

1991 年 10 月，朱效章赴泰国参加“'91 亚洲能源会议”。

第二节 国 际 培 训

1981—1991 年期间，亚太中心共举办了 18 期国际小水电培训班，共有亚洲、非洲、拉丁美洲、大洋洲和阿拉伯国家的 236 名学员参加。培训班大多由联合国机构委托亚太中心举办，费用由联合国有关机构资助。时间一般每期从 1 周至 3 个月不等，但大多数培训班每期时间为两周左右。

第一期国际小水电培训讨论班：1983 年 5 月 23 日至 6 月 22 日在杭州花港饭店举办。它既是亚太中心举办的第一次培训班，也是中国甚至联合国系统办的第一次国际小水电培训班，意义重大，在很大程度上是检验刚成立的亚太中心能否站得住的问题。国内有关领导和联合国有关机构高度重视，大力支持，亚太中心全力以赴，效果良好，评价很高。

培训班的任务、计划和经费是由两次国际会议决定的。1982 年 7 月 12—17 日，联合国工发组织、开发计划署和亚太经社会联合在杭州举行的“亚太地区小水电高级专家会议”建议 1983 年举办一次国际小水电培训班；1983 年 3 月，联合国亚太经社会技术转让中心和区域能源开发项目在马来西亚首都吉隆坡召开的第三次国际小水电会议同意由联合国工发组织编写第一次国际小水电培训班的备忘录（办班通知），并同意拨付办班经费 10 万美元。

参加培训的 16 名学员来自 9 个亚太经社会成员国，大多是从事小水电工作的高、中级负责人。

培训班的教员阵容强大，包括国内几位顶尖专家和国外高级专家，如中国水电界元老、清华大学教授施嘉炀，水电部资深专家程学敏，华东水利学院副院长梁瑞驹，南京水文研究所所长张海伦以及加拿大蒙特利尔工程公司小水电项目经理魏·勃，马来西亚国家电力总局小水电设计经理豪斯尼，菲律宾 DC-CD 工程公司专家等。水电部农电司和亚太中心有 7 位专家也担任讲课。

培训教材是在空白的基础上准备起来的。根据上述联合国两次会议的要求，中心委托国内 7 个省的相关单位，从 1982 年中至 1983 年 3 月历时近一年共同编写，经审定，翻译成 900 多页教材，不仅第一期使用，也成为以后多年培训班的基础教材。

培训班开幕式由水电部农电司副司长邓秉礼主持，联合国工发组织高级官员派克博士及浙江省水利厅副厅长周惠兰参加。闭幕式由水电部副部长赵庆夫率农电司司长唐仲南、副司长邓秉礼、机械局副局长林清森等专程来杭参加。联合国工发组织高级官员田中宏、联合国开发计划署驻华办事处副代表德桑、亚太经社会区域能源开发署高级协调员阿里斯姆南达等由水利部外事司副处长邹幼兰和外经贸部国际联络局官员陪同也参加了闭幕式。

对于此次培训，水电部领导的评价是“培训班圆满结束，学习取得丰硕成果”。联合国开发计划署代表德桑说：“我对杭州中心的工作有了高度信任，因为几年来，他们所做的工作，每次都是成功的。”

培训期间，10 余家中央和省、市新闻媒体共报道消息 16 篇，包括《人民日报》、《光明日报》、《中国日报》（英文）、《浙江日报》、《杭州日报》、中国国际广播电台、《中国电力报》、浙江广播电台、浙江电视台等。

第一次国际小水电培训班得到了联合国有关机构和国内领导层的充分肯定和信任，为亚太中心后来的发展奠定了重要基础。

首期小水电水文培训班：首期小水电水文培训班于1984年9月3—14日在杭州举行。来自亚太地区的12名学员参加了培训。

联合国工业发展组织技术转让部主任田中宏、水电部农电司副司长邓秉礼、浙江省水利厅厅长钟世杰、杭州市副市长顾维良、华东水利学院副院长梁瑞驹参加了开幕典礼并致辞。

这期培训班是由联合国开发计划署、联合国工发组织作为亚太地区小水电网1984—1986年工作计划中优先安排的项目之一，委托亚太中心举办的。

培训班的主要内容为小水电的水文。准备工作从1983年秋天开始。聘请华东水利学院副院长梁瑞驹编写和讲授第一章至第三章的水文要素、水文测验及常用分析方法。张海伦副教授负责第四章小水电的水文计算。亚太中心的工程师吕天寿负责第五章的洪水及枯水调查。水利部水文局局长、高级工程师华士乾负责两个专题讲座。

挪威籍教员阿莫特博士参与了授课，讲授内容包括水文测验、数学模型和水工试验。培训班临近结束时，他这样评论："这次培训讨论班各方面都很好，安排得当，内容合适。讲课概括得精炼，时间不长，但要点恰当。培训讨论班是国际水平的。"

培训期间办了快报"HOT NWES"，从9月3日起隔天一期。内容以报道教学情况及介绍参观考察情况为主，辅以简短的消息、花絮。联合国工业发展组织技术转让部主任田中宏在9月3日晚离开杭州前，看到了报道当天开幕式的第一期"HOT NEWS"，非常高兴地说："你们做了一件很好的工作，希望把以后出的寄给我。"临别时，他在机场上机前为"HOT NEWS"写了一篇告别短文："*Heaven on earth*"（《人间天堂》），表达了他的喜悦之情。

培训期间，学员们考察了新昌的小水电站以及德清的水文试验站。

亚洲地区提水灌溉工具培训班：受联合国粮农组织委托，由农电所提水中心（筹）承办，于1986年4月在杭州举行，为期5天。来自巴基斯坦、泰国、菲律宾、孟加拉、缅甸、尼泊尔、斯里兰卡、不丹等国学员共16人参加了培训。培训班由粮农组织亚太地区代表处高级官员清水先生和水利部农水司总工程师高如山共同主持。我国专家高如山总工程师、农电所提水中心（筹）负责人沈纶章、水利部排灌总公司副总经理薛克宗、福建省水轮泵研究所高级工程师翁爱和等分别作了"中国提水工具""水轮泵工程的规划设计""水轮泵的运用和维修”“水压泵”“喷灌”等讲座。联合国粮农组织总部高级技术官员佛曼隆先生也作了关于小型泵站方案选择问题的报告。培训期间还组织学员参观了浙江省3座小型水轮泵站和杭州市郊的排灌站以及农电所提水中心（筹）为会议准备的水轮泵、手压泵、管链水车等提水灌溉工具实物展览。学员们反映良好。

小水电可行性研究讨论班：1986年6月9—16日由联合国开发计划署（UNDP）、联合国工业发展组织（UNIDO）和亚太中心在杭州联合举办。联合国工发组织官员勃朗姆雷先生和经济专家柯罗斯基先后参加了研讨班，并作了专题讲课。参加研讨班的学员共计20名，代表12个国家和地区，分别是：印度、印度尼西亚、马来西亚、密克罗尼西亚、尼泊尔、菲律宾、所罗门群岛、斯里兰卡、泰国、瓦纳阿图、西萨摩亚和中国。

研讨班是根据亚太地区小水电网1985—1986年工作计划，并采取任务分散化的方式进行的。由菲律宾小水电国家中心编写培训大纲、主持课程、担任主讲，中方也承担了部分内容的讲课。

研讨班期间，代表们参观了浙江建德县和桐庐县的胜利电站和葫芦洞电站及由我中心设计的杭州市西湖少年水电站和小水电设备制造厂。

巴基斯坦水轮泵站设计培训班：这是联合国粮农组织与农电所提水中心（筹）一个合作项目的后续工作。早在1987年7月农电所提水中心（筹）曾派两名专家作为粮农组织顾问赴巴基斯坦帮助当地有关部门选定宜建的水轮泵站址。随后于同年11月粮农组织安排巴方旁遮普省农田水利管理培训中心负责人带领两名工程技术人员来我所提水中心（筹）接受为期半月的设计培训。培训分为两个阶段进行。第一阶段在杭州，由中方专家根据巴方学员收集好的水文、地形、地质等基本资料进行设计的具体指导。第二阶段安排学员参观浙江省安吉县和福建省建阳县已建成的具有灌溉、发电、农副产品加工等综合效益的水轮泵站。通过培训，为巴方在1989年3月成功建成首座水轮泵示范站奠定了良好的基础。

小水电简易水工建筑物培训班：按亚太地区小水电网1985—1986年工作计划，联合国开发计划署、联合国工发组织和亚太中心于1986年8月19—26日在杭州联合举办亚太地区小水电简易低造价水工建筑物设计施工培训讨论班。参加培训班的17名学员分别来自库克群岛、斐济、印度、尼泊尔、巴基斯坦、巴布亚新几内亚、菲律宾、泰国、斯里兰卡、西萨摩亚和中国。

培训班的班主任和教员均由小水电网秘书处委托马来西亚国家小水电中心

承担，中方教员只做补充讲解。这种分散化的方式，不但加强了整个区域网的概念，而且也提高了各成员国的积极性，还可以缓解亚太中心任务过重的问题。联合国工发组织官员沙德尔先生参加了此培训班闭幕式。

在培训班的评价会上，学员们一致认为，培训班为各国小水电技术人员提供了一次极其难得的互相交流经验、取长补短的机会，从而可以少走弯路，有效地开发本国的水力资源，尤其是对开发边远偏僻区域的小水电站大有益处。

阿拉伯国家小水电考察培训班：阿拉伯国家小水电考察培训班于1986年9月4—23日在杭州举办。参加考察培训班的成员共14名，分别代表埃及、约旦、摩洛哥、苏丹和突尼斯5个国家。外经贸部国际经济交流中心主任王治业、浙江省外经贸厅厅长庄育民及杭州市副市长李志雄等领导出席开幕式并致辞，出席开幕式的还有浙江省外经贸厅副厅长陈炽昌和浙江省水利厅副厅长陈绍仪。

在上海考察参观期间，上海市对外经济贸易委员会副主任陈立品接见并宴请阿拉伯代表。亚太中心主任朱效章、上海市经贸委外经处处长胡仲华、外资处副处长王梓贤等出席作陪。

在浙江，代表们先后参观12座中小水电站及杭州、金华和临安等地的设备制造厂共5家，对所见所闻极感兴趣，尤其是对产品目录和样本、设备性能、价格以及如何订货等作了详细询问或阅读。

小水电运行管理培训班：由联合国开发计划署、联合国工发组织和亚太中心联合举办的亚太地区小水电运行管理培训班于1986年11月6—13日在杭州举行。这是亚太小水电网1986年计划项目中的第三个培训班。参加这期培训班的13名学员代表8个国家：斐济、印度、朝鲜、尼泊尔、巴布亚新几内亚、菲律宾、斯里兰卡和泰国。培训班教员除1名菲律宾教员外，其他均为中国教员。联合国工发组织官员沙德尔先生参加了培训班的部分讨论和闭幕式。

小水电设备标准化研讨班：由联合国工发组织与中国合办，瑞典、瑞士与中国政府共同资助，委托亚太中心具体承办的国际小水电设备标准化研讨会，于1987年5月18—21日在杭州举行。25个国家的48名代表（其中中国代表16名）参加了会议。5月22—28日，外国代表们对浙江省及广东省的小水电工程和设备制造厂进行了考察。

联合国工发组织各咨询处联合系统主任拉托都（Latortue）先生主持了开幕式，水电部农电司司长邓秉礼代表水电部致词，浙江省外办主任赵嘉福、杭州市副市长胡万里、省经贸厅副厅长胡贵生、省水利厅副厅长周慧兰、省科委和机械厅的代表出席了开幕式。

尼泊尔水轮泵工程人员培训班：受联合国粮农组织（FAO）的委托，由水电部外事司安排，农电所提水中心（筹）于1987年10月21日至11月18日对4名尼泊尔工程师就水轮泵站设计工作进行了培训。其中两名学员来自尼泊尔农业开发银行，另两名分别来自工业部门和农业灌溉部门。

培训期间还组织尼方人员参观了安吉县目莲坞水轮泵站、杭州发电设备厂以及嵊县和新昌县的小水电工程。尼方人员看到水轮泵站不仅可用于灌溉，还可用于发电和农产品加工等多种用途，表示了浓厚的兴趣，认为水轮泵在尼泊尔的应用具有广阔的前景。他们对这次培训相当满意，一再表示，通过学习才认识到中国专家咨询组过去一再强调的要收集好各项基本资料的重要性，回国之后，一定要认真完成资料收集工作，并做好示范站的设计。

国际小水电站址选择培训班：受联合国开发计划署、联合国工发组织委托，亚太中心于1988年12月6—13日在杭举办国际小水电站址选择培训班。来自12个亚太国家及地区的21名学员参加了培训，参加培训班的还有亚太地区小水电网协调员姗多士女士和联合国工发组织官员勃朗姆雷先生。

培训班除中国5位教员外，还请了美国全国农村电气合作协会技术顾问杰克逊先生。杰克逊带来了该协会历年编写的大量资料，包括他们协助中美洲和非洲国家进行站址选择的经验总结和方法，广泛进行了交流。

国家科委委托的国际小水电培训班：1991年10月15—28日，国际小水电水工培训班在亚太中心举办。来自印度、蒙古、斯里兰卡、巴基斯坦、韩国等5个国家和地区的12名学员参加了培训。国家科委以及省科委的有关领导同志出席了开幕式和结业典礼，并由国家科委和亚太中心联合向所有学员颁发了结业证书。

培训班采取讲课、讨论和现场参观相结合的方式，全面生动地介绍了中国小水电水工技术和其他有关技术如机电设备及制造等。参观期间，学员对新昌、天台、嵊县等地的18座小水电站所采用的各种坝型和技术留下了深刻的印象，杭州发电设备厂等制造单位生产的机组也因其质优价廉引起了印度等国家的浓厚兴趣。这次培训促进了发展中国家的技术合作，增进了友谊与了解。培训班达到了预期的目的。

这是首次由国家科委资助、委托亚太中心举办的国际小水电培训班，之后通过国家科委这一渠道，亚太中心在1996—1998年间举办了3期小水电设备培训班。

这一时期担任国际小水电培训班的主要教员有：朱效章、郑乃柏、丁光泉、丁慧深、杨玉朋、宣乃鼎、沈纶章、王显焕、傅敬熙、周任时、吕晋润、吕天寿、海靖、李志明、施嘉炀、程学敏、张海伦、梁瑞驹、华士乾、陈亚飞等。

第三节 国 际 咨 询

国际咨询工作主要由技术政策与合作咨询以及工程项目咨询两部分组成。为促进网内技术交流与合作，密切秘书处与成员国之间的联系，进一步推动网的工作，联合国有关机构与中国外经贸部、水电部协商同意先后两次派出咨询工作组，出访部分成员国。从 1983 年开始到 1991 年，农电所（亚太中心）先后派出 25 人次对 17 个国家的小水电和水轮泵站进行各种咨询，绝大部分经费由受益国和联合国提供，并且为农电所（亚太中心）获得美元收入。从 20 世纪 80 年代后期以来，农电所（亚太中心）与中国水利电力对外公司（CWE）、中国技术进出口公司、中国机械进出口公司、浙江省国际经济技术合作公司等一批单位签订了联合经营国外小水电成套项目的协议，并对一批项目联合进行了国际投标，如 1989 年参与土耳其、孟加拉国两项工程，做了大量工作，由于竞争激烈，均未能中标。但这些尝试的开端，积累了经验和资料，对后来的工作还是提供了一个有用的基础。

我国专家组对美国水坝工程提供优化修复方案：美国 BOLTON FALLS 水坝属美国东北部佛蒙特州（Vermont）的绿山电力公司所有，建于 1898 年，坝高 20m，装机容量 1650kW。经数次大洪水侵袭，于 1938 年废弃。1978 年以来，绿山公司在政府资助下耗资 80 万美元委托吉尔波特设计公司进行修复加固可行性研究。原设计方案所需投资高达 2000 万美元，并且还不能达到恢复水坝历史文物原貌的要求。1983 年，绿山公司慕名中国小水电声誉，通过美国东方工程供应公司，出资聘请我国专家前去咨询。

农电所（亚太中心）沈纶章和水电部规划院张槐一起，于 1983 年 5 月 14 日赴美，经过 1 个月的实地勘察和认真研究，提出的修复方案可减少工程量 20%，节省投资 280 万美元，且工程建筑外貌可符合保护历史文物的要求。

该项成果深得业主好评。美国 THE BOSTON GLOBE 等 7 家媒体均作了报道。美国绿山及东方两公司分别致函对中国专家所做出的“杰出贡献”表示感谢。

这是农电所首次派员赴国外特别是发达国家参加工程咨询并有创收的项目，影响较大。该咨询报告被水利部于1993年1月选入《国外水利水电考察报告选编》一书中。

亚太小水电网第一次咨询工作组出访亚洲三国：亚太小水电网第一次咨询工作组，由朱效章、张忠誉、王琦3人组成，于1984年10月24日至11月20日共26天，访问了泰国、尼泊尔、菲律宾3国（原计划包括印度，因其国内临时变故，取消）。主要任务为：①就加强网的建设与成员国国家小水电中心进行协商；②访问有关小水电站及研究院、校、厂等，探讨可能的区域合作项目。咨询报告送交网的技术咨询组会议（TAG）审查，表示满意。

亚太小水电网第二次咨询工作组出访亚洲四国：1985年11月12日至12月4日，亚太小水电网秘书处根据网的管理机构的决定，派出第二次咨询工作组，出访印度、斯里兰卡、马来西亚及菲律宾4国。

咨询工作组由朱效章任组长，成员有顾鲁拉加博士（印度科学技术部非常规能源司司长）、苏打布达博士（泰国国家能源总局副总裁）、谭卡尔博士（尼泊尔综合发展研究公司高级系统分析员）、尼哈尔先生（斯里兰卡锡兰电力局发展工程师）。

第二次咨询工作组的任务是：交流国家小水电活动情况，建立直接与经常接触网的工作计划；收集访问电站运行维护方面的经验；提出报告，对网的今后工作提出建议。

访问受到接待国家的小水电中心和联合国开发署驻该国办事处的热情接待与支持，访问了11座电站，洽谈了21个单位39位官员、专家和技术人员，收集了大批资料，对加强网的建设、增进了解、明确需求、可能的贡献和对网的意见等，获得了较大效果，达到了预期目的。

我专家对亚洲七国水轮泵示范站建设指导：为了推广中国水轮泵等提水灌溉工具建设经验以满足亚洲许多国家的需求，水利部应联合国粮农组织要求，于1982年12月下达文件给农电所，由农电所筹建亚洲地区提水灌溉工具应用研究和培训中心（以下简称提水中心）。作为该项目工作内容之一，由粮农组织出资聘请我国专家作为其技术顾问赴各国指导工作。据此，农电所提水中心（筹）自1984年至1990年先后组织派遣了9批人员赴泰国、菲律宾、斯里兰卡、孟加拉国、缅甸、尼泊尔及巴基斯坦等7国，指导和帮助建成了8座水轮泵示范站，受到各国政府主管部门和当地农民的热烈欢迎和普遍赞赏。联合国粮农组织和开发计划署负责官员对中国专家组深入细致的工作和卓有成效的成果多次给予口头或书面表扬，其中，联合国开发计划署驻巴副代表专门致函中国大使馆，赞扬我国专家“艰苦的献身精神”以及“提出了技术上和经验上都很令人鼓舞的成果”。农电所参加过该项技术咨询的专家先后有沈纶章、吕晋润、郑乃柏、李志明以及翻译潘大庆。

专家组赴瓦努阿图进行小水电开发可行性研究：1989年8—9月由联合国发展技术合作部（DTCD）资助，农电所（亚太中心）派郑乃柏、吕天寿、李志明等3位专家赴太平洋岛国瓦努阿图，对泰奥玛河的小水电开发进行了可行性研究。当时3人平均年龄50岁以上，在接近原始森林的地区，自带帐篷，涉水徒步，深入踏勘现场，顺利完成任务，为亚太中心获得收入3.4万美元。这是亚太中心成立后，第一次承接国外工程咨询，锻炼了干部，摸索了对外工程合作的途径，也打开了创收渠道。

专家担任中国援斐电站的技术监理：1990年太平洋岛国斐济国家能源局局长（曾来亚太中心培训）邀请丁慧深去斐济，担任中国援建的布库亚小水电站的技术监理。该工程是胡耀邦总书记访斐时商定的援建项目之一，由浙江省国际经济技术合作公司总承包。该公司应斐方要求，特邀丁慧深赴斐工作近两年。丁慧深后又被中国驻斐使馆留任，担任二秘，负责技术咨询。

对巴西3000kW电站进行可行性研究：1991年在圣保罗举行“国际中小水电会议”期间，在水利部农电司与外事司指导下，在我国驻圣保罗总领馆的协助下，农电所（亚太中心）与巴西马托州有关单位商谈了小水电项目的交钥匙承包问题，达成了第一座3000kW小水电站的可行性研究和施工任务，并与国内有关公司组成联合工作组，进行了工作。

第四节　对　外　交　往

1981—1991年期间，农电所（亚太中心）共接待来自81个国家94批共295位贵宾，包括两位联合国副秘书长与经济事务长等高级官员和一些国家的部长等。期间，农电所（亚太中心）除派出50余人次参加国际会议及25人次为国外工程项目进行咨询之外，还共派出10多个团组近20位代表出访哥伦比亚、埃及、新西兰、巴基斯坦、斐济、巴布亚新几内亚、所罗门群岛、瓦努阿图、巴西、印度、泰国、菲律宾、挪威等10多个国家和地区及联合国相关机构总部，分别执行小水电双边合作项目、考察交流经验以及进修学习等任务。

一、重要来访

1981年12月，亚太中心成立不久，联合国副秘书长凌青前来访问，了解情况并作指示。

1983年8月18日，联合国副秘书长毕季龙在浙江省外事办负责人陪同下，来农电所（亚太中心）参观访问，听取了工作汇报，并作了重要指示。

1984年1月10日，新上任的联合国开发署驻华代表孔雷飒及区域项目官员贾潞生在浙江省外经贸厅外经处负责人陪同下，来农电所（亚太中心）视察访问，查看了计划建造科研培训楼的场地，参观了设备并观看了中心的电视录像片。

1984年1月25—29日，联合国工发组织高级项目官员沙德尔先生及夫人在外经贸部国际局朱稳根同志陪同下，来农电所（亚太中心）洽谈项目业务并参观。

1984年2月27日，经联合国驻华代表处孔雷飒先生建议，北欧投资银行董事长勃特·林斯特朗姆先生与劳森先生由外经贸部外资局梁荣华同志及浙江省经贸厅进出口处李汉周同志陪同前来农电所（亚太中心）参观座谈。

1984年2月28日，阿根廷驻华商务参赞勃金斯丁先生在中国机械进出口公司陪同下访问农电所（亚太中心），双方就互相关心的问题进行了友好的商谈。

1984年4月14日，联合国粮农组织驻华代表卡南先生在代表处官员张锡贵和浙江省农业厅汪其华陪同下访问农电所（亚太中心）。卡南先生此次来杭的目的是想了解并探讨关于建立提水工具中心以及如何与杭州小水电中心结合等问题。

1984年5月4日，联合国工发组织驻京高级工业现场顾问锡辛先生和高级项目官员李企鸣先生在浙江省外经贸厅外经处朱浩同志陪同下来农电所（亚太中心）访问并座谈。座谈主要围绕中心1984年的预算和活动安排，重点探讨了关于水文培训班、“Newsletter”杂志、出访等经费安排及设备订货和执行机构分工等问题。

1984年5月18日，通过中国能源研究会的介绍，由加拿大国际发展研究中心及联合国大学资助，由10位第三世界知名能源专家组成的能源研究组的协调员德赛博士专程从北京来杭州参观访问农电所（亚太中心）。

1984年5月22—24日，美国农村电力合作社全国协会小水电项目规划专家克拉克先生，与美国“凤凰电力系统”项目自动化专家波格特先生，以及田纳西流域管理局水电工程设计处高级机械工程师瑞格斯代尔先生一行 3 人来杭访问，由浙江省科协国际部接待。克拉克先生等 3 人是在参加当年 5 月在昆明召开的“中美农村电气化学术交流会”后专程来杭州的，主要目的是参观访问农电所（亚太中心），并座谈探讨合作可能性。中心还邀请 3 位美国专家作了专题报告，在杭有关科研、设计、制造等单位 12 人及中心技术人员共 30 多人参加了听讲。会后又进行分组讨论交流。

1984 年 6 月 20—22 日，应联合国开发署驻华代表处和外经贸部国际联络局邀请，联合国工发组织高级工业发展官员派克先生和联合国开发署总部亚太局区域项目处官员龙永图同志专程来京商谈亚太小水电网秘书处及中心 1984—1986 年工作计划和联合国资助的分配，农电所（亚太中心）朱效章和张忠誉到京参加讨论。水电部外事司经济合作处副处长邹幼兰同志及外经贸部国际联络局龚廷荣同志参加讨论。

1984 年 9 月 3 日，第二期亚太地区小水电培训班开幕，联合国工发组织技术转让部主任田中宏先生专程从维也纳来杭出席了开幕式。同时，商谈落实亚太小水电网 1984—1986 年工作计划的任务。水电部农电司副司长邓秉礼、外事司经济合作处副处长邹幼兰与农电所（亚太中心）领导就相关工作进行了两天的会谈。

1984 年 9 月 24 日，应水电部邀请来华访问的日本水利代表团（部分成员）在水电部水利管理司副司长柯礼丹、浙江省水利厅副厅长陈绍沂和水利厅外经办公室朱志豪的陪同下来农电所（亚太中心）参观座谈。来访的日本客人是：代表团团长、日本自民党水资源开发特别委员长、对外经济协力特别委员会委员、参议院议员、农学博士梶木由三先生；日本农、林、水产省构造改善局建设部设计课，海外土地改良技术室室长池田实先生；以及日本驻华大使馆一等秘书有川通世先生。

1984 年 10 月 3—12 日，英国《国际水力发电与大坝建设》杂志主编艾克先生应农电所（亚太中心）邀请来杭对亚太中心进行访问，此次来访主要有两个目的：该杂志 1985 年一季度出版一期中国小水电专辑选稿；就 1986 年在杭州举办一次国际小水电会议进行具体磋商。

1984 年 12 月 14 日，联合国亚太经社会官员、太阳能专家克拉夫·休斯先生来农电所（亚太中心）参观座谈，浙江省科委外事处陈燕萍陪同在座。

1984 年 12 月 8—21 日，应国家科委邀请巴西伊塔屋巴工学院山托斯夫妇对中国进行为期两周访问。12 月 11—18 日在访问杭州期间，由农电所（亚太中心）负责陪同外宾参观了杭州机科所太阳能实验站及四村沼气点，并于15日到农电所（亚太中心）参观访问，双方寻求今后在小水电领域合作的可能性，并探讨了技术问题，如水轮机气蚀、低水头电站和经济效益等。外宾还参观了临安县青山水库及杭州发电机厂调速器车间和线圈车间等。

1985年1月18日，联合国教科文组织官员、国际水文专家格兰德·威尔先生和美国衣阿华大学工程学院衣阿华水利研究所肯尼迪教授在水科院国际泥沙中心顾问委员会主席林秉南教授、泥沙中心秘书长丁联臻、国际处主任吴德一以及浙江省河口海岸研究所资料情报室主任钱建中等人陪同下来农电所（亚太中心）参观座谈。

1985年1月22日，刚果能源水利部部长恩加波罗一行6人由水电部对外公司总经理张季农陪同来农电所（亚太中心）参观座谈，陪同来中心的还有浙江省电力局副局长张蔚文，外经贸部张季芳工程师，水电部对外公司水电处王国华工程师，上海分公司副总工程师倪顺锠同志等。

1985年2月13日，联合国开发计划署（UNDP）助理署长兼阿拉伯国家地区局长穆士塔法·扎安澳尼由外经贸部国际局处长张广惠陪同来农电所（亚太中心）参观座谈，陪同来亚太中心的还有省外办涉外副处长袁瑞年及省经贸厅外经办副处长宫茂松同志。扎安澳尼先生访问的主要目的是拟委托农电所（亚太中心）为阿拉伯国家组织一期水电考察活动及技术培训讨论班，参加人员为埃及、叙利亚和突尼斯等7个阿拉伯国家的有10年左右经验的大中型水电技术人员，约15～20人。

1985年3月7日，奥地利钢铁联合公司水力发电设备TVE 12制成品部营业经理赛乐先生、项目设计部经理伏尔伐次博格先生以及奥钢联驻京联络处葛乐天博士由华东勘测设计院上海分院高级工程师吕崇朴、翻译朱庆臻陪同来农电所（亚太中心）参观，并主要围绕小水电站中的水轮机设计、制造问题进行了座谈。

1985年3月31日，欧洲共同体聘请的顾问——英国水利电力咨询公司的缪尔博士和法国战略能源环境开发的莫尼埃先生由国家科委合作局西欧处处长王绍祺、攻关局能源处处长胡成权以及浙江省科委二处处长连云霞、对外科技交流处徐长根陪同来农电所（亚太中心）参观座谈。

1985年3月，非洲开发银行秘书长尤玛先生等一行4人由中国人民银行外事局处长戴伦彰及国家外汇管理局浙江分局范大为等同志陪同，来农电所（亚太中心）访问座谈。

1985年4月13日，联合国记者顾丹·达丽博、路易斯·格勃女士和向亦龙先生由外经贸部国际局二处孙永福和浙江省经贸厅张恩源陪同来农电所（亚太中心）参观座谈，并参观了临安县青山水库及小水电站。

1985年4月24日，秘鲁矿业能源部副部长路易斯·雷耶斯·陈先生偕夫人在水电部外事司科技处胡曼同志和浙江省水利厅张国伟同志陪同下，来农电所（亚太中心）参观访问。

1985年4月30日，联合国开发计划署亚太局区域项目处处长莫里先生偕夫人、联合国开发计划署驻华代表处助理兰汉勃及项目官员张美琴由外经贸部国际局龚廷荣同志陪同来农电所（亚太中心）参观视察并座谈，省外经贸厅对外经济联络处张恩源同志陪同接待。莫里先生来访，主要是对基层作深入调查，就以下议题作了商谈：杭州小水电中心与亚太经社会区域能源发展规划的关系；区域小水电网秘书处的问题；联合国开发署的一些政策；杭州小水电中心与联合国工发组织关系；关于第四周期（1987—1991年）区域项目预算分配步骤等。莫里先生等观看了亚太中心摄制的录像，参观了设备和设施，对联合国资助亚太中心的全部设备处于正常运行状态表示满意。

1985年5月6日，美国国家农村电气化合作协会培训及情报协调员格兰姆女士，由外经贸部国际联络局介绍来杭访问农电所（亚太中心）。格兰姆女士来访主要目的是探讨双方今后合作举办国际培训班的可能。格兰姆女士还参观了新昌长诏水库梯级电站。

1985年3月16日，英国开发大学机械系工程机械学讲师威廉·肯尼迪博士来所（中心）参观座谈。威廉·肯尼迪博士自1985年3月14日至4月4日来华访问讲学，主要考察我国水资源开发、水轮泵等提水工具、小水电站及小型灌溉工程。

1985年5月13日，新加坡爱尔马工程公司营业部经理刘美星先生访问农电所（亚太中心）。刘先生来访目的是拟委托亚太中心到新加坡举办国际小水电培训班，由新方负责资金筹集及具体组织工作；亚太中心负责派出3～5位教员，费用由新方支付；亚太中心还负责推荐2～3位其他国家的教员。刘先生回国后，正式来函确定。

1985年5月23日，香港理工学院机械系讲师庞菲利特先生与高级讲师杨海昌先生应邀请来农电所（亚太中心）访问，并主要围绕协助尼泊尔BYS工厂进行水轮机模型试验并由亚太中心咨询协助香港理工学院建立水轮机试验台的问题进行了座谈。客方对BYS的这一技术革新项目表示感兴趣，并愿与我方合作，承担这一新型双击式水轮机的模型试验。双方就设计费用和合作方式等原则取得了一致意见。

1985 年 6 月 12—19 日，英国《国际水力发电与大坝建设》杂志主编莱特托先生应农电所（亚太中心）邀请来华，具体商榷落实下一年在杭州联合举办国际小水电会议的组织安排工作。双方实地考察了会场及住房，并就大会议程、论文选定、会后考察和代表的食宿、交通安排、各项费用达成一致意见，拟定了一份详尽的协议初稿。

1985 年 6 月 27—29 日，联合国粮农组织驻亚太地区代表处水利官员清水先生来杭访问，目的是考察和了解、落实下半年在杭举办提水工具培训讨论班的具体安排。清水先生在中方人员陪同下参观安吉县水轮泵站，他认为水泵综合利用站既可帮助农村解决灌溉用水问题又有助于农村电气化，完全适用于亚太地区国家。清水先生还亲自去宾馆对培训班学员的住宿、教室等进行实地了解。清水先生来杭前在京已与水电部外事司商榷提水工具培训讨论班安排初稿，培训班定于当年 11 月在杭举行（后因故推迟到 1986 年 4 月举办），有 8 个国家 16 位学员以及粮农组织官员、观察员、中外教员等合计 40 人参加。

1985 年 7 月 1 日，美国西屋电气公司对华业务发展部董事包克思先生、中国项目经理高模乐先生等一行 3 人再次来农电所（亚太中心）座谈。讨论内容主要有：亚太中心按计划提交一份“可编程序控制系统 PC－700”供货清单，请西屋公司向西湖少年电站作捐赠。并确定 1985 年底以前到货，1986 年 6 月 1 日投产。届时“西湖少年电站”将邀请他们参加庆祝大会；明确进一步合作途径；西屋公司再一次表示愿参加亚太中心与英国《国际水力发电与大坝建设》杂志社合作举办的小水电会议和展览；他们回去以后立即来函，正式申明将 1983 年借给亚太中心的一套可变程序控制示范系统 PC－900 赠送给亚太中心作为科研工具。

1985 年 8 月 1 日，加拿大国际开发研究中心科技能源政策部执行副主任阿米塔·雷丝先生和项目官员艾森·华丝特女士来亚太中心参观座谈，陪同前来的有浙江省计经委科技处和教育处同志。

1985 年 11 月 14 日，经浙江省科委介绍，美国全球能源协会执行主任凯什卡里博士来农电所（亚太中心）参观座谈。

1985 年 11 月 1—8 日，拉丁美洲 16 个国家组成的小水电考察组 22 人在水电部外事司邹幼兰等 5 位同志陪同下参观了农电所（亚太中心），并分两个小组在浙江考察，一组考察了金华市梅溪和双龙溪梯级水电站、缙云县盘溪梯级水电站、金华水轮机厂和电机厂。另一组考察了新昌县长诏梯级水电站、天台县里石门水库及电站、桐柏水电站、桐坑溪梯级水电站、临海机械厂和电机厂。

1985年11月30日，印尼商务代表团部分成员吴国强、李禄先先生由中国机械进出口总公司陈振华及浙江机械进出口公司沈曙云等陪同来农电所（亚太中心）参观，他们是参加在京举办的“亚太地区国际贸易博览会”后来浙江省进行小水电业务调查的，主要目的是促进中国和印尼在小水电设备方面的贸易合作。

1985年12月20日，欧洲共同体能源总司阿尔曼德·考林先生来农电所（亚太中心）参观座谈，浙江省能源研究所马驰陪同参加了座谈。

1986年6月8日，联合国粮农组织技术顾问拿克西蒂·科瓦塔那加教授来亚太中心参观座谈。拿克西蒂先生是泰国宋克拉王子大学机械工程系教授，受商业部邀请来华并到浙江，由商业部翻译及浙江省粮食厅办公室鲍锡候陪同访问了农电所（亚太中心）。

1986年6月11—12日，朝鲜民主主义人民共和国外贸部五局副局长 Han Tae Hyok 和处长 Jong Yong Yung 由联合国开发署驻朝鲜代表处副代表龙永图夫妇陪同专程前来访问农电所（亚太中心），听取了亚太中心和亚太小水电区域网的历史、现状、目前工作任务及今后计划等情况，并介绍了正在举办的有亚太区域网12个成员国和地区参加的可行性研究培训班。Han Tae Hyok 副局长说，朝鲜很愿意派代表参加这样的培训班。作为区域网的成员国之一，朝鲜愿意与各国在小水电方面开展技术与情报的交流合作。

1986年6月9—17日，勃朗姆雷先生代表联合国工发组织（UNIDO）、联合国计划开发署（UNDP）参加并主持在杭州举办的“小水电可行性研究培训讨论班”。在此期间，勃朗姆雷先生与亚太中心就亚太小水电区域网1986年的活动先后进行了两个半天的会谈，确定了当年下半年各项计划和有关细则，就培训、科研、情报、TAG会议、决策小组会议等方面的工作作了详细讨论和部署。

1986年6月19日，奥地利维也纳农业大学考察团勃兰多教授等一行5人来农电所（亚太中心）参观座谈，他们是由联合国工发组织介绍，来华进行农业、能源、生态等综合性的考察的。代表团在亚太中心人员的陪同下参观了临安县青山水库及电站。

1986年6月30日，美国国际合作基金会组织的访华团部分成员李小玫

(华裔）女士等10余人来农电所（亚太中心）参观座谈。临别，客人们在来宾留言册上写道：这是一次愉快的、印象深刻的座谈。

1986年11月17日，联合国开发计划署驻亚太区域代表金先生夫妇（韩国），由联合国开发计划署驻华代表处项目官员贾璐生女士陪同前来农电所（亚太中心）参观、座谈，并观看亚太中心简介录像片，听取亚太中心向他介绍的中国特色的小水电发展情况和经验，金先生深有感慨地说："目前亚洲一些发展中国家的发展全盘仿效西方，带来许多新问题，很难解决。希望中国的发展能够突出现代化，而不要西方化。中国是发展中的后来者，现在只有寄希望于中国了。"

1987年3月6日，联合国开发计划署总部组织的发展中国家间技术合作（TCDC）考察团成员，高级评审官员柯尔女士及联邦德国发展合作部副局长威尔克先生访问农电所（亚太中心）。陪同来访的有联合国开发计划署驻华代表处官员张美琴女士和浙江省外经贸厅外经处张恩源等。

1987年3月8—11日，亚洲理工学院（AIT）能源、技术系系主任罗卡斯博士应邀前来农电所（亚太中心）作短期访问。罗卡斯博士此行的目的之一是与亚太中心进一步探讨今后开展合作项目的可能性。

1987年5月1—4日，在水电部安排下，联合国粮农组织亚太地区代表处官员Mase先生访问杭州，Mase先生此次来访主要商谈继1986年在杭州举行亚太地区提水工具研讨会以后的后续行动问题。

1987年8月19日，亚太经社会自然资源司项目官员Philip Matthai先生在浙江省科协陈燕萍陪同下来农电所（亚太中心）访问。双方对"第一次亚太地区农村电气化对社会经济影响的技术研讨会和农村电气化展览会"1988年在杭举行的可能性和一些有关事项进行初步探讨。

1987年9月5日，参加"开展国际经济技术合作，增强受援国自力更生能力"研讨会的联邦德国代表团一行13人，由北京国际经济研究所副所长何成、联合国开发计划署驻华代表处驻地代表高级顾问宋振绥以及外经贸部国际经济技术交流中心、省经贸厅同志的陪同下来农电所（亚太中心）座谈、参观。

1987年9月7—13日，亚太经社会区域能源顾问贾锡维兹先生应邀来杭就能源的利用、开发、规划等作了3天专题讲课，听课的除农电所（亚太中心）有关人员外，还有浙江省能源研究所、节能中心、电力局等10个单位有关同志。在杭期间，贾锡维兹先生参观访问了富阳县新能源示范站（赤送村）和青山水库，考察了沼气和太阳能在农户中应用，并参观了农民的住房，农民富裕的生活给他留下深刻的印象。

1987年9月13—14日，新西兰工程和发展部所属水文中心合同部负责人高林博士来农电所（亚太中心）访问，他介绍了新西兰工程和发展部水土管理局下属的水文中心机构、成员组成和科研项目，演示水文数据分析等操作程序。他们得知中国在设计和建造小水电方面有丰富的经验，愿意把他们在水文学分析方面的最新技术和中方的结合起来，双方合作共同投标承包亚太地区发展中国家小水电工程。

1987年11月7日至12月9日，新西兰奥克兰大学教授伍德沃特和波伊斯应农电所（亚太中心）邀请携带一组该校设计研制的电子负荷控制器（ELC）样机来华进行安装试验。该样机是在新西兰外交部援外司资助的基础上，赠送亚太中心作为合作科研项目的，控制器设计最大容量为105kW，由亚太中心在华选择试点进行安装、试验与运行示范。试点电站选在江西省上饶地区波阳县黄家水电站进行，电站现装2台机组，其中1台小容量（75kW）原无调速装置，仅用手轮操作，试验项目即以控制器代替手轮操作。

1987年12月2日，伊朗能源局局长霍斯拉维先生在浙江省国际经济技术合作公司副总经理陶乃坤及浙江机械设备进出口公司几位同志陪同下来农电所（亚太中心）参观座谈。

1987年12月14日，为编写《联合国开发计划署在中国》一书，开发计划署总部新闻处记者M. L. Hanley女士在驻华第一副代表柏思涛先生和项目官员贾璐生以及外经贸部有关同志陪同下专程来农电所（亚太中心）采访座谈。

1987年12月18日，联合国开发署驻华代表处高级工业现场顾问司蒂芬斯先生由水利部外事司邹幼兰处长和外经贸部国际交流中心王粤同志等陪同来农电所（亚太中心）访问。通过座谈和参观，司蒂芬斯先生高度赞扬了亚太中心为亚太地区国家所开展的各种活动，并认为现在中心承担国际培训（会议）的能力进一步加强了，不单有相当力量的工程技术人员，还有较完善和先进的设施以及一定的场地。他说回国后将帮助争取多种方式的支持。

1988年10月18日至11月2日，新西兰两位专家（新西兰中区Otago电力局总工程师Miller先生与新西兰Layland水电咨询公司电子工程师Thode先生）应农电所（亚太中心）邀请来杭为全国第一期“小水电与农网自动化培训班”讲课并介绍经验。

1990年6月14日，联合国开发计划署总部新闻官员锡德凯恩携带摄影师由开发计划署北京代表处高级项目官员孙声和外经贸部国际经济技术交流中心李胜根处长陪同专程来杭访问农电所（亚太中心），为开发署总部新闻司出版的刊物《南南合作》撰写文章及拍摄照片，介绍农电所（亚太中心）多年来的活动及其向发展中国家交流小水电发展经验的作用和效果等。

1990 年 7 月 2 日，美国中美能源开发访问团来农电所（亚太中心）访问。中国能源开发集团由美国加州东方工程公司董事长曾安生先生发起，由 Miller 联合公司等 7 家中型企业联合组成，其目的是在各种能源工程方面向中国交流经验并探索合资合营的可能。

1991 年 12 月 31 日，由联合国开发计划署介绍、外经贸部交流中心安排，印度籍能源和环境专家 Damodaran 教授到达杭州，由农电所（亚太中心）接待和安排，对中国农村小水电进行考察、培训和交流，为期 1 个月。

二、重要出访

1983 年 1 月 24 日至 3 月 14 日，沈纶章参加由外经贸部、水利部等组成的小水电考察团，对哥伦比亚拟建的 50 座小水电站进行了重点的实地考察，并提出了若干哥方认为有益的建议。

1983 年 11 月 9 日至 12 月 15 日，刘国萍参加水电部组织的埃及水电考察组。

1986 年 5 月，宋盛义应尼泊尔 BYS 公司邀请，出访尼泊尔，进行技术交流及电站考察。

1987 年 2 月 18 日至 3 月 5 日，朱效章应奥克兰大学邀请，考察新西兰中、小型水电站 28 座并洽谈电子负荷控制器合作等。

1987 年 9 月 22 日至 10 月 3 日，童建栋参加第三次小水电咨询组考察，考察了斐济、巴布亚新几内亚、所罗门群岛、瓦努阿图小水电。

1988 年 5 月 14—28 日，朱效章、王显焕、王琦等，应圣保罗州电力委员会邀请，前往巴西考察访问 39 座大、中、小型水电站，交流小水电领域的信息与经验，探讨潜在的双边合作，并对圣保罗州电力界发表了演讲，受到很大关注。

1989 年 1 月 12—22 日，魏恩赐、潘大庆与农电司刘巍、刘晓田参加水利部农电司考察团，赴印度交流小水电及农村电气化经验，洽谈未来合作。

1989 年 5 月至 11 月，联合国资助楼宏平赴新西兰奥克兰大学作为访问学者。

1989 年，朱效章、张莉莉参加外经贸部考察团，赴泰国、菲律宾，考察“区域中心如何实现自给的经验”。

1990年5月至1991年5月，联合国资助程夏蕾赴美国纽约州立大学（STONY BROOK校区）做访问学者。

1990年，宋盛义、徐伟赴美国考察超声波流量计生产及使用情况。

1991年，罗高荣参加水利部代表团赴挪威考察。

第三章　科学研究与情报交流

第一节　科　学　研　究

这一时期，农电所（亚太中心）充分利用联合国框架支持和资助以及中国政府提供的科研补助经费，与国际组织和国内机构合作完成了多项科研成果，重点完成了《电子负荷控制器（ELC）的应用研究》《小水电站自动化、远动化试点》《新型水轮机的试验研发项目》《小机自动化项目》等。开展了农电及小水电规划等全国农村水电与农村电气化建设问题的调研，完成《中小水电开发及电气化中长期科技发展规划》《农村能源及电气化发展专题研究报告》《小水电社会经济效益研究》《全国农村用电负荷与用电量预测》《小型水电站的投资估算》《关于第一批电气化试点县规划的若干技术问题》《福建省尤溪县农村电气化规划实施技术总结》《全国中小水电资源开发中长期发展规划》《县级电气化规划负荷预测与电力电量平衡》《县级电气化规划系统决策和方案评价》《县级电气化规划中系统供电保证率计算研究》《水利（水电）部门没有供电管理单位的县（市）中小水电站发供用情况数据库》《地方区域网调研报告》《水轮泵工程研究》等研究报告，并编制了 SD 219—87《漏电保护器农村安装运行规程》等行业规程。获得专利 7 项，其中“可自动关闭的机械式水轮机控制器”和“自保持式电磁接触器”获国家发明专利。

电子负荷控制器（ELC）的应用研究项目（1983—1988 年）：这种小型电子设备适用于小水电站，特别是小于 500kW 的电站，主要适用于孤立运行电站，而我国绝大部分小水电站都联入大网或小网，因此在中国很难找到适当地方予以推广、应用。经多方研究，1984 年被列为亚太小水电网国际合作科研项目，决定在尼泊尔和马来西亚试用。由英方提供主要部件（电子芯片等），在我国组装。1985 年，在上海电器研究所完成了组装，并分别运往两国。在 1986 年 3 月曾进行一次四国专家小组会议，初步总结了经验。

盘溪梯级小水电站自动化、远动化项目（1983—1988 年）：该项目是联合国 CPR/81/004 亚太区域网项目中主要的国际合作科研项目，也是水电部重点科研项目。参加单位先后有10多个，150人次。联合国投入8.2万美元，水利部投入23万元人民币，地方政府投入27.3万元。

该项目在我国是系统研究小水电自动化的第一个项目，国内没有经验，设备和软技术开始都是靠引进的。1984年由美国东方工程供应公司咨询，引领美国高级逻辑方法公司（ALS）及西屋公司专家来杭，现场考察、讲课咨询并指导进行系统的软硬件设计，完成了电站自动化、远动化的初步设计，引进当时具有国际水平的“可编程序控制器”及“远方监控与数据采集系统”（SCA-DA）。引进系统以及电站原有设备的改造于1987年4月投入运行。1988年10月水利部验收委员会的验收意见为：“该系统在小水电梯级自动化、远动化方面处领先地位，进行国产化后可逐步推广”。1989年获水利部科技进步四等奖。

1987—1988年进行了设备改进和国产化试点工作，试制产品在云南及湖南的地区电网中试点，并逐步纳入了国内农电工作的范畴。

作为小水电自动化、远动化的“雏形”试点，在研究和实践方面积累的经验是宝贵的，有一定创造性。以后多年，经各地多方实践，不断发展，逐步形成了一批有关小水电自动化、远动化的规程、规范，奠定了我国小水电自动化的技术基础。

新型水轮机的试验研发项目：1984年亚太小水电网第一次咨询工作组访问尼泊尔BYS水轮机厂，该厂设计、试制了一种新型分裂式双击水轮机(Split Flow)，希望有一个国际学术机构为其测试、检定其性能。此后，亚太中心也设计、试制了另一种新型的双击式水轮机，由亚太中心委托香港理工学院承担试验。亚太中心设计的转轮效率较BYS厂的高10%。这个项目虽小，但从小做起，也是对外协作的一条经验。

小水电社会经济效益研究项目：此项目1988年列为亚太小水电网的国际合作研究项目，由亚太中心、菲律宾、印尼分别提出一份“国别实例研究报告”，并由联合国工发组织委托一位荷兰专家汇总，编写《小水电社会经济影响评估方法》及其对印尼应用实例。1989年10月工发组织委托亚太中心在杭州举行了专题研讨会，8个国家的15位代表出席了会议。对上述报告进行了讨论，最后完成了综合报告，由工发组织分送各成员国的有关部门，作决策参考，以促进对小水电积极意义的认识。

蓄能式可自动关闭的水轮机操作器：该项目为水利部科技基金项目。操作器结构简单，安装、调试、检修均十分方便，无油泵，耗电少，节能效益显著，适用于新建电站及老电站技术改造。通过电动或手动操作，经传动机构和蓄能弹簧，推动接力器活塞，使水轮机机组开机停机、整步并网、增减负荷、稳定运行。该项目的研制成功，避免了水电站失电或油压故障下仍需紧张手动关机的状况，解决了电一手动控制设备不能按“调保计算”要求关机并有时发生设备人身事故的问题，对多机组电站可降低运行成本，是一种适用于并网不调频小水电站的新型水轮机控制设备。该设备申请的专利在几年的实质性审查后于1987年获得国家颁发的发明专利证书，并与国内三家厂商正式签订了技术转让合同，投入正式生产。1993年获水利部科技进步三等奖。到1996年，已在贵州、福建、吉林、黑龙江、浙江、江西、青海、广东、新疆、河北、辽宁、西藏、陕西、内蒙古等14省（自治区）推广200多台。

500kW及以下机组自动控制系统系列化产品开发：该项目由（87）农电水字第15号文立项，简称“小机自动化项目”。项目受到7个协作工厂（临海电机厂、临海机械厂、金华水轮厂、杭州电气控制设备厂、杭州之江电站成套设备公司、厦门海洋仪器厂、平阳阀门厂）领导和经营、技术人员的重视与支持。系列化产品型号为WSZK，按功能分四级。十多年来WSZK一级在上百个小机组得到推广，二、三、四级在11个电站约30台机组上得到应用。该产品对农电所现今作为拳头产品的自动化成套设备起到很好的启发甚至铺路石的作用。

水轮泵工程研究：水轮泵是我国自行创制和独具风格的一种提水工具，它具有结构简单、修建容易、运行方便、造价较低、收效较快等优点，并兼具灌溉和发电等综合效益，深受我国丘陵山区广大农民和许多发展中国家相关部门的重视和欢迎。在国务院原农林办公室的倡导下，水轮泵于20世纪六七十年代得到很大发展。虽然后因种种原因曾一度由盛趋衰，但截至1989年，全国仍有20000多处泵站的30000多台水轮泵正常运行，灌溉农田共计426万亩。为了系统总结水轮泵工程的发展历程、建设管理经验及其应用技术，更好地适应国内外技术推广及经验交流的需要，水利部农水司指派农电所提水中心（筹）着手进行水轮泵工程研究。在湖南、浙江、广东、福建、江西、云南、贵州等12个省、县水利厅、局以及福建省水轮泵研究所等单位的支持和配合下，历经3年多的资料收集整理、调研分析和总结提高，于1991年3月完成了这一课题。该研究成果专著已由河海大学出版社出版。

《漏电保护器农村安装运行规程》：在20世纪70年代，我国农村触电死亡人数曾经高达8000人/年，引起了政府高度重视，后采用漏电保护器取得了明显效果，减少事故约50%，每年减少农民触电死亡事故百人以上。在水电部主持下，农电所组织制定了SD 219—87《漏电保护器农村安装运行规程》，为农村漏电保护器安装运行起到了很好的指导作用，收到了良好效果。

先进测试技术超声波流量计的引进：为了适应国内对水电站技术改造的需求，由水利部资助，1989年农电所从美国ORE公司引进先进的超声波流量计，在以后的十余年间，对全国40多座水电站、泵站进行效率实测，并于1996年列入水利部“九五”科技成果推广项目（科技项〔1996〕94号）。

第二节　情　报　交　流

农电所（亚太中心）对情报工作高度重视，充分发挥一批老工程师的作用，并利用当时与国际交流渠道畅通的有利条件，一方面编译了大量资料；一方面编译出版定期刊物，国际发行；此外还主持国际会议，或派专家出国参加会议，发表论文。

农电所（亚太中心）成立到1991年的前10年时间，共编写翻译了上千万字的英文、中文资料、培训教材和专业书籍，如《中国小水电——历史的回顾》（“Small Hydropower in China：A Survey”），由朱效章、郑乃柏、傅敬熙、杨玉朋和宋盛义撰稿，并由当时的中心主任助手、英籍华人、联合国TOKTEN项目咨询专家张忠誉博士负责编译，由英国《国际水力发电与大坝建设》主编Alison Bartle女士作文字统稿，最后由英国ITDG出版公司于1985年出版，全书共107页，由水电部副部长李伯宁与英国ITDG集团董事长题词，并由联合国工发组织高级官员田中宏先生作序，该书是中国第一本全面介绍中国小水电建设经验的英文书籍，世界发行，影响较大。

1985年，与英国《国际水力发电与大坝建设》杂志合作，出版了一期“中国小水电特刊”（1985年2月号），特邀水电部部长钱正英写了评论“中国小水电发展之路”作为前言刊登在特刊上，并附钱正英部长照片。这是我国小水电对外宣传的一件大事。据悉在该刊已出版的664期中，还没有过同样的专辑。此外还参加编写《联合国小水电丛书》第1辑“Mini Hydropower Stations，A Manual for Decision Makers”（1983年出版）及第3辑“Chinese Experiences in Mini Hydropower Generation”（1985年出版）。

这一时期在《国际水力发电与大坝建设》杂志上发表的论文还有：“Local Grids Based on Small Hydro Station”（《小水电为主的地方电网》），朱效章、黄中理、张忠誉，1985.2；“Medium and Small Masonry Arch Dams in China”（《中国中小水电浆砌拱坝》），郑乃柏、吕晋润，1985.2；“Small Hydro Eascade Development in China”（《中国小水电的梯级开发》），丁光泉，1986.4。

在其他报刊杂志上刊发的文章主要有：《从国外小水电发展看中国小水电》，朱效章，《人民日报》，1980.7.29，《水利水电技术》，1981.8；《水轮发电机应用三次谐波励磁》（英文），朱效章，英国电力评论“ELECTRIC REVIEW”，1981.7；“The Chinese Water Turbine Pump”，沈纶章，英国 Water Line，1987.1；在改革开放的大道上不断前进的农电研究所，沈纶章，《中国水利》（庆祝中华人民共和国建国40周年特刊），1989.9；《亚洲地区提水灌溉面临的问题与对策》，沈纶章，《中国水利》，1991.3。

从1984年开始，农电所（亚太中心）编辑出版了英文季刊 SHP News。由联合国开发计划署、亚太经社会区域能源发展署及联合国工发组织支持，并协助申请国际刊物出版号 ISSN 0256－3118。1985—1986年联合国直接为此资助了1万美元，1983—1986年，亚太中心主任担任亚太小水电网协调员期间，联合国每年补助1.5万美元，4年共6万美元，大多用于刊物的出版、发行。此后，按联合国规定，亚太中心逐步转入自给运营，农电所（亚太中心）还是坚持从水利部事业费开支，坚持出版，作为中国政府对国际社会的贡献。到1991年为止的前10年里，共出版24期，受到国内外广泛欢迎，并已扩大发行到90多个国家近900多个小水电单位。

从1984年开始，农电所（亚太中心）编辑出版了中文《小水电通讯》（季刊），1987年更名为《小水电》（季刊）。并同时编辑出版了《国外农村电气化》（季刊），共出版了12期。

第四章　基础设施和人才培养

农电所（亚太中心）建设过程中得到了许多领导的关怀和指导，水电部部长钱正英曾两次亲临现场视察，听取汇报，解决问题。1987 年 6 月 25 日中心大楼落成典礼上，水电部代表农电司司长邓秉礼、外经贸部代表张局长、联合国工发组织代表田中宏、开发计划署代表贾璐生、亚太小水电网 11 个成员国的代表和当时正在杭州举行的“亚太地区小水电高级决策人会议”的全体代表以及浙江省副省长许行贯、杭州市市长钟伯熙、浙江省水利厅厅长徐洽时等领导和省科委、水利厅等中外贵宾共百余人参加。联合国工发组织的代表田中宏先生十分高兴地宣布，亚太小水电中心的建成标志着亚太地区有了小水电之家。

联合国资助的一批进口设施，包括电子音像、语言教学、办公现代化设施的安装、维护和运行，当时国内都没有经验，农电所（亚太中心）抽调了多位工程师专责进行。还有资料管理、外事管理、后勤工作等，都由一些工程师改行承担，为建所初期的基础设施建设作出了贡献，使亚太中心在很短时间就走上了正常运行的道路，出色地完成了联合国要求的“建成一个具有完善设备的小水电研究培训中心”的任务。

第一节　基　础　设　施

农电所（亚太中心）基建工作自 1981 年 12 月开始，至 1986 年 3 月竣工，分为两个阶段。

1980 年，经浙江省杭州市革委会（1980）235 号文同意农电所（亚太中心）在西湖区当时的古荡公社庆丰大队的现址征地 15 亩。一期工程于 1981 年 12 月 4 日开工，建设内容为 1 栋 4 层办公楼（2400m^2）和两栋宿舍楼（共 60 套，3558.2m^2），办公楼于 1983 年 5 月建成后即投入使用。

1983 年 12 月，水电部决定将原小水电所分为开发所和设备所，开发所（亚太中心）由水电部农电司归口管理，设备所由机械制造局归口管理。1984

年2月13—19日，农电司、机械局领导率领工作组召集两所负责人召开分所座谈会，取得一致分家意见：

（1）两幢宿舍楼分配。设备所分得33.5套，2019m²，开发所（亚太中心）分得26.5套，1539.2m²。

（2）地界划分。对原有征地15亩（分办公区12.23亩和家属区2.77亩两块）进行分配，办公区北区6.07亩（53.2m×76m）归开发所（亚太中心）所有，南区6.16亩（54m×76m）归设备所所有；家属区按宿舍楼的分配面积分摊土地，开发所得1.2亩，设备所分得1.57亩。开发所（亚太中心）共分得土地7.27亩。

（3）一期已建4层办公楼划归设备所。

（4）其他办公家具和设备均分。

从1984年1月开始，开发所（亚太中心）着手进行第二期基建工程的重新规划和建设工作，建设资金由联合国和中国政府共同投入，联合国投入30万美金用于购置培训设备，水电部共投资650万元用于开发所（亚太中心）建设。其中550万元用于征地、土建及安装、消防设备、宿舍楼建设以及室外给排水、道路、绿化、水池和照明等（包括开办费），100万元用于在翠苑购买2500m²商品住宅楼。

1984—1985年水电部分别以（84）水电农电字第1号文、（84）水电计字第423号文和（85）水电计字第369号文批复第二期建设计划和补充计划任务书，最终核定建设规模为10982m²，投资550万元，建设内容为1幢办公大楼、两幢家属宿舍、1幢单身职工宿舍、辅助建筑、相应室外工程、开办费以及增加征地8.15亩等。1986年水电部以（86）水电计字第407号文同意调整第二期基本建设计划和概算，同意将购买3000～3500m²的商品房住宅列入第二期项目，并追加投资100万元。

为解决二期建设用地，1984年3月，经省市人民政府批准，在原有征地中划归6.07亩办公区的东南方向征地6.95亩，1984年5月，又在西侧靠近教工三路征地1.2亩作为道路用地。1984年9月，为解决办公区内北区和东南区交口处道路不便的问题，和海军杭州花园干休所协商，在交界处以104.25m²的土地和其74.45m²互相调换。1985年2月，和设备所协商一致，设备所境内为开发所解决一条面积为68.18m²的东西向交通通道，开发所同意在境内为设备所提供一食堂区，面积为80.07m²；1987年1月，和设备所协商后进一步扩大了换地的范围。

根据与联合国签署的《项目文件》要求，1987年6月大楼必须竣工，建设任务紧迫而繁重。开发所（亚太中心）先后抽出十余位专家和技术人员成立基建办公室，专门负责基建工作。开发所（亚太中心）的建筑规划和设计工作，委托水电部华东勘测设计院，通过多个方案比较认证，并经水电部领导核准，培训、办公主楼确定为14层钢筋混凝土结构，是当时杭州最高建筑物。鉴于当时对设计时间要求太急，华东院感到初设阶段一些专业人员不够，经协商，由开发所（亚太中心）承担给排水、暖通、空调的设计工作（由华东院审核）以及电气部分的设计和审核工作。作为当时浙江省招投标管理办法改革的试点工程之一，该工程通过公开登报招标，由水电十二局中标进行施工。

工程建筑规模为1幢14层主楼及配套建筑7121m²、单身职工宿舍楼510m²和2幢家属宿舍楼3153m²，共计10784m²。主楼西南、东侧为多功能用途的裙房，裙房与主楼之间为庭院式花园，内设花式喷水池与假山。

14层主楼为框架结构，始建于1984年11月，1987年3月竣工，7月交付使用。大楼东西向长26.2m，南北向宽15.8m，高49.9m。大楼共有14层，标准层为24.4m×15.2m，总建筑面积5779.3m²。底层为服务台、接待室、综合服务部门办公室，2～3层为培训学员招待所，6～8层、11层为业务部门办公室，4层和8层为行政部门办公室，9层和10层为资料室、档案室、阅览室及培训设备室等，13层和14层为语音视听系统设备和会议室、国际培训班教室。

1层裙房总建筑面积为1081.84m²，由两部分组成。一部分位于办公大楼的西南侧，呈L形布置，建筑面积784.24m²，主要功能为会议室、活动室、餐厅、厨房、仓库和食堂工人值班室。其中会议室、活动室建筑面积410m²，是职工和国内外会议、交流的主要场所。餐厅、厨房、仓库和食堂工人值班室建筑面积374.24m²，是职工和国内外学员的用餐场所。另一部分位于办公大楼东侧，建筑面积297.6m²，是一座单层砖混结构建筑，主要由锅炉房、水泵房、浴室组成，其中锅炉房建筑面积近200m²。

此外，在东区还建有冷冻机房及变压器室、汽车库、堆煤场、二层单身职工宿舍及两幢家属宿舍楼等，建筑面积为3922.86m²。

第二节 人才培养

农电所（亚太中心）成立初期，工作人员主要由水利部从各省市的水利单位抽调组成，自1983年开始，先后从河海大学、浙江大学、武汉水利电力学院等高校挑选30多位优秀大学毕业生来所工作，充实了科研力量，优化了人员结构。

作为国际合作机构，亚太中心需要一批年轻的科技型和国际型人才。农电所（亚太中心）举行了多种形式的英语培训，例如聘请外籍专家利用晚上及周末业余时间为职工开展英语俱乐部活动。自1985年起，农电所（亚太中心）为水利行业及本单位职工举办了多期英语培训班，教员由本农电所（亚太中心）英语专业人员和外聘教员担任，主要有：张忠誉、刘国萍、潘大庆、张莉莉、方伟功、苏效庆、周科善、杨信德。除在农电所（亚太中心）参加短期培训外，还派员赴上海外国语学院、上海电力学院、北京外国语学院和西安有关单位进修学习，参加培训人员有童建栋、罗高荣、李季、杨啸莽、林旭新、宋盛义、黄建平、李志武、吕天寿、丁慧深、黄嘉秀等10余人。童建栋、楼宏平、程夏蕾等3位同志还分别赴前苏联列宁格勒加里宁工学院、新西兰奥克兰大学、美国纽约州立大学（Stony Brook校区）学习工作半年到一年，外语和业务水平得到明显提高。

农电所（亚太中心）结合科研课题，培养了一批年青科技型人才。此外，对年轻人有志于提高自身学历和工作能力的学习也给予支持，如1989年有13人参加电大、夜大、函大、业余科技大学学习，3人参加英语培训，5人参加短期岗位培训。人才的培养，为今后的发展打下了坚实的基础。

中外媒体的关注和报导

中心在国际合作方面进行的大量工作和活动，影响日益扩大，引起了国内外媒体的重视和关注。

除前面已叙述过的对国际培训和会议的专题报道外，十年来，国内外媒体还对中心作了多次访谈、专题介绍等，其中较为重要的有：

1983年6月12日及1984年，中国国际广播电台先后向国外和国内播出英文和中文约20分钟的访谈中心主任的“录音报导”。

1983年7月英文版“China Reconstruction”（《中国建设》）和同年7月中文版《中国建设》都刊登了亚太中心主任的特约稿《小水电建设》。

1987年，朱效章访问新西兰期间，接受《新西兰工程》杂志社专访后，该杂志1987年4月号刊登题为“中—新小水电技术交流”的专题报导。

1990年1月17日，《中国水利报》以四分之一版的篇幅专门介绍了亚太中心（农电所）。

1990年联合国开发计划署的刊物“Cooperation South”（《南南合作》）第3期发表了该署来中心专程采访的专题报导《从河流获取能源》，介绍中国小水电发展及中心多年来的活动及其作用。

1991年6月5日香港《大公报》及同年7月10日《人民日报》（海外版）先后发表了新华社记者的专题报告《小水电人才摇篮——记杭州亚太地区小水电研究培训中心》。

1991年6月30日，英文版《中国日报》发表题为“Hydropower Gets a Boost from Trainning Center”的专题报告，详细介绍中心10年来培训等工作的成就，并指出：“该中心已获得世界广泛的认可。”

第二篇

1992–2001年

HRC
SMALL HYDRO

1993年，参加国际小水电培训班人员合影（前右1为时任河海大学教授索丽生）

1994年，国际小水电培训班人员合影

1997年，国家科委委托亚太中心举办的国际小水电设备培训班人员合影

1999年，HRC和DSI在土耳其联合举办的小水电研修班人员合影

1992年，举办全国农村水电年报软件培训班

Hydro 1992 印度新德里小水电会议

1993年，国际中小水电设备技术展示会在杭州召开

1994年，参加国际小水电中心成立大会人员合影

2001年，在泰国举办的ESCAP 能源规划与管理区域会议

1996年，亚太中心和圭亚那签署小水电经贸合作协议

2000年，印度非常规能源部秘书访问亚太中心

1994年，在瑞士举行宁波溪口抽水蓄能电站引进设备设计联络会

1998年6月，农电所设计的我国第一座中型抽水蓄能电站——宁波溪口抽水蓄能电站（装机容量2×40MW）正式投产发电

溪口抽水蓄能电站上水库混凝土面板堆石坝

农电所（亚太中心）自1990年开始电站勘测工作，并完成初步设计报告

1992年，亚太中心专家赴马来西亚为科塔小水电项目提供咨询服务

2001年，亚太中心专家在朝鲜进行小水电咨询服务

1996年，水利部援藏项目——西藏定结县荣孔水电站（装机容量3×320kW，海拔4200m）投产发电

1996—2001年，完成国家援外项目——古巴科罗赫电站工程设计及设备成套(装机容量2×1MW)

1993—1997年，完成马来西亚科塔电站工程咨询及设计（装机容量2×2MW）

1995—1999年，完成国家援外项目——圭亚那莫科—莫科电站工程设计（装机容量2×250kW）

完成浙江黄山溪一级电站工程咨询及设计

1997—2002年，完成浙江洪溪一级电站工程咨询及设计（装机容量2×6.3MW）

1999—2001年，完成浙江泰顺三插溪二级电站工程监理

溪口抽水蓄能电站的实践与研究

程夏蕾　林旭新 主编

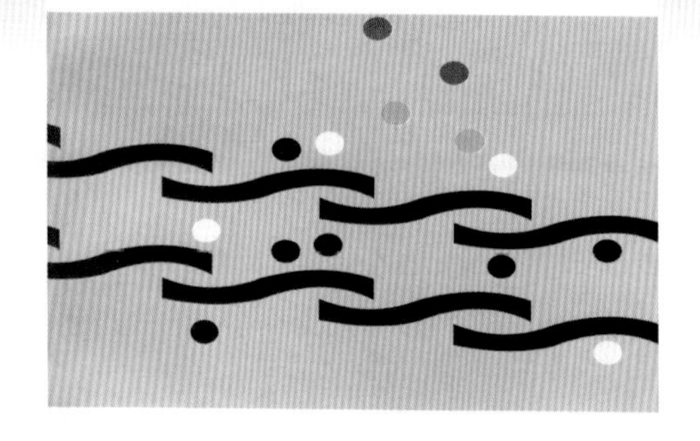

浙江大學出版社

出版的专著

第一章　组织机构与干部任用

第一节　组　织　机　构

1994年1月，水利部、电力工业部共同以水人劳［1994］27号文件决定将“水利部、能源部农村电气化研究所”改名为“水利部农村电气化研究所”。

1995年3月，水利部以水人劳［1995］19号文件决定同意成立“联合国国际小水电中心”，与“水利部农村电气化研究所”、“亚太地区小水电研究培训中心”合署办公。

1996年1月，水利部人劳司人组（1996）9号文，明确我所为副司局级单位。

1996年10月，联合国国际小水电中心和水利部农村电气化研究所分离。

1997年5月，依据中编办字［1997］第73号文所重新审核后编制为130人。

1998年2月，水利部农村电气化研究所（亚太地区小水电研究培训中心）与联合国国际小水电中心合并。

1999年11月，水利部农村电气化研究所（亚太地区小水电研究培训中心）与联合国国际小水电中心分离。

第二节　干　部　任　用

一、主要领导人任免

1992年6月，水利部党组任命童建栋同志为党委书记，李海燕同志为党委副书记，罗高荣为副所长，同时免去郑乃柏同志党委书记职务（水利部水党1992第20号）。

1994年1月，水利部任命于兴观为副所长（人劳干1994第11号）。

1996年10月，水利部任命罗高荣为所长、中心主任，同时免去童建栋所长、中心主任职务（水利部部任1996第53号）。

1996年10月，水利部党组任命于兴观同志为党委书记，同时免去童建栋同志党委书记职务（水利部党任1996第20号）。

1996年10月，水利部任命于兴观为副所长（兼），李志刚、程夏蕾为副所长，同时免去李海燕同志党委副书记职务（人干1996第138号）。

1998年2月，水利部任命童建栋为所长、中心主任，同时免去罗高荣的所长、中心主任职务，改任副所长（副局级待遇不变）（水利部部任1998第2号）。

1998年2月，水利部党组决定增补童建栋同志为所党委委员（水利部党任1998第3号）。

1999年11月，水利部任命刘勇为所长、中心主任，免去童建栋的所长、中心主任职务（水利部部任1999第46号）。

1999年11月，水利部免去罗高荣的副所长职务（水利部部任1999第47号）。

二、内设机构及干部任用

1991年所内设机构为：党委办公室、所长办公室、外事办公室、情报资料室、规划室、技术改造室、中小水电设计室、网络自动化室、提水室、技术咨询部、会议服务部、综合经营室。

1993年撤销中小水电设计室，成立工勘室、水工室、机电室。撤销情报资料室，成立信息室。

1994年撤销机电室，成立水机室、电气室、技改室。

1995年撤销综合经营室、水工室、工勘室、电气室、水机室、技改室、规划室、网络自动化室，改为水工处、工勘处、电气处、水机处、技改处、规划处、网络自动化处。

1996年撤销工勘处、提水室，撤销党委办公室和所长办公室，合并成立办公室。成立电网处、财务处，科技办改为科技处，外事办公室改为国际合作处。

1997年所内设机构为办公室、科技处、国际合作处、财务处、规划处、水工处、机电处、技术改造处、网络自动化处。

1998年撤销水工处、机电处，成立设计处，撤销科技处、国际合作处，成立科技外事处。新设立监理部。另设立直属正科级部门4个，分别是《小水电》编辑部、贸易部、江河旅游公司、保卫科。

2000年成立培训信息处、后勤服务中心。

1992年起，先后成立杭州亚华自动化技术开发部（1992年11月成立，注册资金30万元）、杭州雷弗尔电气技术公司（1993年7月成立，注册资金50万元）、杭州曙光水电经济技术合作公司（1993年11月成立，注册资金521万元）、杭州亚太水电设计咨询有限公司（1995年7月成立，注册资金100万元）、杭州江河旅游有限公司（1995年11月成立，注册资金12万元）、杭州亚太水电设备成套技术有限公司（1995年11月成立，注册资金50万元）等6家具有独立法人地位的独资公司。2001年末，以上6家公司陆续终止营业，并办理税务及工商注销手续。

1992年9月，农电所和宁波国际经济技术合作公司合资成立"宁波国际中小水电工程公司"，后改名为"宁波绿能国际工程贸易有限公司"，1999年6月终止营业，并办理税务及工商注销手续。

1993年5月，由农电所牵头，联合7个协作工厂（临海电机厂、临海机械厂、金华水轮厂、杭州电气控制设备厂、杭州之江电站成套设备公司、厦门海洋仪器厂、平阳阀门厂），共8个单位出资50万元，在农电所挂牌成立"杭州亚太水电自动化开发联营公司"，农电所为董事单位。1997年4月终止营业，并办理税务及工商注销手续。

这一时期担任内设机构负责人的情况见表2-1。

表2-1　　内设机构负责人任职情况（1991—2001年）

姓　名	职　　务
丁慧深	外事办主任、国际合作处处长
丁光泉	规划管理室主任
马毅芳	会议服务部（后勤负责人）、所务委员
王曰平	副总
王　琦	会议服务部（会议服务负责人）
孔祥彪	办公室主任、曙光公司副总经理、所务委员
孔长才	机电处副处长、水机处处长、设计咨询公司总经理
孙　力	技改室副主任、技改处处长、亚太水电设备成套技术有限公司副总经理
王晓罡	贸易部经理
孙银海	保卫科科长、后勤服务中心副主任
孙红星	综合经营室副主任、信息室副主任
江正元	雷弗尔公司总经理
华忠鑫	亚太水电自动化开发联营公司副总工程师

续表

姓　名	职　　务
吕天寿	设计室副主任
朱小华	科技处处长、副处长
汤一波	机电处副处长
吕建平	机电处主任工程师
宋盛义	技改室主任
李志刚	办公室主任
李志武	工勘室副主任、设计咨询公司副总经理
李海燕	办公室副主任
李　季	江河旅游有限公司总经理、办公室主任
杨玉朋	技术咨询部主任、亚太水电自动化开发联营公司总经理兼总工程师
吴华君	情报资料室主任、信息室主任、《小水电》编辑部主任
吴卫国	机电处副处长
陈惠忠	水工室副主任、工勘室副主任、主任、工勘处处长、水工处处长、监理中心主任
杨信德	贸易部经理、绿能公司总经理
张关松	规划室副主任
张秉钧	办公室副主任、所务委员
罗　青	亚华自动化技术开发部经理、网络自动化处处长、亚太水电设备成套技术有限公司副总经理
罗高荣	规划室主任
林旭新	水工处副处长、监理中心副处长、规划处处长
林青山	规划处处长、曙光公司副总经理、曙光公司副设总
饶大义	规划处副处长、规划处主任工程师
赵金根	江河旅游有限公司副总经理、总经理
姜和平	监理中心副主任
海　靖	情报室主任
曾月华	党办主任、所务委员
章坚民	信息室副主任、电网处处长、机电处处长、设计咨询公司副总经理
黄中理	亚太水电自动化开发联营公司副总工程师
黄建平	水工处副处长、处长、设计处处长
程夏蕾	设计室副主任、机电处处长、电气处处长、外事处处长、设计咨询公司总经理、所长助理
谢益民	办公室副主任、财务处处长

续表

姓　名	职　　务
楼宏平	亚华自动化技术开发部副经理、网络自动化处副处长、网络自动化处主任工程师
缪秋波	规划处副处长、处长
潘大庆	外事办副主任、科技外事处副处长、培训信息处副处长
薛培鑫	技术改造室副主任、所副总
魏恩赐	设计室主任、所总工、所务委员

三、所学术委员会（职称评审委员会）

1994年调整所学术委员会（职称评审委员会），主任为童建栋，副主任为罗高荣，委员由童建栋、罗高荣、李海燕、于兴观、魏恩赐、孔祥彪、曾月华、宋盛义、李志明、杨玉朋、丁慧深、薛培鑫、吕天寿、吴华君、程夏蕾、孔长才、朱小华、孙力等18位同志组成，任期两年。

1997年调整所学术委员会（职称评审委员会）：主任为罗高荣，副主任为程夏蕾，委员为罗高荣、程夏蕾、李志刚、李海燕、薛培鑫、朱小华、谢益民、林青山、罗青、楼宏平、孙力、黄建平、陈惠忠。

2000年调整所学术委员会（职称评审委员会）：主任为刘勇，副主任为于兴观，委员为刘勇、于兴观、李志刚、程夏蕾、李海燕、薛培鑫、朱小华、谢益民、林青山、罗高荣、楼宏平、孙力、黄建平、陈惠忠、徐锦才。

第三节　党　工　团

一、党委及下属党支部

1992年6月，第三届党委成立，党委委员为童建栋、罗高荣、李海燕。童建栋同志任党委书记，李海燕同志任党委副书记。

1993年2月，第四届党委成立，党委委员为童建栋、罗高荣、李海燕、曾月华。童建栋同志为党委书记，李海燕同志为党委副书记。

1996年10月，第五届党委成立，党委委员为于兴观、罗高荣、李志刚、程夏蕾。于兴观同志为党委书记。

1999年11月，第六届党委成立，党委委员为于兴观、刘勇、程夏蕾、李志刚。于兴观同志为党委书记。

1994年10月，成立3个党支部：第一支部委员会（管理支部）由李志刚、丁慧深、李季等3位同志担任支部委员，李志刚同志任支部书记，丁慧深同志任支部组织委员，李季同志任支部宣传委员。第二支部委员会（科研支部）由孔长才、李志明、杨信德等3位同志担任支部委员，孔长才同志任支部书记，李志明同志任支部组织委员，杨信德同志任支部宣传委员。第三支部委员会（曙光公司支部）由孙力、李志武、董大富等3位同志担任支部委员，孙力同志任支部书记，李志武同志任支部组织委员，董大富同志任支部宣传委员。

1997年5月，3个支部改选，产生新一届支部：第一支部委员会（管理支部）由李海燕、谢益民、李志武等3位同志担任支部委员，李海燕同志任支部书记。第二支部委员会（业务支部）由徐锦才、徐伟、俞锋等3位同志担任支部委员，徐锦才同志任支部书记。第三支部委员会（退休支部）由郭浩、孔祥彪、章琴芳等3位同志担任支部委员，郭浩同志任支部书记。

二、工会

1995年选举产生第二届工会委员会：主席为曾月华，委员为曾月华、李季、朱颖、忻莺瑛、熊杰。

1996年选举产生第三届工会委员会：主席为李志刚，委员为李志刚、朱颖、杨信德、忻莺瑛、董大富。

2001年选举产生第四届工会委员会：主席为李志刚，副主席为朱颖，委员为李志刚、朱颖、杨信德、陈剑令、方华。

三、团支部

1990年团支部换届：孙红星任书记、沈学群任组织委员、周剑雄任宣传委员。

1993年团支部换届：董大富任书记、王焰松任组织委员、周叶萍任宣传委员。

1996年团支部换届：俞锋任书记、应芳任组织委员、方华任宣传委员。

四、获得荣誉

我所先后获得政府特殊津贴的同志有：朱效章（1992年）、郑乃柏（1992年）、沈纶章（1992年）、刘勇（1992年）、王曰平（1992年）、童建栋（1993年）、罗高荣（1993年）、宋盛义（1993年）、魏恩赐（1993年）、李志明（1994年）、杨玉朋（1995年）、丁慧深（1996年）、薛培鑫（1998年）。

1991年4月，朱颖获得水利部税收财务物价大检查领导小组颁发的“1990年度水利部税收财务物价大检查先进个人”荣誉称号。

1997 年 3 月，程夏蕾获得浙江省科技厅颁发的“巾帼英雄”荣誉称号。

1999 年 6 月，徐锦才同志获浙江省科技厅机关党委颁发的“优秀共产党员”荣誉称号。

1999 年 7 月，周剑雄获得水利部颁发的“援藏工作先进个人”荣誉称号。

1999 年 7 月，农电所被浙江省委、浙江省人民政府授予省级精神文明单位（浙委 1999 第 17 号）。

第二章　科学研究与科技开发

这一时期，农电所（亚太中心）利用科技、人才优势，积极投身农村水电与农村电气化建设，结合农村水电开发研究，服务于农电建设主战场，开展了大量的调查研究工作，为政府部门的正确决策和宏观管理提供了科学依据。组织科技人员编写制订了一系列小水电及农村电气化技术规范，为全国农村电气化县建设提供了技术基础。同时还研究、推广了一批农村水电与农村电气化的实用技术，为全国农村电气化县建设提高科技水平、促进科技进步做出了贡献。

第一节　科　学　研　究

1992—2001年期间，农电所积极参与全国小水电和农村电气化建设，在水电部主持下，组织完成了《全国中小水电中期发展规划》、《全国农村水电与农村电气化中长期科技发展规划》等相关规划以及农村电气化标准、电价政策、效益测算、农电立法等调研报告20多项（表2-2）。在开展大量调查研究工作的基础上，组织技术人员积极参与编制农村电气化规划，对农村电气化规划方法和规划理论进行了重点研究，在规划方法上着重研究解决了负荷预测、电力电量平衡、系统供电可靠性分析、工程参数优选等技术问题，为国家和政府主管部门正确组织领导和开展全国农村电气化建设提供了科学的决策依据。

表2-2　　农电所1992—2001年编写的主要调研报告

序号	调　研　报　告　名　称	完成时间
1	全国200个农村水电初级电气化县建设新技术推广应用技术方案设计	1992年7月
2	全国农村电气化综合年报计算机管理系统	1992年12月
3	全国水利系统水电年报计算机管理系统	1992年12月
4	中国中小水电站技术数据库	1992年12月
5	水利水电建设项目经济评价风险分析方法及参数选择计算研究	1993年4月
6	湖南省怀化地区电网发展规划咨询报告	1993年7月

续表

序号	调研报告名称	完成时间
7	湖北霍河流域梯级电站优化调度研究报告	1993年10月
8	中国小水电设备样本编制	1993年10月
9	西藏自治区有水力资源无电县小水电踏勘选点工作报告	1993年11月
10	中小水电技术改造总结	1994年5月
11	县调自动化系统的研究与推广技术总结	1994年12月
12	全国水利系统新能源和可再生能源开发“九五”计划和2010年规划	1995年2月
13	农村水电扶贫工程——源泉计划可行性报告	1995年5月
14	农村水电开发及农村电气化建设“九五”科技研究项目计划	1995年8月
15	农村水电供电区农村小康电气化标准专题研究报告	1995年8月
16	中国小水电行业的设备技术状况调研报告	1996年2月
17	国外小水电的新近发展综合评述	1996年3月
18	中小水电机电设备科技进展研究	1996年3月
19	略论农村水电技术发展政策	1996年5月
20	中国农村水电的投资政策和机遇研究报告	1996年6月

由水利部水电司具体组织实施、农电所（亚太中心）等单位参加完成的“第一批百个县级农村初级电气化建设试点研究”项目获1991年度水利部科技进步一等奖。农电所（亚太中心）还组织编写出版了《农村电气化规划指南》《农村电气化规划优化方法》《区域电气化建模技术》等一批规划理论专著，建立了农村电气化数据库。

第一批百个县级农村初级电气化建设试点研究项目：该项目由国务院批准立项，由水利部农电司和农电所等全国131个单位共同参加，组织动员了全国20个省水利厅、109个初级农村电气化试点县近2000余名专家和技术人员参加研究工作。由于项目采用了“软科学为指导，硬技术为基础，试验研究为手段，综合效益为目的”的技术线路，共研究推广了65项重点科学技术成果，创立了11个具有广泛代表性和不同特色的农村初级电气化县建设模式，取得了十分显著的社会、经济和生态环境效益。该项目获水利部1993年度科技进步一等奖。

小水电优化运行研究与推广项目：该项目由水利部农电司立项，农电所与水利部农电司等单位合作完成。项目针对我国小水电的实际情况，研究了不同类型小水电站的优化调度模式，在全国不同地区、不同层次开展了大面积技术推广，在研究与推广上把各种模式研究、示范试点、人才培养和编制行业技术规范作为重点，取得了一定的社会、经济效果，为我国小水电科学运行管理这一重大研究课题开辟了一种行之有效的革新挖潜途径。研究成果获水利部1992年度农村水电科技进步二等奖。

小康水平农村电气化标准：根据水利部农村水电司综［1993］2号文的通知要求，农电所（亚太中心）成立了我国“小康水平农村电气化标准”课题组，课题按亚洲“四小龙”国家和地区、前苏联和东欧国家、西方发达国家、世界上A类发展中国家以及我国京、津、沪、杭、甬、穗等沿海经济发达市郊农村等方面开展课题研究工作，并在结合我国国情和参考国外农村电气化水平的基础上，提出有理有据、结合实际的我国小康水平农村电气化标准体系。该项研究课题为国家计委根据国务院有关领导的指示精神，围绕我国小康水平的标准体系所专门列项的通信、电气化、住房和交通等四大研究课题之一。

第二节　标准化工作

随着全国农村电气化建设的不断发展，农村水电资源得到大量开发利用，编制农村水电行业的技术法规成为农村电气化建设过程中的一项重要技术工作，通过建立各种农村水电技术法规体系，对于节约农村电气化建设投资，降低工程成本，提高技术水平，促进农村水电规范化、正规化建设，以及推广应用新成果、新技术都具有十分重要的意义和作用。

农电所（亚太中心）根据全国农村电气化建设发展的需要，在上级主管部门的组织领导和大力支持下，共主编完成了SL 22—1992《农村水电供电区电力发展规划导则》、SL/T 53—1993《农村水电电力系统调度自动化规范》、SL 16—1992《小水电建设项目经济评价规程》、SL 76—1994《小水电水能设计规程》、SL 77—1994《小型水电站水文计算规范》、GB/T 15659—1995《农村初级电气化验收规程》、SD 219—1987《漏电保护器农村安装运行规程》、SL 173—1996《小水电网线损计算导则》、SL 221—1998《中小河流水能开发规划导则》、SL 145—1995《小水电供电区农村电气化规划编制规程》等10部规程规范，编写的农村水电技术法规有《小康水平农村电气化标准》《小水电优化运行方案编制导则》《小型水轮机系列型谱》《中小河流水能开发规划导则》和《小水电技术法规试点》等5部，由农电所（亚太中心）主编或参编完成的农村水电规程规范约占当时农村水电及农村电气化已编技术法规的四分之三，为我国农村水电初级电气化建设的技术进步作出了较大的贡献。其中国家行业标准 SL 16—1992《小水电建设项目经济评价规程》在水利部农电司主持下前后修改 7 次，共 5 稿，评价案例 7 个，对小水电行业政策的制定以及设计工作起到重要导向作用，该规程获 1994 年度水利部农村水电科技进步二等奖。

第三节 实用技术研发与推广

为了更好地推进全国农村电气化建设事业的迅速发展，农电所（亚太中心）组织骨干技术力量共研制完成了 10kV 户外液压油重合器、电子负荷控制器、TC 型水轮机操作器、蓄热电炉、小机自动化产品及用电管理信息系统等数十项科研成果，并与发达国家合作引进了先进的自动化技术和设备，一些研究成果分别被国家和水利部列为重点科技推广应用项目，见表 2 - 3。由农电所（亚太中心）组织研究的中小水电抽水蓄能电站开发技术，在宁波溪口抽水蓄能电站、金华八达国湖抽水蓄能电站等工程项目设计中得到了较好的应用。几年来，先后创办了亚太水电设计咨询有限公司、曙光水电经济技术合作公司、亚太水电设备成套技术有限公司等几家科技企业，深入到全国近 20 多个省的农村水电与农村电气化建设县，并在全国几百座农村小水电站先后推广了微电脑控制器、水轮机操作器、用电管理信息系统、计算机监控系统等农村电气化开发实用技术，通过积极参与全国农村电气化建设，走出了一条创办科技公司、实体来推广应用农村水电与农村电气化实用技术的成功之路。1992 年农电所（亚太中心）派出 3 名科技人员到浙江慈溪市创办电力设备联营厂，推广自动油重合器及农村电力开关生产技术，仅用 3 年时间使一个年产值只有 300 多万元的小厂一跃成为年产值约亿元，具有一定规模和影响的农村电力设备生产厂。

YCW - 10/400 - 6.3 型户外交流液压油重合器项目：该项目在引进消化吸收美国 20 世纪 80 年代新型的 RX 型油重合器的基础上，结合我国农村电网的特点，由农电所和航天工业部沈阳黎明发动机制造公司共同研制而成，通过能源部、机械电子部联合鉴定，在联营厂投入生产，是一种集保护、控制和操作为一体的新型特殊高压断路器。该产品已达到了国外同类油重合器的水平，并填补了国内空白。该项目 1994 年获水利部农村水电科技进步二等奖和电力部科技进步奖。

农村水电电网线损理论计算实用软件开发应用：该项目为水利部科技基金

表 2-3　　农村水电实用技术推广应用情况表

序号	技术名称	推广规模	推广省、县名称	备注
1	TC型水轮机操作器	15省（自治区）200多台	浙江、福建、江西、湖南、湖北、四川、广东、广西、云南、陕西、河北、辽宁、吉林、西藏、内蒙古	为国家发明专利技术，获水利部科技进步奖
2	WSZK小机自动化技术	12省（自治区）100多座电站200多台	浙江、福建、江西、湖北、四川、广东、广西、云南、陕西、甘肃、青海、新疆	国家科委、水利部重点推广项目，获水利部科技进步奖
3	超声波测流技术	5省（自治区）40多座电站	浙江、福建、广东、广西、云南	系从美国引进技术
4	农电年报计算机管理系统技术	全国30省（自治区、直辖市）	全国各省级水利厅水电处、电力局农电处	
5	小水电优化调度运行技术	全国30省（自治区、直辖市）	重点在浙江、安徽、湖北、江西4省推广	获水利部农村水电科技进步奖
6	水电站更新改造技术	8省（自治区）40多座电站	内蒙古、广西、浙江、福建、广东、河北、江西、云南	获水利部农村水电科技进步奖
7	10kV户外式液压油重合器	4省21台	河南汤应县4台，湖北咸宁市7台、荆门县2台，浙江余姚市2台，江西万安水电站6台	获水利部农村水电科技进步奖和电力部科技进步奖
8	抽水蓄能电站设计技术	1省2座电站	浙江宁波市溪口蓄能电站、金华市八达国湖蓄能电站	
9	地电企业用电管理信息系统技术	1省10县供电局	浙江新昌、富阳、丽水、临安、嘉善、桐乡、黄岩、桐庐、海盐、天台	获水利部科技进步奖
10	加拿大Powerbase无人值班控制系统，高压氮气储能操作器HPU	3省6座电站	浙江桐庐、嵊州、金华，河北张家口，云南	获水利部大禹奖
11	水电站计算机自动监控系统SDJK、DZWX	10多个省	河北南观、浙江横锦电站、辽宁松树台电站等	获水利部大禹奖
12	县调自动化技术	4省10县	浙江缙云，广东阳春、平远、怀集、电白、惠东，山西泌水，新疆富蕴、温宿、吉木萨尔	

项目并得到世界银行资助。在浙江省新昌县、湖南省东安县进行电网降损节能现场试点研究，通过对电网基础数据的测量、分析，35kV线路的损耗计算，低压配电系统的线损分析计算，变压器损耗分析，非技术线损管理等研究，在此基础上，完成了实用软件开发应用。采取该软件，不仅使得线损计算所需数据管理规范化，而且可方便、快速、准确地进行统计及理论线损计算，便于制定合理的线损考核指标，找出技术上和管理上的薄弱环节，从而可以有的放矢地采取措施降损节能。该软件在农村水电电网上推广使用，经济效益和社会效益十分显著。该项目获水利部1997年度科技进步三等奖。

液压控制式自动油重合器在农村水电双电源区域的应用研究和试点工作：该项目为水利部科技基金项目。研究成果为农村水电双电源区域实现无人或少人值班的小型化变电所创造了条件，对在农村电网推广先进技术、节省投资等有一定意义。该项目获水利部1997年度科技进步三等奖。

加拿大Powerbase无人值班控制系统：通过水利部“948”项目，引进加拿大Powerbase无人值班控制系统，该系统由微机型控制模块（TCM、GPM、GDI）和高压气囊式氮气蓄能操作器HPU等组成。控制系统特点是采用预编程软件，开发了多个功能模块，用户可根据需要选择，设计、运行、安装、维护方便。纯液压式调速控制器HPU，采用6～10MPa（当时国内普遍采用2.5MPa）高油压装置，用气囊式氮气蓄能器代替高压气系统及内部油路控制采用模块结构，避免了机械死区及卡涩问题，使整个装置布置紧凑、体积小、重量轻、维护方便。1998年3月，引进Powerbase无人值班控制系统在浙江桐庐二级电站成功运行，之后我所组织HPU国产化，国产化后HPU在浙江嵊州南山电站、浙江嵊州艇湖电站、河北圣佛堂电站、云南云龙电站等成功推广，填补国内空白。之后与武汉汉诺公司合作，开发了我国第一台带PLC控制的高油压气囊式氮气蓄能调速器，并在浙江金华安地电站和浙江嵊州南山电站1号机成功运行。该项目2001年通过水利部组织验收，2003年与其他项目成果集成获水利部大禹奖三等奖。

水电站计算机自动监控系统SDJK、DZWX：该系统是农电所自行开发的拥有自主知识产权的水电站计算机自动监控系统，SDJK、DZWX系列分别用于高压和低压机组。该系统以可编程控制器PLC为核心模块，实现从机组控制到整个电站机械电气设备的控制和保护以及远程监控调节，经过多年技术升级改进，系统技术成熟，在国内数十个省推广应用，并出口到越南、蒙古、土耳其、秘鲁等国家。2002年产品通过水利部组织鉴定，2003年与其他项目成果集成获水利部大禹奖三等奖。

农用400V低压系列配电装置研制：该项目由水利部农电司立项，农电所与浙江新昌电控设备厂共同研究完成，获1993年度农电所科技进步二等奖。配电装置与容量为25～100kVA的变压器配套，用于变压器低压侧输电线路和用电设备的保护及分配电能。现该项目已设计研制出系列产品36个，对解决目前我国农用400V以下的配电装置设备简陋、可靠性低、事故隐患多等问题具有一定的积极作用，并为我国农用低压配电设备产品向定型化、系列化方向打下良好的基础。

第三章　对外合作与交流

这一时期，农电所（亚太中心）利用国际上广泛的联系和一定的知名度，通过外引内联积极开拓国际市场，以充分发挥优势，逐步把农电所（亚太中心）从过去以对外技术交流为主过渡到对外技术交流和经贸合作相结合的外向型科研院所。农电所（亚太中心）举办了多次重要的大型国际会议，成功举办了16期国际小水电培训班，接待了44批不同级别和层次的贵宾来访。通过国际会议、培训及重要互访，不仅促进了交流，还达成了多项合作意向，促成项目合作，完成了电子负荷控制器等一些国际合作科研项目，进行了卓有成效的技术合作。

在水利部、外经贸部的大力支持下，通过多边技术交流活动，促进了农电所（亚太中心）外向型水利经济的发展，执行的外经贸项目有：马来西亚科塔电站（4MW）的设计和施工咨询、圭亚那莫科水电站（0.5MW）的设计和施工咨询、向越南提供3000套微水电设备项目、古巴小水电工程（4MW）和输电线路建设项目、尼泊尔小水电站的测流改造、向马来西亚和印尼出口小水电机组、向韩国出口拖拉机零件和进口小型联合收割机以及向新加坡劳务输出等，并进一步和加拿大等国合作，引进和合作生产电站自动控制设备等，以加快我国的农村电气化建设，提高我国水利水电建设的技术水平和取得好的综合效益。

第一节　国际会议

这一时期，农电所（亚太中心）共举办5次国际会议，其中规模最大的是“'93国际中小水电设备技术展示会”，有40多个国家1000多人参会。农电所（亚太中心）还派出18人次分赴10个国家参加了15个国际会议，并在一些大会上宣读论文。

一、组织的国际会议

'93国际中小水电设备技术展示会：1993年6月21—25日，由农电所

（亚太中心）主办，外经贸部中国国际经济技术交流中心、中国水利地方电力企业协会、中国宁波国际经济技术合作公司协办的“'93国际中小水电设备技术展示会”在杭州隆重召开。全国政协副主席钱正英、水利部副部长张春园、浙江省副省长刘锡荣、对外经济贸易部副部长李克原、联合国开发计划署驻华代表处副代表R. V. Garcia、国家科委工业司司长石定环以及机械工业部第一装备司司长许连义等领导出席了展示会开幕式并在会上作了重要讲话。

来自世界43个国家和联合国5家组织及96家中外设备制造参展厂家共计1100名国内外中小水电专家及代表参加了展示会。我国30个省（自治区、直辖市）的中小水电建设管理部门、设备生产制造厂家均组团或派出代表参加了展示会。

展示会由技术研讨会和设备展览会两项大型活动组成。技术研讨会在浙江宾馆召开，会议共交流中外学术论文42篇。展览会在浙江展览馆举办，接待了3500余位专家，进行了广泛的技术交流，并达成订货合同及意向性协议64项，合同及协议总金额1.2亿元人民币。

通过展示会促进了中小水电领域的国际学术交流和科技进步，促进了我国中小水电设备装备水平的提高，同时也扩大了我国水利行业在全国的影响，增加了国内水利、机械和经贸三个系统在中心水电设备领域的进一步合作与交流。

国际小水电中心成立高级决策人会议：1994年12月12—15日，由联合国开发计划署在我国政府水利、外经贸两部共同主持，农电所（亚太中心）主办的“国际小水电中心成立高级决策人会议”在杭州召开。

会议宣布成立联合国国际小水电中心，并就国际小水电网的机构设置、经费安排及1995/1996年度的工作计划和重点进行讨论。根据联合国有关机构的安排，国际小水电网的总部设在中国杭州，这是我国南南合作发展史上的一个新的里程碑。来自水利部、外经贸部、联合国有关机构及世界五大洲的53名代表参加了会议。会议由水利部农电司司长郑贤主持，水利部副部长张春园、外经贸部副部长程飞、浙江省副省长刘锡荣、联合国开发计划署驻华代表贺尔康、联合国南南合作局代表加西亚及亚太中心主任童建栋致辞。代表们对中国小水电的发展及中国多年来为南南合作所作出的贡献给予了高度评价，对亚太中心今后的工作寄予了殷切希望，并就国际小水电网的成立背景以及项目建议书等问题在会上作了说明。

国际小水电培训中心是我国境内第一家由联合国3家组织参与管理、五大洲共同派代表一起实施的国际性专业机构，旨在协助联合国开发计划署开展工作，并通过一系列的活动安排和政策指导，协调、促进各国小水电发展，为发展中国家农村经济和环境保护服务。国际中心的成立不仅推动了南南合作的发展，而且有利于我国小水电走出国门，提高我国小水电技术水平，并为农电所（亚太中心）迎来一个新的发展。

国际小水电网第一次工作会议：1995 年，国际小水电网成立以后，国际小水电中心开展了大量的筹备和协调工作。为了回顾检查近年来的工作，讨论并制定国际网和中心未来的发展方向和政策，国际网召开了第一次工作会议。根据联合国有关机构的意见，这次会议安排在意大利举行，并由欧洲小水电协会承担会议接待工作。这是国际中心成立以来第一次在境外主持召开的大型国际会议。中国政府对此非常重视，派出了由水利部水电司司长郑贤为团长，由水利部、外经贸部两官员梁丹、赵永利、李婉明、成京生、刘志广、童建栋等组成的代表团。参加会议的还有联合国开发计划署的高级能源顾问 S. Hurry 博士，来自欧洲小水电协会、非洲能源政策研究网、加拿大矿业能源部、七国集团环境技术网、南太电力协会等区域中心和 ABB、伏伊特、苏尔寿、法国国家电力公司、英国中间技术电力公司、美国《世界水电评论》季刊等机构和公司的负责人，还有来自埃及、菲律宾、捷克等发展中国家的代表总计 28 人。会议讨论并通过了国际小水电网章程，国际小水电网 1995—1997 年工作任务，联合国国际小水电中心机构和人员设置，联合国国际小水电中心职员招聘办法，国际小水电网的协调委员会名单，国际小水电网第一批成员国名单。此外，中国代表团还与有关组织签订了一系列的经济技术合作协议和意向书。

国际能源署（IEA）专家会议：由国际能源总署与国际小水电中心共同主持的国际小水电高级进程会议，于 1996 年 4 月 22—25 日在杭州召开，来自加拿大、法国、意大利和英国等国际能源总署各成员国的代表及 '96 TCDC（发展中国家技术合作）小水电研讨班的专家共计 84 人参加会议。会议由国际小水电网协调委员会主席、水利部水电及农村电气化司司长郑贤主持，水利部副部长张春园、外经贸部副部长程飞、浙江省省长助理李长江、联合国工发组织投资与工业发展部副主任 V. Kojamauitoh、七国集团电力环境委员会秘书长 R. Roy、国际能源总署小水电专业委员会主任 T. Tung、国际山地中心协调员 Junaju 博士和欧洲小水电协会副主席 Wilson 教授等分别主持了有关会议。这次国际小水电高级进程会议主要包括以下五方面的议题和内容：①国际能源总署小水电专家会议；②中加小水电无人值班自动控制系统合作研讨会；③'96

TCDC 小水电研讨班；④国际小水电水轮机型谱会议；⑤联合国国际小水电中心选址。

这次会议促进了一系列的合作项目，包括合作科研、合资办厂、无偿赠予设备、信息促进系统及资助中国等国际网专家去七国集团培训等。

国际小水电经济合作研讨会：为了响应水利部要求"水利要打出去"的号召，进一步开拓小水电国际经济技术合作项目，农电所（亚太中心）于 1997 年 5 月 16—17 日在杭州举办了"国际小水电经济合作研讨会"。

来自联合国工发组织、水利部、外经贸部和浙江省政府的代表，亚洲、非洲、拉丁美洲及东欧等 12 个国家的 19 位代表以及 ABB、富士、伏伊特、苏尔寿等世界著名的水电设备制造公司的驻华代表共 50 多人参加了研讨会。开幕式上，工发组织代表朱丽雅女士、水利部代表袁檀林主任、外经贸部代表李婉明处长以及浙江省科委王子卿主任发表了热情洋溢的讲话，对研讨会的召开表示祝贺。农电所（亚太中心）和来自 11 个发展中国家的代表为研讨会提供了论文和国家报告，5 家跨国公司的代表也在大会上发言。研讨会广泛地讨论了各发展中国家小水电发展的动态、需求，发展前景和潜在的合作项目，取得了圆满成功。

二、参加的国际会议

1992 年 11 月 1—7 日，朱效章赴印度参加英国《国际水力发电与大坝建设》杂志社主办的第五次国际小水电会议。

1992 年 11 月 13—27 日，童建栋与农电司司长邓秉礼赴马来西亚参加亚太小水电网技术咨询组第五次会议及微小水电政策研讨会。

1993 年 9 月 27 日至 10 月 1 日，沈纶章赴泰国参加亚洲地区提水灌溉工具网召开的关于"提水灌溉工具与地下水灌溉管理"专家磋商会议，并宣读论文。

1994 年 6 月 13—17 日，童建栋赴尼泊尔参加印度喜马拉雅地区微水电开发国际专家咨询会议。

1995 年 7 月，朱效章赴澳大利亚参加"'95 亚太地区可再生能源会议"。

1995 年 9 月，朱效章赴美国参加 APEC 可再生能源与可持续发展研讨会。

1995 年 4 月 24—28 日，罗高荣应邀赴巴西参加中巴小水电研讨会并在大会上作了 3 个专题报告，巴方 350 余名代表参加了会议。巴西中央电力公司负责人、中国驻里约领事馆总领事、巴西驻中国大使等贵宾也出席了会议，会议取得了圆满成功。

1995 年 7 月 3—14 日，由联合国开发署（UNDP）资助，中国国际经济技术交流中心在北京蔬菜研究中心组织一期国际研讨班。各个与南南合作有关的专业区域中心的30多位代表参加。联合国世界贸易中心派人担任教员。童建栋和潘大庆参加了研讨班。

1995年8月21—26日，由印度国际小水电协会与印度灌溉电力局组织的“小水电开发研讨班”在新德里举办。程夏蕾参加了研讨班并作大会发言。参加此培训班的96名代表均来自印度政府部门、研究机构、大专院校、制造厂、各邦的电力公司及私人企业。中国驻印度使馆科技处曹建业先生参加了研讨班。

1995年9月18—20日，童建栋、水利部农电司司长郑贤、外经贸部处长李婉明赴意大利参加小水电网工作会议。

1995年10月13—14日，程夏蕾、章坚民参加在北京召开的水利部、ESCAP、世界银行共同主办的“中国地方电力行业改革与发展研讨会”，章坚民在会上作了“用电管理信息系统开发与推广”的专题报告，罗高荣的《小水电网电能损耗计算导则编制说明》及孙红星的《地方电力行业降损节能技术推广项目组织、交流与实施》两篇论文也在会上交流。水利部副部长张春园出席会议，并作了重要讲话。联合国能源局局长理查德先生、ESCAP及世行专家及其他国家专家等外宾参加了大会，并各自作了专题发言。

1996年6月26—27日，周叶萍陪同水利部农电司司长郑贤赴巴西参加第三届拉美及加勒比地区能源大会。

1996年8月7—18日，应加拿大自然资源部和七国集团全球环境专家网（E7）的要求，我国水利部组成了由副部长朱登铨为团长的11人代表团参加国际小水电网在多伦多的第三次工作年会，与加国有关部门、公司洽谈合作事宜，探讨进一步合作的可能性并考察加拿大小水电开发情况。代表团成员包括水利部水电司司长郑贤、国际合作司副司长郑如刚、广西自治区水电厅厅长吴锡瑾、杭州国际小水电中心主任童建栋、福建省水电厅副厅长张贵生、农电所（亚太中心）罗高荣和水利部、外经贸部国际经济技术交流中心的有关同志。农电所（亚太中心）与加拿大水电设备有限公司签订了关于开展小水电自动化技术合作的协议，双方已为这方面的合作进行了大量的接触与准备工作。

1996年10月27—30日，应英国《国际水力发电与大坝建设》杂志社邀请，罗高荣参加在马来西亚吉隆坡召开的第六次国际小水电会议，作了题为“中国小水电开发的标准化建设”的学术报告，并担任一次会议的主席。来自中国、美国、意大利、挪威、英国、法国、加拿大、马来西亚、印度尼西亚、尼泊尔、菲律宾、缅甸、印度、南非、肯尼亚、伊朗、埃及、巴西等30多个国家的60多位代表参加了会议。

2001年12月，应联合国亚太经社会组织（ESCAP）邀请，程夏蕾赴泰国曼谷ESCAP总部参加了为期4天的“自然资源开发战略性规划和管理研讨会”，讨论修改水资源和能源两份导则。

第二节 国际培训

1992—2001年间，中心共举办了16期国际小水电培训班，共有亚洲、非洲、拉丁美洲、东欧和大洋洲的357名学员参加。其中3期小水电设备培训班及1期朝鲜小水电研讨班由中国科技部资助，其余12期均由中国外经贸部资助，包括2期境外（土耳其和希腊）小水电培训研讨班。从2001年起，我援外小水电培训开始重视对非洲国家学员的招生。培训班时间每期从半个月至两个月不等，但大多数培训班的时间每期为一个半月左右。

首期援外司委托的国际小水电培训班：受中国对外贸易经济合作部援外司的委托，中心于1993年5月4日至6月底在杭州举办国际小水电培训班。来自缅甸、老挝、菲律宾、罗马尼亚、波兰、埃塞俄比亚、所罗门群岛、厄瓜多尔等国的24位学员参加了培训。

中国对外贸易经济合作部援外司对本期国际小水电培训十分重视，多次来中心指导，就培训班的重要工作做出具体安排。培训班的开幕式和闭幕式均分别由援外司司长孙广相和副司长李国庆同志参加，外经贸部副部长李克同志亲自为学员颁发结业证书。这些培训的国内费用由我国政府承担，体现了我国政府对加强南南合作，促进对发展中国家多边援助的一种贡献。

本期培训班的内容涉及小水电各个方面，包括小水电开发的程序、可行性研究、小水电的水文分析、低造价水工建筑物、水轮发电机组及其附属设备、小水电设备标准化及本国制造、小水电的电气设计、电动化、小水电经济评价和小水电运行管理等。在培训方式上，采取课堂讲授和课堂练习相结合，同时采用现场考察、参观、工地讲授等，巩固所学知识。

之后，援外司委托亚太中心每年举办1～3期小水电培训班或研修班，至2010年底，共计32期，824名学员。

首期巴西小水电技术培训班：受巴西福纳斯电力公司和中国海外贸易总公司委托，亚太地区小水电研究培训中心举办的巴西小水电技术培训班于1996年2月27日至4月6日在杭州进行。这是亚太中心执行1995年10月20日三方签署的《合作意向会谈备忘录》的第一步，以便在下一阶段为用中国水电技术和设备在巴西建设小水电样板工程中推广小水电技术做准备。

为办好这次培训班，经广泛征求有关专家意见并多次认真研究，决定培训以介绍中国小水电建设、工程设计和运行管理等方面的经验为主，内容涉及诸多专业领域。培训采取课堂讲授、讨论、现场考察电站及制造厂家等多种形式相结合的方式，最后完成小水电站设计的综合练习。通过培训为巴西培养小水电的设计、建设人才，并促进中国小水电技术和设备出口，以提高其在巴西及其他拉美国家的市场占有率。

来自巴西福纳斯公司、巴西北方电力公司、巴西马托库鲁斯电力公司的6位代表参加了培训，并对浙江省的桐庐、建德、金华、临海及天台的小水电站工程及设备制造厂进行了现场考察。

首期非洲小水电培训班：由中国对外贸易经济合作部委托亚太中心举办的TCDC非洲小水电技术培训班于2001年10月18日至11月16日在亚太中心举行。这是中心首次专门为非洲国家组织举办的小水电专业技术培训班。

这期培训班的学员是布隆迪、刚果、埃及、尼日利亚和卢旺达等5个国家的9名政府官员和专业技术人员。这些非洲国家拥有丰富的小水电资源，但是迄今为止，大约只有不到10%的可开发小水电资源得到了开发。

正如卢旺达学员、班长安东尼奥先生在代表全体学员发言中指出的那样：“我们在中国的一个月是终生难忘的。中国人民是那么的友善、勤劳，你们的国家是那么的伟大，中国是我们发展中国家学习的榜样。回国以后，我们将运用所学到的小水电技能，为促进小水电的发展贡献力量。”另一位学员动情地说：“非洲太需要小水电啦！以前，在我们国家，大家对小水电了解甚少。到中国来学习之后才发现小水电正是我们广大非洲国家所需要的。让小水电之光尽快点燃非洲。”

这一时期担任国际小水电培训班的主要教员有：朱效章、郑乃柏、童建栋、丁光泉、丁慧深、杨玉朋、吕天寿、李永国、罗高荣、潘大庆、程夏蕾、黄建平、李志武、孔长才、汤一波、缪秋波、章建民、孙红星、索丽生、陈守伦、陈亚飞、秦森、徐道才等。

第三节 对 外 交 往

1992—2001年，农电所（亚太中心）共接待了54个代表团，有来自印度尼西亚、马来西亚、印度、尼泊尔、加拿大、美国、日本、巴西、古巴、巴基斯坦、圭亚那、越南、菲律宾、朝鲜、英国、孟加拉国、扎伊尔以及其他多个非洲国家、世行及联合国开发计划署等国际组织的158位不同级别的贵宾来访，包括古巴水利部长和印度及孟加拉国等国家能源领域的副部级领导人。

在此期间，农电所（亚太中心）共派出58个团组共131人次出访印度、马来西亚、英国、挪威、印度尼西亚、尼泊尔、美国、加拿大、日本、瑞士、斐济、博茨瓦纳、厄瓜多尔、越南、古巴、澳大利亚、巴西、圭亚那、意大利、格鲁吉亚、土耳其、津巴布韦、缅甸、菲律宾、希腊、蒙古及朝鲜等国家，执行国外工程咨询与监理、洽谈水电合作、考察交流经验、执行双边项目等任务。

通过重要的互访，促进了交流，而且达成了多项合作意向，促成项目合作。

一、重要来访

1992年3月31日，印度尼西亚CAHAYA公司和BOGATAMA公司的总裁Yulis夫人和Monita小姐来农电所（亚太中心）访问，洽谈在小水电领域里的合作项目。

1992年4月1日，世界银行专家Chi Nai Chong博士等一行2人在结束了为期1个月对我国农村电网降损节能试点研究工作后，安排来农电所（亚太中心）介绍了世行援华工作课题组所开展的试点研究情况以及世行在农村电网降损节能工作中的主要经验和做法。

1992年4月29日，马来西亚TENAGA国家电力公司主席一行9人前来访问，探讨与农电所（亚太中心）在马来西亚小水电开发方面进行技术合作的可能性。

1992年8月23日，以印度尼西亚公共工程部水利发展总司长索巴莫诺为首的印度尼西亚水利考察团一行18人，在水利部外事司杨定原司长陪同下，来农电所（亚太中心）访问，并在中心有关人员的陪同下，参观了富阳新登岩石岭水库一、二级电站和亚太中心设计的西湖少年电站。

1993年6月，联合国开发计划署（UNDP）亚太局区域项目处处长查查里亚、贾俊浦先生一行在水利部外事司刘志广等陪同下访问了农电所（亚太中心），了解亚太中心自成立以来在小水电领域所进行的活动，商谈开展广泛的小水电国际合作，并就亚太地区小水电中心国际化问题作了探讨。

1993年11月16—19日，应中国水利学会邀请，加拿大土木工程学会中国项目主管、安大略省水电公司高级工程师陈海铎博士对我国进行了为期半个月的工作访问，并于1993年11月16—19日专程来杭州访问了农电所（亚太中心），分别与所下属的国际水电工程公司、自动化设备开发公司、自动化技术开发部和雷弗尔电气技术公司的5位经理进行了座谈，进一步探讨与农电所（亚太中心）下属公司进行经济和贸易合作的可能性。

1993年11月30日，美国DRANETZ公司国际销售部经理克劳特·西塞特先生和香港英之杰工业集团电子部产品经理周昭忠先生访问了农电所（亚太中心）。双方充分交换了各自的情况，并就进行技术经贸合作的可能性进行了探讨。

1994年3月22日，联合国粮农组织（FAO）总部负责发展中国家技术合作（TCDC）事务处处长拉马达先生在农业部和省农业厅有关人员陪同下访问了亚太中心，进行了友好洽谈。

1994年3月17日，联合国国际贸易中心及关贸总协定高级顾问马卡斯先生在联合国开发计划署驻京代表处徐秀芬和外经贸部国际经济技术交流中心赵永利陪同下，访问了农电所（亚太中心）并进行了会谈，参加会谈的还有浙江省科委国际合作处代表。马卡斯先生是负责各成员国贸易事务管理与协调的高级官员。马卡斯先生认为在现行世界政治经济条件下，国际上可以说没有非盈利的组织，只是方式不同而已。他希望亚太中心在今后的国家合作中学会谈判，项目的执行，只有有偿的合作才能得到发展，受益是双方的。

1994年5月13日，日本恒星（南京）电脑系统有限公司李伟年总经理等一行3人前来农电所（亚太中心）考察。双方通过座谈交流，达成了共识，今后要加强联系，利用农电所（亚太中心）十几年专业、工程经验及应用软件开发的优势与日本恒星（南京）公司具有国际先进水平的硬件设备结合，开拓国内外市场，共同为我国农村电气化及自动化工作做出贡献。

1994年6月3日，巴西A.G建筑工程公司驻中国首席代表张本锦先生偕夫人访问农电所（亚太中心），并进行了友好的会谈。

1994年6月25日，巴西南方电力局机械工程处处长阿麻达汝一行2人来访。双方探讨了如何继往开来，加强中国和巴西两国今后在水电领域的合作。

1995年9月18日，扎伊尔能源部代表团一行5人访问了农电所（亚太中心）。代表团此行目的是和农电所（亚太中心）探讨小水电合作的可能性，扎伊尔目前正在执行一项以水电代替燃油电站的计划，同时，发展农村水电以减少国家电网为向农村供电而建设输电线路的费用。农电所（亚太中心）向外宾介绍了中国小水电和农村电气化发展的概况，并同意派出 4 人专家组赴扎作为期一个月的现场考察、收集资料。

1995 年 10 月 20 日，巴西福纳斯电力公司（Furnas）机械工程部主任 Castao 先生和中国海外贸易总公司（COTCO）第三业务部总经理王卫光先生来访，与农电所（亚太中心）就中巴小水电领域互相合作的事宜进行了友好协商。各方在会谈达成一致意见的基础上，同意并签署了《合作意向会谈备忘录》。

1995 年 12 月 1 日，由巴基斯坦参议院副议长阿巴杜尔·贾巴尔先生为团长的巴基斯坦参议院代表团一行 14 人访问了农电所（亚太中心）。陪同巴代表的有省政协副主席吴仁源、全国政协外事委员会副主任钱嘉东等。除副议长贾巴尔先生外，代表团其他成员还包括 13 名参议员以及巴参议院公关局局长和随行工作人员。他们这次访华是应政协全国委员会邀请，重点探讨并加强两国在农业和水电领域合作的可能性。代表团在农电所（亚太中心）代表陪同下参观了青山水库电站。

1996 年 1 月 27—28 日，圭亚那合作共和国自然资源署的两名小水电专家参加莫科—莫科水电站扩初设计审查会。

1996 年 8 月 9—10 日，马来西亚科塔水电站业主前来参加三方设计协调会。

1997 年 3 月 16 日—23 日，印度 MILESTONE 公司的总裁前来农电所（亚太中心）访问，洽谈双边合作。

1997 年 3 月 28 日至 4 月 7 日，越南水利研究院水电中心派代表前来访问农电所（亚太中心），并签订合作意向书。

1997 年 4 月 2 日，加拿大矿能部董天培先生及 Powerbase 公司 3 位官员拜访亚太中心，探讨双边合作，双方就小水电无人值班技术方面合作达成合作意向。

1997 年 9 月 6—9 日，菲律宾中菲开发资源中心 10 人代表团前来访问农电所（亚太中心），探讨双边合作，并考察电站及水电设备生产厂家。

1997 年 10 月 18—27 日，印度 MILESTONE 公司总裁前来访问农电所（亚太中心），进行技术商务洽谈，并签订合作备忘录。

1997 年 12 月 10 日，巴西能源、电信及农村发展委员会主席等一行 6 人前来访问农电所（亚太中心），并洽谈双边合作。

1999 年 10 月 16—28 日，朝鲜科学研究院机电所 3 人代表团前来访问农电所（亚太中心），了解中国小水电技术。

2000年1月，越南水电中心代表团前来访问农电所（亚太中心），洽谈双边合作，并签订了新的合作备忘录。

2000年1月，英国IT POWER公司代表前来访问农电所（亚太中心），并洽谈双边合作。

2000年3月6—16日，印度MILESTONE公司总裁等一行2人前来访问农电所（亚太中心），并商谈橡胶坝及水电机组出口等事宜。

2000年3月30—31日，古巴水利部部长一行8人访问农电所（亚太中心），双方就亚太中心承担的科罗赫和莫阿两座小水电站的有关设计工作进行了友好坦诚的商谈。

2000年6月至7月期间，加拿大Powerbase公司两次派技术专家前来访问农电所（亚太中心），并参加与亚太中心合作的浙江嵊州南山电站及贵州小七孔电站自动化系统的调试。

2000年7月12日，印度非常规能源部秘书（副部级）一行6人前来访问农电所（亚太中心），双方就促进两国在小水电领域的合作与交流等进行了友好会谈。

2000年8月4—5日，美国国际公众广播电台记者访问农电所（亚太中心），并采访中心领导，报道中国小水电发展。

2000年8月20日，菲律宾微水电服务中心的主任前来访问农电所（亚太中心），并洽谈双边合作。

2000年10月22日，孟加拉国公共设施与房屋部秘书（副部级）一行前来访问农电所（亚太中心），并洽谈双边合作。

2000年11月15日，外经贸部援外司副司长王成安率来自ESCAP的2位官员及来自16个国家的项目官员访问亚太中心。

2000年11月29日，加拿大TECH－CON INTERNATIONAL公司的总经理一行前来访问农电所（亚太中心），并洽谈双边合作。

2001年10月，古巴水利代表团一行20人前来访问农电所（亚太中心），双方就亚太中心承担的科罗赫和莫阿两座小水电站的相关工作进行了友好商谈。

二、重要出访

1992年，农电所（亚太中心）领导应邀访问了英国，并就农电所与苏格兰水电局等单位之间达成了数项合作意向。

1992 年 6 月 19—27 日，受马来西亚沙捞越电力公司邀请，郑乃柏、黄建平赴马来西亚洽谈科塔电站设计咨询服务事宜。

1993 年 4 月 19—24 日，魏恩赐、程夏蕾、孔长才、孙力及电站业主和咨询专家一行，为选购溪口抽水蓄能电站设备考察挪威水电设备厂家。

1993 年 5 月 7—19 日，童建栋、李志明等一行 3 人赴印度尼西亚进行小水电建设考察咨询，并就今后两国在小水电建设方面的合作问题进行了磋商。

1993 年 5 月 11—22 日，丁慧深和宁波国际公司代表一行 4 人赴印度尼西亚洽谈中国和印度尼西亚合作开采用作建筑材料的石矿和商讨在小水电领域里的合作可能性。

1993 年 9 月 21 日，童建栋应邀赴尼泊尔讲学。

1993 年 12 月 8—20 日，童建栋赴美国访问 Lucas Tech 技术集团公司及 Voith Hydro 水电设备制造厂，就开展经济技术合作事宜进行了商谈并达成了初步成果。

1992 年 11 月，华忠鑫、楼宏平赴印度尼西亚为亚太中心出口的一台 30kW 水轮发电机组安装提供技术咨询服务。

1994 年，杨玉朋、孙红星赴马来西亚考察当地电站控制系统。

1994 年，朱小华参加水利工程学会代表团考察加拿大水电工程。

1994 年 3 月 22—28 日，应日本和光交易株式会社和日本富士电机株式会社的邀请，由农电所（亚太中心）组织水利行业的水电专家在团长罗高荣带领下一行 4 人前往日本进行水电考察和项目谈判，受到了日方的热情接待，日方和光交易常务董事、驻中国总代表佐藤寿先生、顾问本文一先生、日本富士电机常务董事、海外本部主席田屋昭先生、中国部主席杉浦一先生等与中方代表举行了两轮会谈。

1994 年 5 月 27 日至 6 月 26 日，宁波溪口抽水蓄能电站引进第一次设计联络会议在瑞士 ABB 及 SEWZ 工厂举行。中方代表团由溪口电站筹建处沈邵年同志带队，派出厂房、水机、电气 3 个专业共 12 名代表参加会议，其中农电所（亚太中心）参加人员有郑乃柏、魏恩赐、邱天成、秦森、程夏蕾、孔长才、祝明娟等 7 位同志。设计联络会分水机和电气两个小组，分别在 SEWZ 和 ABB 工厂进行。ABB 和 SEWZ 分别由 Devide 先生和 Kanx 先生负责会议的接待与组织，外方参加人员约 25 人。

1994 年 9—10 月，童建栋、水利部农电司司长郑贤、外事司郑如刚处长、交流中心处长赵永利、潘大庆组成小水电网咨询组出访美国、斐济、博茨瓦纳、厄瓜多尔相关国家征求创建国际小水电中心的意见并向联合国总部汇报。

1994 年 11 月 21—28 日，为了进一步促进对越南的经济技术合作，在越方小水电中心主任 Hoang Van Thang 当年 4 月访问亚太中心，达成一定合作意向的基础上，应越南水利科学研究院（VIWRR）水电中心（HPC）的邀请组团访问了越南，代表团由团长罗高荣、孔祥彪、李永国及水利部农电司焦勇工程师和外经贸部国际经济技术交流中心项目官员王圳等 5 人组成。代表团在河内先后访问了越南水利部科教司和国际合作司、河内水利大学、河内工业大学新能源中心、能源部电力设计研究公司、越南第一电力公司和越南水利科学研究院水电中心，并与越南水利科学研究院水电中心签署了合作备忘录。

1995 年 3 月 25—28 日，吴华君、周叶萍赴尼泊尔访问国际山地综合开发中心，考察了该中心的组织机构、规章制度、经费来源、运行情况及可能的双向合作等，参观了该中心的文献馆、计算机数据库、财务管理计算机中心。

1995 年，童建栋与外经贸部交流中心副主任梁丹、南南合作处处长赵永利等一行 3 人访问了印度尼西亚矿业能源部及联合国工发组织驻印度尼西亚代表处。双方就 1996 年 3 月由联合国工发组织、印度尼西亚、中国在印度尼西亚联合举办小水电技术和效益研讨会一事达成协议。

1995 年 12 月，王曰平、熊杰赴尼泊尔进行电站机组效率实测。

1996 年 2 月，程夏蕾应邀赴瑞士参加 ABB 为期一个月的“溪口抽水蓄能电站计算机监控系统”软件开发和调试。

1996 年 7 月，应印度尼西亚矿业能源部邀请，于兴观和姜和平赴印度尼西亚考察当地小水电资源，并为在建工程提供咨询。

1997 年 3 月 19—29 日，程夏蕾赴加拿大现场考察小水电站自动化设备应用，商谈合作。

1997 年 3 月 28 日至 4 月 7 日，越南水利科学研究院水电中心代表（Hoang Van Thang 先生等）访问中心，双方就 ODA 项目的执行及技术合作签订合作意向书。之后双方又进行了多次沟通，通过努力拿到了中越政府间合作项目“小水电站自动化控制系统的联合研究与开发”。1997 年 5 月，缪秋波、蒋杏芬、林凝赴古巴，参加援外项目的技术协调会。

1997 年 6 月 14—29 日，潘大庆赴意大利、英国，为水利部代表团考察当地电力网及电力工业改革担任翻译。

1997 年 11 月，程夏蕾、汤一波赴印度参加 BHORUKA POWER（2×1000kW）电站投标。

1997 年 12 月，程夏蕾、吕建平、张关松应加拿大自然资源部的邀请，赴加拿大考察小水电自动化技术，洽谈与加拿大Powerbase公司的技术合作。

1997年12月8—23日，王曰平、孙力赴格鲁吉亚商谈出口水电设备事宜。

1997年12月22日至1998年1月3日，罗高荣、李季、外经贸部李婉明处长赴土耳其、埃及、津巴布韦，分别与土耳其国家水利工程总局、埃及水电站管理局、津巴布韦供电署商谈合作。

1998年3月8—28日，罗高荣、宋盛义、潘大庆、缪秋波赴越南、缅甸、菲律宾，商谈出口水电设备事宜，并探讨双边合作。

1998年3月，王曰平、刘玉英、周舒赴古巴检查两座小水电站设备情况。

1998年10月30日至11月11日，罗高荣等赴古巴讨论两座电站设计等事宜。

1998年11月23—29日，罗高荣等赴加拿大，与加拿大矿能部商谈执行培训及举办国际会议等事宜。

1998年12月，程夏蕾、张关松、章坚民、刘德清赴加拿大与加拿大Powerbase公司洽谈国内试点电站设备供货，以及注册合资企业的有关事宜。

1999年5—6月，罗高荣、程夏蕾、潘大庆、缪秋波赴土耳其、希腊执行外经贸部委托的境外小水电培训。

2000年10月，饶大义赴古巴，执行水电项目土建工程相关协调事宜。

2000年10—11月，朱小华赴日本参加中日水电持续开发技术培训班。

2000年12月，孙力赴英国，访问IT Power公司，并进一步洽谈双边合作。

2001年11月16—21日，郑乃柏、刘勇、吴卫国赴蒙古，为乌兰巴托抽水蓄能电站选点收集资料。

2001年12月7—14日，于兴观、徐锦才、吕建平、张巍、沈学群赴越南执行第四届中越政府间合作会议项目“小水电站自动化控制系统的联合研究与开发”。

2001年12月18—29日，刘勇、李志武、潘大庆、吕建平、临海机械厂陈先机赴朝鲜执行中国水利部与朝鲜水利科学研究院第三十七届会议的合作项目之一，考察并研究“小水电开发关键技术”。

第四节 涉 外 工 程

1992—2001年间，农电所（亚太中心）相继承担并完成了商务部下达的3

个援外项目：圭亚那莫科—莫科水电站的设计任务、古巴科罗赫和莫阿 2 座水电站设备供货和技术服务任务以及向越南提供 3000 多套微型水电机组的援外任务。同时还完成了马来西亚科塔水电站设计、施工监理与安装咨询。2001 年 11 月，与蒙古方签订编制乌兰巴托抽水蓄能电站可行性研究报告协议书。

圭亚那水电站项目：圭亚那莫科—莫科水电站工程为我国政府对圭亚那政府的经援项目，工程位于圭亚那第九行政区，装机容量为 2×250kW。亚太中心于 1995 年 10 月通过了外经贸部组织的对该项目初设审查，1996 年 1 月通过了圭亚那水电专家的扩初设计审查，1996 年 5 月完成施工详图设计，并于 1997 年 4 月派出设计代表赴圭亚那参加安装施工监理工作，电站于 1999 年 2 月竣工发电。

圭亚那 IKURIBISI 水电站为中圭双边经济合作项目，工程位于圭亚那第七行政区，装机容量为 2×500kW，农电所（亚太中心）于 1996 年 11 月派出 4 人考察组赴圭进行收资考察，并于 1997 年 4 月完成该项目的可行性研究工作。

根据 1994 年 12 月中圭两国政府“关于中国政府援建圭亚那合作共和国莫科—莫科水电站项目的换文”规定，以及对外贸易经济合作部“关于援圭亚那莫科—莫科水电站项目对外考察设计合同（稿）的审核意见”的要求，以农电所（亚太中心）罗高荣、林青山、李志武及对外贸易经济合作部援外司李彪等 4 人组成的考察组，为签署莫科—莫科水电站设计对外合同及补充收资考察，于 1995 年 7 月 17 日至 8 月 14 日出访圭亚那，分别与圭亚那合作共和国外交部、自然资源署商谈签署莫科—莫科水电站设计合同和到站址进行勘测收资考察工作，经中国驻圭亚那使馆经参处的大力帮助，圆满完成任务。

圭亚那外交部长亲自接见考察组全体成员，并与中方举行会谈，中国驻圭亚那大使等人员亦出席了会谈。自然资源署主席亲自主管该项目并多次与考察组会谈。对考察组的来访和签署莫科—莫科水电站设计合同，圭方各大报纸、电台、电视台等新闻媒介都在头版头条做了大量报道，产生了重要的影响。圭方将此次活动视为两国关系史上的一次重要外交活动，将该项目视为中圭两国人民友好交往的重要内容，并寄予很大期望。

古巴的水电站项目：1995 年 5 月 5 日至 6 月 1 日，在古巴水资源委员会的陪同下，农电所（亚太中心）林青山、李志明考察了古巴 7 个省已建成的小水电站和 5 座已建成的大型水库。根据实地考察情况，考察组向外经贸部领导、驻古巴大使、经参处等有关负责人做了汇报，得到赞同和支持。

古巴科罗赫和莫阿水电站是中、古两国政府 1995 年 2 月 21 日签订的《中华人民共和国政府和古巴共和国政府关于中国政府向古巴提供贷款的协议》项目中关于小水电项目的一部分，是中国政府的援古项目之一。

根据中、古两国政府于1996年3月28日签署的《关于古巴两个小水电站项目的实施合同》的规定，小水电项目的具体内容为建设古巴科罗赫和莫阿两个水电站。合同规定中方负责科罗赫、莫阿两座小水电站的机电设备、升压站、线路成套设备供货及电站机电设计，并派出6名专家赴古进行技术服务。土建设计、工程施工、设备安装调试由古方完成，合同总工期18个月。两电站装机容量均为2×1MW，项目的总包单位为中国成套设备进出口（集团）总公司，具体执行单位为亚太地区小水电研究培训中心。

两电站的全部机电设备于1998年初运抵古巴莫阿港。按照合同规定，在中方设备运抵古巴之前，古方应完成本项目的土建工作，并马上进行机电设备的安装。由于古方负责承担的电站土建施工迟迟未能开工建设，致使所供的设备全部超过了质保期限，部分设备需重新订货。

2005年5月，商务部与中国成套设备进出口（集团）总公司签订《关于古巴两个小水电站项目实施内部承包合同的补充合同Ⅱ》，接着农电所与中国成套设备进出口（集团）总公司签订了《援古巴莫阿、科罗赫小水电站项目内部承包合同》，合同内容包括两座水电站补订设备和材料的供货、派遣技术人员赴古对设备安装进行技术指导，以及接待古方5名技术人员来华进行为期45天的上岗前培训工作。

科罗赫水电站于2005年竣工发电。

越南的水电设备供货：根据中、越两国政府1992年12月2日签订的经济技术合作协定和1994年8月20日中、越两国政府换文规定，中国政府在援越贷款项目下向越南提供一批小水电设备。农电所（亚太中心）规划处从1994年底开始进行该项目的前期工作，一方面与越南水利科学研究院联系，讨论设备的选型及配套；另一方面与外经贸部有关司局做技术服务工作，编制招标文件，进行设备询价，并对越南提供的设备清单进行分析、论证和修改，这些工作都得到了有关司局的肯定。

1993年，受外经贸部援外司的委托，农电所（亚太中心）承担了向越南提供小水电设备（ODA项目），分为两期实施，第一期项目为11项20套机组68台成套设备，包括水轮机、发电机、调速器、励磁装置、控制测量屏、阀门、备品备件和维修工具等。第二期共有13项15套机组62台成套设备及3000台微机机组。

1995年9月，外经贸部以外经贸援函字［1995］第289号文，又正式委托农电所（亚太中心）承担1995年中国向越南提供小水电设备的任务，负责设备选型、配套、订货、运输和技术指导等工作。

对马来西亚科塔水电站进行设计、施工与安装咨询：马来西亚科塔电站位于马来西亚沙捞越州北部LAWAS河的支流科塔河上，电站装机容量4000kW，保证出力2500kW，建成后将成为地区主力电站，满足LAWAS区域的电力供求需要。电站设计水头74.55m，引水管线长达2.5km，管路沿线地形和地质条件十分复杂，丛林密布，覆盖层深厚，沟壑切割零乱，很多支墩设在软基上，沿管线最大开挖深度达40m以上。装机容量虽然不大，但工程较复杂，工程量较大。除电站本身外，还有升压变电站、输电线路设计、LAWAS降压站，还要研究LAWAS地区电网稳定问题，电站设计自动化程度要求高。

农电所（亚太中心）在1992年6月承担设计咨询任务后，于同年8月开始分批赴马来西亚对整个工程实施设计咨询，先后派出了两批8位专家对整个工程设计，从规划、水文、地质一直到工程概算等一系列专业进行了紧张、艰苦而高效的设计咨询，历时3个半月，总计500余工日，完成了整个初设及招标设计，受到了马方的好评。该工程完成土建招标以后，施工单位进驻现场，马方再次邀请中心派出专家组进行技施设计咨询和现场的施工监理工作，农电所（亚太中心）后又分两批共4名专家赴马来西亚进行地质、水工、水机及金属结构制造等专业的施工监理和设计咨询，由于该工程是在初设基础上进行招标的，原勘测工作做得不够，故施工中遇到问题较多，任务比较繁重。随着工程的进行，农电所（亚太中心）陆续派出有关专业的咨询专家赴马进行工作。

1992年10月至1993年2月，赴马来西亚进行科塔水电站设计咨询人员共有8人，为郑乃柏、黄建平、吕天寿、杨玉朋、陈惠忠、华忠鑫，还有外聘两位专家。1994年7月到1995年1月，童建栋带队和马方签订协议回国，林旭新和省院朱善章进驻工地直至1995年1月，期间孔祥彪曾于1994年10月去马参加压力钢管加工制作咨询。1995年1月13日至年底，由黄建平等2人接替，郑乃柏等于1995年4月参加咨询。1996年3月，史荣庆加入咨询。1996年以后机电设备订货和安装阶段，农电所几名专业人员对厂房布置和设备供应进行咨询，参加人员有孙力、李永国、薛培鑫等。

1996年由中国机械进出口总公司（CMEC）成套四部设备成套，农电所协助进行技施设计和设备成套、设备安装，参加人员有孙力、徐伟、俞锋、李永国、薛培鑫等，孙力、徐伟先后担任项目负责人。

第四章　国内培训与情报交流

为了向全国农村电气化建设县及农村水电县大力推广、普及农村水电实用技术，促进国内外农村水电信息交流，先后出版发行了《小水电》《国外农村电气化》，“SHP News”，“Water Power&Equipment”等4种农村水电专业技术杂志，通过各种渠道多方面、多层次向全国推广农村水电实用技术。共编辑、发行中文农村水电与农村电气化技术期刊82期650多万字。英文小水电信息技术期刊48期300多万字，编写、出版了《国际小水电技术咨询手册》《国际小水电的理论与实践》《小水电建设项目经济评价指南》《小水电优化运行——理论与方法》等科技推广与技术普及书籍22部，出版总字数达830多万字，编印农村水电与农村电气化技术论文集、培训讲义及技术文献资料500多万字，组织拍摄各种农村电气化专业技术普及、推广及培训教育录像片40多部，取得了良好的社会效益与经济效益。2001年农电所被水利部认定为全国水利行业定点培训单位。

第一节　国　内　培　训

举办国内农村水电技术培训班55期，2165人参加了培训，学员来自29个省（自治区、直辖市）水利水电部门，培训班统计情况见表2-4。

表2-4　　培训班统计情况

序号	培训班名称	举办期数	培训人数
1	农村水电新技术推广培训班	20	720
2	农电计算机应用技术培训班	12	420
3	小水电优化调度运行技术培训班	8	290
4	县调自动化及机组自动化技术培训班	6	240
5	水轮机操作器技术培训班	2	110
6	《小水电建设项目经济评价规程》培训班	2	120
7	《农村水电供电区电力发展规则导则》培训班	1	60

续表

序号	培训班名称	举办期数	培训人数
8	《小水电水能设计规程》培训班	1	45
9	《小型水电站水文计算规范》培训班	1	48
10	《漏电保护器农村安装运行规程》培训班	1	62
11	全国农村水电初级电气化规划培训班	1	50
合计		55	2165

1985—2001年，受水利部和能源部委托，农电所组织开发了“全国农村电气化综合年报”和“全国水利系统水电年报”计算机管理系统，并在全国各省推广培训，共举办培训班23期，培训人数2412人。该系统投入运行后，作为水利部和国家电力总公司主要信息系统。

1991年农电所受水利部委托举办全国小水电优化运行讲习班，其中第三期小水电优化运行讲习班于1991年6月19—30日在杭州举办，全国16个省（自治区）47名代表参加了讲习班。讲习班以统编教材《小水电优化运行——理论与方法》为基础，结合工程实际进行系统的讲授与讨论，主要的讲授内容有小水电水文分析，洪水调度，径流预报，.厂内优化运行，水库调度图编制以及小水电系统优化运行等。代表们还就我所起草的《小水电优化运行暂行办法》（讨论稿）提出了修改意见。

为了加强农村水电新技术推广，提高电站的效益和促进农村水电发展，1991年由水利部农村水电司安排，由农电所举办农村水电新技术推广培训班，以介绍农电所（亚太中心）的效率测试和机组改造技术、小机自动化、10kV油重合器、操作器、负荷控制器、气蚀防护技术、水工新技术、电站优化调度及国际小水电建设经验等为主，全部主讲老师均由农电所（亚太中心）专家担任，并请各省（自治区）专家共同探讨我国中小水电技术改造的有效途径。

为使计算机在全国农电行业得到普遍推广应用，水利部农电司要求在1993年内，全国第一、二批农村电气化试点县的农电管理普及微机应用，农电所受水利部农电司委托，分期分批对全国第一、二批电气化县的300个单位的微机操作人员进行培训，第一期全国农村水电微机培训班于9月5日起在我所举行，于9月30日圆满结束，历时25天，有来自贵州、福建、吉林、黑龙江、浙江、江西、青海、广东、新疆等9个省（自治区）的25名学员参加学习。

为贯彻水利部颁发的行业标准，受农电司委托，农电所（亚太中心）还举办《小水电供电区农村电气化标准》、《小水电建设项目经济评价规程》、《小水电建设项目经济评价规程》、《漏电保护器农村安装运行规程》等标准的宣贯培训。

第二节　情　报　交　流

1993年，农电所（亚太中心）编发了《93国际中小水电设备技术展示会快讯》、《小水电设备通讯》和《农村水电自动化信息》等内部交流资料。1993年成立中国地方电力企业协会中小水电设备分会，童建栋任理事长，宋盛义任秘书长。

1994年，编辑出版和发行中英文《联合国国际小水电中心成立》专辑各一期，地方电力企业协会设备分会编辑《中心小水电设备通讯》12期。

1995年1月5日，《小水电》杂志被国家科委以国科函字［1995］003号批准为国家正式刊物（刊号CN33—1204/TV）。建立了全国水电站的数据库。编写了《中小水电技术改造》论文集一册，共计16万字。地方电力企业协会设备分会编辑了《中国水电设备信息》12期，主编了英文版图书“Small Hydro Power—China’s Practice”，制作了长达33分钟的《小水电》录像片一部。

1998年11月30日，在北京人民大会堂，《小水电》刊物被国家科委正式列为参加“百家期刊送百县”科技扶贫活动。

第五章 技 术 服 务

第一节 技 术 扶 贫

为响应水利部的号召，水利重点向中西部转移，深入边疆艰苦地区开展技术扶贫。农电所（亚太中心）共派遣 44 批 86 人次赴西藏、新疆、青海、内蒙古、云南等 5 省（自治区），开展农村水电技术扶贫工作，足迹遍及 91 个县，先后完成 11 座水电站（变电站）的设计和 13 个水电站（变电站）的技术改造项目，完成合作研究 2 项，培训当地技术人员 500 余人次。仅西藏自治区就先后派出 14 批 34 人次，完成定结县荣孔电站、吉隆县宗嘎电站、嘉黎县嘉黎电站、贡觉县纳曲河电站等 4 座小水电站的工程设计、概算审核、施工监理等对口支援任务。先后承接了新疆富蕴县、温宿县、吉木萨尔县电力系统通信及调度自动化设计项目，并为新疆专门举办电力统计年报、农村电气化规划培训班，为边疆农村电气化建设培训专门技术人才。通过深入边疆艰苦地区开展农村水电技术扶贫工作，农电所（亚太中心）既锻炼了自身的职工队伍素质，激发了大家热爱祖国、热爱边疆的热情，也向中西部边疆地区传播推广了新的实用技术，用实际行动支援了西部地区的小水电及农村电气化建设。农电所（亚太中心）具体开展技术扶贫情况见表 2-5。

表 2-5　　开展技术扶贫情况表

序	省份	工作量	完成工作内容
1	西藏	14 批 34 人次	水轮机操作器技术培训 无电县小水电资源开发踏勘、选点规划 定结县荣孔小水电站设计 仲巴县杰龙水电站可行性研究项目（可研通过审查） 宗嘎、嘉黎、纳曲河、荣孔四县共 4 座小水电站的概算审查及施工监理
2	新疆	10 批 14 人次	农电计算机应用技术培训 小机自动化技术推广 富蕴、温宿、吉木萨尔三县调度自动化规划设计

续表

序	省份	工作量	完 成 工 作 内 容
3	云南	9批19人次	小电站测流及技术改造 小机自动化技术推广 农电计算机培训
4	青海内蒙古	12批21人次	小机自动化技术推广 电站技术改造 TC型水轮机操作器推广 农村能源发展调研

第二节 设 计 咨 询

1987年3月，农电所获得水利电力部颁发的《工程设计证书（丙级）》，1990年能源部、水利部水利水电规划设计总院（90）水规计便字第26号函确认农电所有资格进行宁波溪口抽水蓄能电站设计，1995年8月获得建设部颁发的《工程设计证书（乙级）》，2001年1月获得国家发改委颁发的《工程咨询资格证书（乙级）》，2001年7月获得水利部颁发的《监理资格等级证书（乙级）》，农电所业务开始向中小型水电站设计和水利水电工程监理领域扩展。

先后完成或承接了宁波溪口抽水蓄能电站、马来西亚科塔水电站、浙江常山回龙桥二级电站技术改造、圭亚那莫科—莫科水电站、金华八达国湖抽水蓄能电站可行性研究和初步设计，西藏定结荣孔和岗巴县杰龙电站、泰顺洪溪二级电站工程可行性研究、泰顺洪溪一级电站工程、巴西CACHOEIRA RASA等6座电站可行性研究，圭亚那IKURIBISI水电站、古巴莫阿电站、古巴科罗赫电站、湖北竹园水电站、黄岩长潭水电站报废重建、河北响水铺电站、广东黄竹溪电站、南山水电站技术改造、嵊州艇湖电站、河北圣佛堂电站、浙江对河口水电站技改设、泰顺扬辽三级水电站、安徽石梁河电站、泰顺翁山水电站、浙江永嘉黄山溪水电站、永嘉新龙溪一级水电站等30多座电站的设计、咨询任务。

宁波溪口抽水蓄能电站：是农电所承担的第一个也是规模最大的设计项目，同时也是国内首座中型抽水蓄能电站。电站位于浙江省奉化市溪口镇郊上白岩村，工程枢纽包括上水库、输水系统、厂房、升压开关站和下水库，其中输水系统为输水平洞、调压室接压力明钢管方式，厂房为竖井式半地下厂房，电站装机容量为2×40MW，设计水头240m，设计年发电量和抽水电量分别为

1.26 亿 kW·h 和 1.728 亿 kW·h，工程总投资 3.4 亿元。工程于 1990 年开始勘测，1991 年完成选点和前期可行性研究工作，1992 年完成初步设计，并通过水利水电规划设计总院和宁波市计委组织的审查，1983 年完成招标设计，1994 年 2 月 1 日开工，1998 年 6 月 8 日正式投产。电站由中国水利水电第三工程局施工，主要机电设备由瑞士 ABB 和 SEW 公司制造。电站的成功建设，既充分发挥了电站良好的调峰填谷作用，提高宁波电网运行质量和安全性、可靠性，也为我国的中型抽水蓄能电站建设积累了丰富的经验。该项目在农电所领导大力协调下，得到水利部规划总院有关专家的有力支持，农电所组织了强有力的设计队伍，先后有 20 多位同志参与设计工作，为农电所培养了一大批技术骨干。

西藏荣孔电站：该项目是水利部为解决西藏无电县用电问题而投资兴建的无电县骨干工程，电站装机容量 960kW，设计水头 14.5m，设计流量 9.0m^3/s，引水渠长 2.8km，电站大部分建筑物位于淤泥质黏土地基上，基础承载力低，除了有不均匀沉陷等不利因素外，还有冻胀的危害，设计难度颇大。电站于 1995 年 10 月 1 日投产发电，被评为优良工程。

第三节　技　术　改　造

为了开展小水电技术改造工作，1991 年农电所（亚太中心）成立技术改造室。第一个小水电技术改造项目是宋盛义专业总工程师负责的浙江常山回龙桥二级电站技术改造，改造后单机出力提高 17%以上，水轮机效率提高 3.4%，社会效益和经济效益十分显著，为我国小水电技术改造积累了经验，水利部在组织验收时给予了充分肯定。

机组原型效率测试：1990 年，为适应市场对水轮机流量测量的需求，技术改造处宋盛义、徐伟 2 人赴美国 ORE 公司考察超声波流量计生产及使用情况，此后，对全国 40 多座水电站、泵站、渠道进行了真机绝对流量和原型效率的测试，自 1989 年至 1999 年，已经对 41 座电站 118 台机组进行现场测试工作，总容量达 407 余 MW，8 台大泵及两处大型渠道，最大容量为广西合面狮水电厂（71000kW）和广东南告水电厂（51300kW），最高水头为广西天湖水电站（1074m），最大管径为广西合面狮水电厂（ϕ4.6m）、广东长湖水电站（2×40000kW，ϕ8.0m）和黄岩长潭水电厂（ϕ4.5m），最大渠道为衢州闹桥电站引水渠（渠宽 26m，共有 5km 长）。因参加了云南小河底水电站机组改造项目中的机组原型效率对比测试，从而被云南省科委评为科技进步三等奖，获1995年水利部农村水电科技进步三等奖，也因为这一工作在全国的影响，水利部农电司于1992年以电生［1992］16号文《关于开展对有关水电厂（站）机组流量测试工作的通知》中明确委托我所对全国骨干电站分批分期进行测试，水利部科技司于1996年以科技项［1996］94号文《关于颁布〈“九五”水利科技成果推广计划项目指南〉（第一批）的通知》，把我所的“超声波测流”列入其中。

测试的电站还包括：浙江安吉孝丰水电站（2×800kW）、江西奉新老愚公二、三、四级电站（3×1000kW，2×1000kW，4×630kW）、云南元江小河底水电站（4×1000kW）、滑石板水电站（2×7000kW）、浙江新昌棣山水电站（2×2000kW）、福建永泰县富泉溪二级电站（2×6300kW）、福建永春县横口水电站（3×1600kW）、广东流溪河水电厂（3×10500＋12000kW）、广东南告水电厂（3×15000＋6300kW）、浙江黄岩长潭水电厂（2×4160＋1600kW）、浙江天台龙溪水电站（2×8000kW）、广西那板水电厂（4×3200kW）、浙江嵊州丰潭水电站（2×6300kW）、浙江东阳横锦水电站（2×4000kW）等机组的原型效率实测及内蒙古达拉特（火力）发电厂水平衡项目泵站8台大泵流量的测量。

长潭水电厂机组技术改造：随着老电站机组运行年限的到来，技术改造需求的增加，在对浙江黄岩长潭水电厂机组效率实测后，继之对该电站运行30多年的机组进行技术改造，厂房内原机组为匈牙利生产的2台轴流转桨式机组和1台国产混流式机组，实测后发现运行效率很低，业主委托我所技术改造处对3台机组进行技术改造。

技术改造处负责长潭水电厂机组（2×5000＋1600kW，投资2150万元）的技改设计。该机组由于为匈牙利进口产品，其性能、尺寸与国产的有很大区别，对该电站的技改设计远远难于新电站的设计，这一项目需集中所内好几个处室的人员集体进行，长潭水电厂的技术改造开创了老电站技术改造新模式。

水电站厂内优化运行：在对机组进行效率实测后，技术改造处采用先进的优化运行理论，对10余座水电站实行优化运行，提高水电站运行效益。

综合技术改造：采用多种技术，完成了浙江、福建、广东、广西、云南、内蒙古、江西、河北8个省40多座电站的技术改造，包括壶源江电站机组技术改造、东阳市横锦水库一级电站1号、2号主机和一、二次设备改造、河北南观水电站计算机监视系统技改、天台龙溪水电站技术改造等。

在开展技术改造项目过程中，农电所还积极推广具有自主知识产权的SD-JK系列水电站计算机监控和保护系统、DZWX系列低压机组自动控制系统、BZJK系列泵站监控系统、GC系列高油压型水轮机操作器、TC系列弹簧储能型水轮机操作器等新技术和新产品，推广应用的电站有20多座，覆盖浙江、安徽、河北、辽宁、陕西、四川、福建等7个省。

第四节　工　程　监　理

1997年，农电所开始开拓水利工程施工监理工作，成立监理中心，1999年获得水利部水利工程丙级监理资质。2001年获得水利部水利工程乙级监理资质。

1997—2000年，主要监理业务为浙江舟山、绍兴、宁海等地的小型水利工程，以标准海塘工程为主，由于监理资质级别低，部分工程（绍兴标准海塘、新红旗闸等）使用浙江省东洲监理公司的资质开展工作。

第六章　基础设施和人才培养

在水利部的支持下，农电所（亚太中心）进行了传达室等翻新扩建和职工宿舍楼新建等基建工程。

随着社会主义市场经济的不断完善，市场准入和请出制度以及招投标制度的建立，所重视资质建设和维护工作。在人才培养上坚持实践造就人才，并充分发挥老专家的传帮带作用。

第一节　基　础　设　施

一、资质

农电所按照国家规定，做好资质的申请、换证和维护工作，丙级升至乙级资质 2 项，获得新资质 3 项。

1995 年 8 月获得建设部颁发的《工程设计证书（乙级）》（丙级升至乙级），专业：中型水利；服务范围：水利枢纽/小型水利水电工程勘察。申报并获得建设部颁发的《工程设计收费资格证书》。

1998 年 5 月申报并获得浙江省水利厅颁发的《水土保持方案编制资格证书（乙级）》。

2001 年 1 月申报并获得国家发改委颁发的《工程咨询资格证书（乙级）》，专业：水利工程、水电、建筑；服务范围：编建议书、可研、工程设计、招标咨询、管理咨询。

2001 年 7 月获得水利部颁发的《监理资格等级证书（乙级）》（丙级升至乙级），服务范围：大（2）型及其以下水利水电工程/一般工业与民用建筑工程/一般公路工程。

二、专利

1992 年，“自动开关电动操作装置”获国家发明专利。

三、基建

1. 传达室等翻新扩建工程

1991 年 2 月，水利部以［1992］水农电计字第 006 号文批准农电所进行传达室、接待室、围墙改造，并从 1991 年水利基建拨款投资中安排资金 10 万元。工程内容为传达室和接待室拆后扩建（建筑面积 130m²）以及 38m 围墙改造。工程于 1992 年 5 月开工，7 月竣工。

2. 职工宿舍楼新建工程

为解决农电所职工住房难的问题，1994 年 5 月，水利部以水规计［1994］228 号文，批准农电所进行职工宿舍建设工程，并从 1994 年水利基建计划中拨款 80 万元，1994 年 7 月，水利部以水规计［1994］348 号文，同意从中央基本建设基金中安排 100 万元用于宿舍楼建设。

宿舍楼建在办公区内东南角的操场上，为砖混结构，沉管桩，片筏基础，共 7 层，总建筑面积 2107m²。经公开招投标，工程于 1995 年 1 月开工，1995 年 12 月竣工并通过验收，总投资 195.3 万元。建成后编号为九莲新村 54 幢。

3. 招待所改造

为了满足国际培训学员住房的需求，1994 年将大楼 4、5 层改造为招待所，其他楼层安排为：9、10、12 层为行政、资料、档案部门，6～8 层、11 层为业务部门，13～14 层为培训教室和会议室。

第二节　人　才　培　养

农电所按照“内部培养为主，外部培养为辅”“培养专家型的技术人才和综合型的管理人才同步进行”的原则，根据人才甄选标准，把重担大胆地压给有培养前途的青年人，培养了一大批技术和管理人才。

通过溪口抽水蓄能电站、西藏小水电、涉外工程等一些规模较大和难度较高的项目以及国家和省部级科研项目，所培养了一大批年青技术骨干。同时，为了适应市场经济发展的需要，进一步拓展业务领域，提升经济实力，农电所先后成立了曙光水电经济技术合作公司、亚太水电设计咨询有限公司、亚太水电设备成套有限公司、杭州亚华自动化技术开发部、杭州亚太水电自动化设备开发公司、宁波绿能国际工程贸易有限公司、杭州雷弗尔电气技术公司、杭州江河旅游有限公司等，不仅为所产业化发展摸索了经验，也培养了多种经营的综合性人才。

1993年派往新加坡参加港口工程建设的李季工程师和派往印度Roorkee大学参加进修学习的章坚民工程师，在圆满完成各自工作学习任务后回所。

第三篇

2002—2011年

2005年，水利部副部长索丽生视察农电所

2008年，水利部副部长周英视察农电所

2010年，水利部副部长胡四一视察农电所

2007年，水利部国际合作与科技司司长高波等检查指导工作

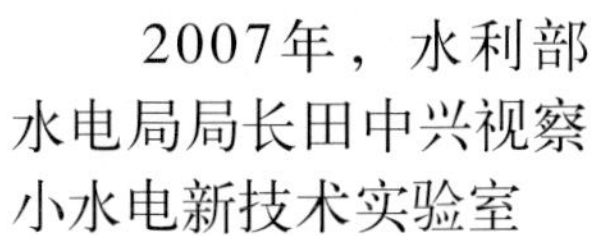

2007年，水利部水电局局长田中兴视察小水电新技术实验室

2003年，农电所所长陈生水陪同南科院院长张瑞凯视察农电所基建工作

南科院领导和农电所先进工作者合影（2010年1月）

2005年，亚太中心主任陈生水博士在首届法语国际小水电培训班授课

2006年，上海合作组织中亚小水电技术培训班人员合影

2007年，蒙古小水电技术培训班人员合影

2008年，国际小水电技术培训班人员合影

2011年，发展中国家水资源及小水电部级研讨班人员合影

2010年，全国小水电代燃料相关标准培训班人员合影

亚太中心专家参加第三届世界水论坛（日本）

亚太中心专家参加第四届世界水论坛（墨西哥）

亚太中心专家参加第五届世界水论坛（土耳其）

世界银行邀请亚太中心专家参加东亚“现代能源与扶贫”高级研讨会(柬埔寨金边，2005年5月)

2008年4月，举办科研和管理骨干荷兰培训班（UNESCO－IHE）

2010年，亚太中心在马其顿举办清洁能源技术与设备推介会，左2为马其顿经济部部长贝西米、左3为中国驻马其顿大使董春风

2010年5月，亚太中心专家参加上海世博会联合国工发组织周小水电研讨会

2010年5月，挪威石油与能源大臣泰里斯・约翰森及北挪威省省长欧德・埃里克森一行访问亚太中心，浙江省副省长龚正（前右7）接见代表团

2008年12月，中国水力发电工程学会小水电专业委员会成立大会在杭州召开

2010年4月，第一届“中国小水电论坛”在杭州召开

2011年10月，第二届“中国小水电论坛”在北京召开

编写出版的标准、农村水电期刊、专著

2002年，亚太中心与越南水利科学院签署小水电科技合作协议

2004年，圭亚那总理海因兹（左4）接见亚太中心专家

2004年，世界银行聘请亚太中心专家对云南省中小水电站进行调研和咨询

2005年，卢旺达能源部长布泰尔（左4）接见亚太中心小水电咨询组

2005年，亚太中心专家组考察澳大利亚箱式小水电站

大禹水利科学技术奖

获奖证书

获奖成果：小水电站无人值班自动控制系统

奖励等级：三等

获奖单位：水利部农村电气化研究所

证书编号：DYJ20030116-D01

奖励日期：2003年10月

大禹水利科学技术奖奖励委员会

二〇〇三年十月十六日

大禹水利科学技术奖

获奖证书

获奖成果：中小型抽水蓄能电站开发研究

奖励等级：三等

获奖单位：水利部农村电气化研究所

证书编号：DYJ20040112-D01

大禹水利科学技术奖奖励委员会

二〇〇四年十月

大禹水利科学技术奖

获奖证书

获奖成果：农村小水电站新型配套设备的研制应用

奖励等级：三 等

获奖单位：水利部农村电气化研究所

证书编号：DYJ20070122-D01

大禹水利科学技术奖奖励委员会

二〇〇七年十月

大禹水利科学技术奖

获奖证书

获奖成果：中国小水电可持续发展研究

奖励等级：三 等

获奖单位：水利部农村电气化研究所

证书编号：DYJ20080407-D01

大禹水利科学技术奖奖励委员会

获奖证书

获奖成果：数字式漏电保护技术

奖励等级：二 等

获奖单位：水利部农村电气化研究所

证书编号：DYJ20100315-D01

大禹水利科学技术奖奖励委员会

二〇一〇年十月

各类资质、大禹奖获奖证书、计算机软件著作权登记证书、实用新型专利证书

企业名称：浙江中洲水利水电规划设计有限公司

经济性质：国有企业

资质等级：电力行业（水力发电（含抽水蓄能、潮汐））专业乙级。可从事资质证书许可范围内相应的建设工程总承包业务以及项目管理和相关的技术与管理服务。******

工程设计

资质证书

证书编号：A233012966

有效期：至2015年12月30日

发证机关：

2010年12月30日

中华人民共和国住房和城乡建设部制

企业名称：水利部农村电气化研究所

经济性质：国有企业

资质等级：水利行业（水库枢纽、围垦）专业乙级。可从事资质证书许可范围内相应的建设工程总承包业务以及项目管理和相关的技术与管理服务。******

工程设计

资质证书

证书编号：A133012969

有效期：至2011年03月12日

发证机关：

2010年03月12日

中华人民共和国住房和城乡建设部制

资质等级证书

杭州亚太建设监理咨询有限公司

经审查，你单位具备水利工程建设监理单位

水利工程施工监理甲级
水利工程建设环境保护监理 资质

证书编号：水建监资字第19990138号

有效期：自 2009年10月30日 至 2014年10月30日

2009年10月 日

水土保持方案编制资格证书

单位名称：水利部农村电气化研究所

编制机构：水利部农村电气化研究所

证书等级：乙级

证书编号：水保方案乙浙字第003号

有效期：自2010年06月01日至2013年05月31日

2010年06月01日

工程咨询单位资格证书

单位名称 水利部农村电气化研究所 资格等级：甲级

专业	服务范围
水电	编制项目可行性研究报告、项目申请报告、资金申请报告、评估咨询

证书编号：工咨甲21220070001

证书有效期：至2014年8月11日

2009年08月12日

中华人民共和国国家发展和改革委员会制

工程咨询单位资格证书

单位名称 水利部农村电气化研究所 资格等级：乙级

专业	服务范围
水电	规划咨询、编制项目建议书、工程设计、工程项目管理（全过程策划和准备阶段管理）
水利工程	规划咨询、编制项目建议书、编制项目可行性研究报告、项目申请报告、资金申请报告、评估咨询、工程设计、工程项目管理（全过程策划和准备阶段管理）

证书编号：工咨乙21220070001

证书有效期：至2014年8月11日

2009年08月12日

中华人民共和国国家发展和改革委员会制

企业名称	水利部农村电气化研究所		
详细地址	杭州市学院路122号		
建立时间	1981年11月08日		
注册资本金	660万元人民币		
营业执照注册号	110000001310		
经济性质	国有企业		
证书编号	A133012969-6/6		
有效期	至2011年03月12日		
法定代表人	程夏蕾	职称	所长
单位负责人	程夏蕾	职称	所长
技术负责人	黄建平		教授级高工
备注	原资质证书编号：121015-sy		

业务范围

水利行业（水库枢纽、围垦）专业乙级。可从事资质证书许可范围内相应的建设工程总承包业务以及项目管理和相关的技术与管理服务。******

CQC

质量管理体系认证证书

兹证明

水利部农村电气化研究所

ISO9001:2008

GB/T 19001-2008

中国质量认证中心

各类资质、大禹奖获奖证书、计算机软件著作权登记证书、实用新型专利证书

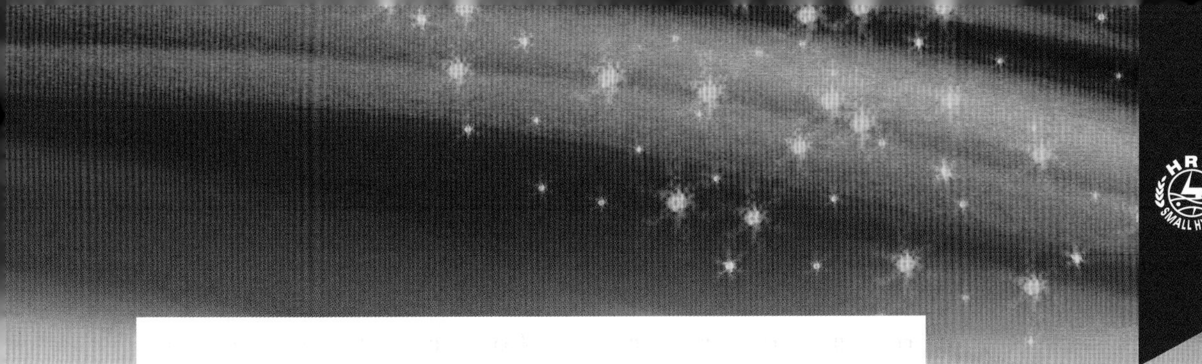

授予 程夏蕾 同志:

中国援外奉献奖银奖

Silver Award for China Foreign Aid Dedication

中华人民共和国商务部
Ministry of Commerce of the People's Republic of China
二〇一〇年

农电所所长、亚太中心主任程夏蕾荣获中国援外奉献奖银奖

云南南河一级电站（装机容量2×20MW，2005—2007年）

云南小蓬祖水电站（拱坝高80m，装机容量2×22MW，2006—2009年）

蒙古泰旭水电站（装机容量4×3.6MW，2005—2007年）

越南太安水电站（设计水头186m，装机容量2×41MW，2005—2007年）

河南南阳回龙抽水蓄能电站工程监理（2000—2006年）

浙江丽水市城市防洪工程工程监理（2005—2007年）

浙江宁波市鄞洲溪下水库工程监理（2003—2005年）

浙江江山峡口水库除险加固工程监理（2009—2010年）

浙江省洞头县状元南片围涂工程监理（2005—2009年）

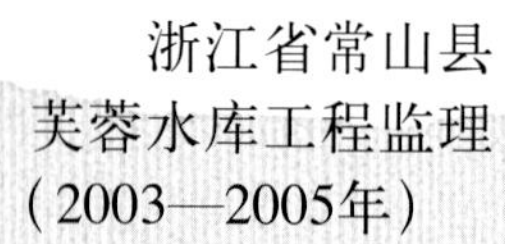

浙江省常山县芙蓉水库工程监理（2003—2005年）

机电设备检测

压力钢管检测

变压设备检测

土耳其阿克洽电站（2×11MW+1×5.5MW）

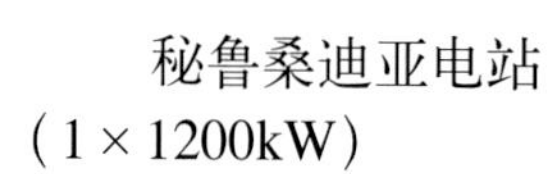

秘鲁桑迪亚电站（1×1200kW）

土耳其匹那电站（3×10MW）

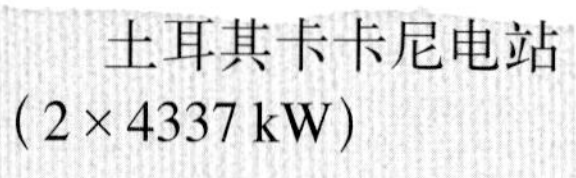

土耳其卡卡尼电站（2×4337 kW）

土耳其阿克洽电站中控系统

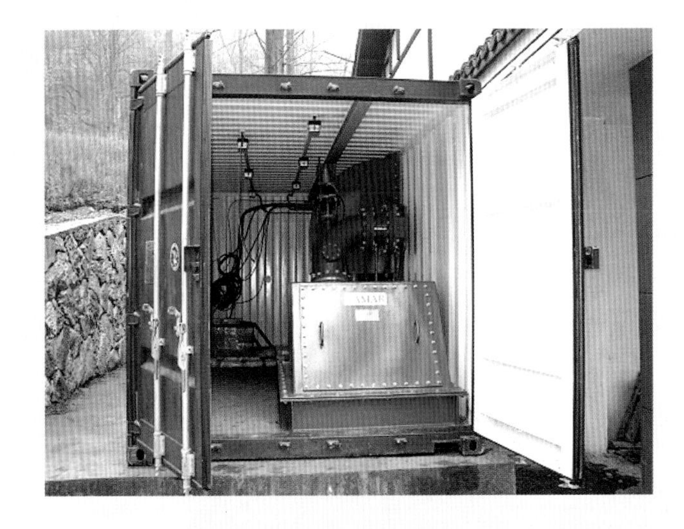

引进的箱式整装机组

HPU氮气储能操作器、TC系列弹簧储能型水轮机操作器

HRC
SMALL HYDRO

小水电新技术实验室
THE NEW TECHNICAL LAB OF SMALL HYDROPOWER

小水电新技术实验室

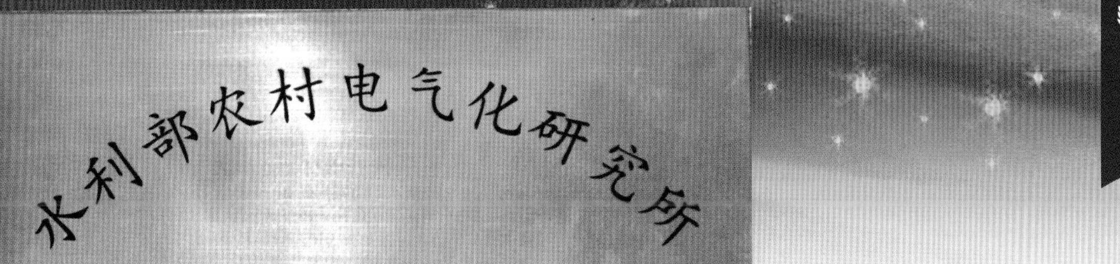

小水电工程质量检测中心

2006年，农电所代表队参加浙江省科技厅庆祝建党85周年歌咏比赛

2007年，亚太中心举办国际足球友谊比赛

重温入党誓言——井冈山红色之旅

表彰2010年度农电所优秀共产党员、优秀党务工作者和优秀共青团员、优秀团干部

纪念建党90周年——“红歌飞扬”主题晚会

庆祝建党90周年知识竞赛

“关注气候变化，参与节能减排”—农电所团支部开展环保科普宣传活动

2011年新春团拜会

2005年1月，杭州瑞迪大酒店开业

装修一新的办公大楼和酒店

第一章 组织机构与干部任用

第一节 组 织 机 构

2001 年，科技部、财政部、中编办三部委以国科发政字［2001］428 号文下发了《关于对水利部等四部门所属 98 个科研机构分类改革总体方案的批复》的文件，农电所被列为转为科技型企业的单位。2002 年 1 月水利部以水人教［2002］12 号文件决定将“水利部农村电气化研究所”划归“南京水利科学研究院”管理。由于国家对公益类科研院所的改革政策不配套等原因，改革无法推进，我所还继续保留科研事业单位法人年审，在财务与资产方面，仍是中央二级预算事业单位，所有的资产仍是事业非经营性资产，工资体系也一直按事业单位体系和政策执行。

农电所在水利部和南京水利科学研究院的正确领导和大力支持下，领导班子虚心学习，扎实工作，团结带领全所广大职工正确处理改革、发展、稳定三者关系，根据对水利行业、农村水电行业发展趋势的分析，结合农电所的实际情况，提出了重点围绕“三个能力建设”的工作思路，即努力提高为政府和行业服务的能力，提高技术创新能力，提高市场竞争能力，并相继开展了一系列工作，推动了农电所各项事业继续向前发展。

第二节 干 部 任 用

一、主要领导人任免

2002 年 1 月水利部党组任命陈生水同志为农电所党委书记，同时免去于兴观同志的党委书记职务（部党任［2002］5 号），任命陈生水为农电所所长、亚太中心主任（试用期一年），同时免去刘勇所长、中心主任职务（部任［2002］10 号）。

2002 年 2 月，南科院党委报经水利部人事劳动教育司同意，免去刘勇、于兴观两位同志的农电所党委委员职务（南科党［2002］09 号）。

2002 年 2 月，南科院党委报经水利部人事劳动教育司同意，免去于兴观的副所长职务（南科人［2002］27 号）。

2002 年 6 月，水利部任命于兴观为南京水利科学研究院副局级调研员（部任［2002］27 号）。

2002 年 11 月，南科院任命程夏蕾为亚太地区小水电研究培训中心副主任（南科人［2002］174 号）。

2003 年 10 月，根据南科院对陈生水担任所长、中心主任试用期满考核情况，水利部人事劳动教育司批复，同意办理陈生水的正式任职手续。

2006 年 3 月，南科院任命徐锦才为副所长（试用期一年），同时免去其研发中心主任职务，任命黄建平为所总工程师（试用期一年），同时免去黄建平担的规划设计院院长职务（南科人［2006］45 号）。

2007 年 2 月，南科院任命程夏蕾为所常务副所长（南科人［2007］21 号）。

2007 年 6 月，经任职试用期满考核合格，南科院正式任命徐锦才为副所长，黄建平为所总工程师。

2008 年 1 月，南科院党委任命徐锦才、黄建平同志为中共水利部农村电气化研究所委员会委员（南科党［2008］4 号）。

2009 年 1 月，南科院任命李志刚为水利部农村电气化研究所调研员，同时免去其担任的水利部农村电气化研究所副所长职务（南科人［2009］14 号）。

2009 年 1 月，南科院党委免去李志刚同志的中共水利部农村电气化研究所委员会委员职务（南科党［2009］8 号）。

2009 年 6 月，水利部任命程夏蕾为农村电气化研究所所长、亚太地区小水电研究培训中心主任（试用期一年）。免去陈生水的农村电气化研究所所长、亚太地区小水电研究培训中心主任职务（部任［2009］32 号）。

2009 年 6 月，水利部党组任命程夏蕾同志为中共农村电气化研究所委员会书记。免去陈生水同志的中共农村电气化研究所委员会书记职务（部党任［2009］15 号）。

2009 年 6 月，南科院党委任命黄建平为农村电气化研究所副所长，免去其担任的水利部农村电气化研究所总工程师职务（南科人［2009］101 号）。

2009 年 6 月，南科院党委任命谢益民同志为中共农村电气化研究所委员会副书记、纪委书记（试用期一年）（南科党［2009］31 号）。

2010 年 10 月，经任职试用期满考核合格，水利部正式任命程夏蕾为农村电气化研究所所长、亚太地区小水电研究培训中心主任（部任［2010］32 号）。

2010 年 10 月，经任职试用期满考核合格，南科院党委正式任命谢益民同志为中共农村电气化研究所委员会副书记、纪委书记（南科党［2010］37 号）。

二、内设机构及干部任用

2002 年 7 月，南科院批复所内设机构为：办公室（党委办公室）、国际合作与科技处、中小水电新技术研究开发中心、中小水电规划设计院、监理中心、综合服务中心。同年 8 月，批准设立海南办事处。

2002 年 9 月，成立杭州亚太建设监理咨询有限公司，注册资金 100 万元，后增资到 200 万元（南科人［2002］134 号）。

2002 年 9 月，以研发中心为依托成立杭州亚太水电设备成套技术有限公司，注册资金 100 万元，后增资到 600 万元（南科人［2002］135 号）。

2004 年 8 月，以综合服务中心为依托成立杭州瑞迪大酒店有限公司，注册资金 60 万元（南科人［2005］164 号）。

2005 年 2 月，增设外事与培训处（南科人［2005］90 号）。

2005 年 10 月，增设小型水利水电工程安全监测中心（南科人［2005］166 号）。

2008 年 10 月，以杭州亚太水电设备成套技术有限公司为依托成立杭州思绿能源科技有限公司，注册资金 100 万元（办公会议纪要［2008］08 号）。

2008 年 8 月，撤销海南办事处（农电人［2008］08 号）。

2009 年 2 月，成立小水电工程质量检测中心（南科人［2009］19 号）。

2010 年 3 月，以农电所中小水电规划设计院为依托，成立浙江中洲水利水电规划设计有限公司，注册资金 300 万元。

2010 年 4 月，以国际合作与科技处为依托，成立科学研究中心（南科人［2010］40 号）。

这一时期担任内设机构负责人的情况见表 3-1。

表 3-1　　内设机构负责人任职情况（2002—2011 年）

姓　名	职　　务
谢益民	办公室（党委办公室）主任
王林军	保卫科长、所办（党办）副主任
李海燕	办公室（党委办公室）副主任
林旭新	海南办主任、所副总工程师
李志武	国科处副处长、处长，科学研究中心主任（兼）

续表

姓　名	职　　务
赵建达	《小水电》执行副主编、编辑部主任
朱小华	科技处副处长
潘大庆	国科处副处长、外事与培训处副处长、处长
陈　星	国科处副处长，科学研究中心副主任（兼）
徐锦才	研发中心主任、水电设备成套技术有限公司总经理、小水电工程质量检测中心主任
黄建平	所副总工程师、规划设计院院长
姜和平	监理公司副总经理、总经理、小水电工程质量检测中心副主任
陈惠忠	监理公司总工程师、监测中心主任
董大富	研发中心副主任、主任，水电设备成套技术有限公司副总经理、总经理
楼宏平	研发中心副主任
徐　伟	水电设备成套技术有限公司副总经理
林　凝	外事与培训处副处长、水电设备成套技术有限公司副总经理
徐国君	思绿公司总经理
吴卫国	规划设计院副院长、院长、中洲公司总经理
周卫明	规划设计院副院长
吕建平	规划设计院总工程师
史荣庆	监理公司副总经理
石世忠	监理公司副总经理
夏伟才	监理公司总工程师
方　华	瑞迪酒店总经理、综合服务中心主任

三、所学术委员会（职称评审委员会）

2002年调整所学术委员会（职称评审委员会），主任为陈生水，副主任为程夏蕾、李志刚，委员为陈生水、李志刚、程夏蕾、黄建平、徐锦才、姜和平、谢益民、吕建平、吴卫国、李志武、潘大庆、林旭新、于兴观。秘书为李海燕。

2010年调整所学术委员会（职称评审委员会），主任为程夏蕾，副主任为徐锦才，委员为程夏蕾、徐锦才、黄建平、谢益民、李志武、潘大庆、吴卫国、吕建平、林旭新、楼宏平、姜和平、史荣庆、董大富、陈惠忠。秘书为李海燕。

第三节　党　工　团

一、党委及下属党支部

2002年1月，第七届党委成立，党委委员为陈生水、程夏蕾、李志刚。陈生水同志为党委书记。

2009年6月，第八届党委成立，党委委员为程夏蕾、徐锦才、黄建平、谢益民。程夏蕾同志为党委书记，谢益民同志为副书记。

下设支部情况：

2008年10月3个支部改选，产生新一届支部，其中管理支部由谢益民、李志武、林凝等3位同志组成，谢益民任支部书记，李志武任支部组织委员，林凝任支部宣传委员。2010年2月，经支部大会选举产生由李志武、林凝、王林军组成的新一届管理支部，李志武任支部书记，王林军任支部组织委员，林凝任支部宣传委员。业务支部由姜和平、徐伟、卢景秀等3位同志组成，姜和平任支部书记，徐伟任支部组织委员，卢景秀任支部宣传委员。2009年末，卢景秀同志离职，经业务支部2010年2月支部大会选举，增补沈秋芬为支部宣传委员。退休支部由杨信德、丁慧深、王曰平等3位同志组成，杨信德任支部书记，丁慧深任支部组织委员，王曰平任支部宣传委员。

二、工会

2002年，杨信德退休。2004年，增补胡长硕为工会委员。

2006年，朱颖退休，增补谢益民为工会副主席。

2011年，李志刚退休，第五届工会委员会构成人选为谢益民、方华、陈剑令、胡长硕。

三、团支部

2002年团支部换届，由方华任书记、张喆瑜任组织委员、卢景秀任宣传委员。

2004年团支部换届，由卢景秀任书记、胡长硕任组织委员、严俊任宣传委员。

2009年团支部换届，由胡长硕任书记、舒静任组织委员、施瑾任宣传委员。

四、获得荣誉

2003年6月，谢益民同志获浙江省科技厅机关党委颁发的“优秀共产党员”荣誉称号。

2005年12月，李志武同志获浙江省科技厅机关党委颁发的“优秀党务工作者”荣誉称号。

2006年12月，郑江获浙江省科技厅颁发的“科技统计先进个人”荣誉称号。

2008年3月，程夏蕾获浙江省总工会颁发的“浙江省女职工建功立业标兵”荣誉称号。

2008年3月，监理公司荣获国务院南水北调建设委员会“南水北调工程2006、2007年度文明监理单位”，史荣庆获“南水北调工程2006、2008年度文明工地建设先进个人”。

2008年6月，徐伟同志获浙江省科技厅机关党委颁发的“优秀共产党员”荣誉称号。业务支部获浙江省科技厅机关党委颁发的“优秀基层党组织”荣誉称号。

2009年3月，程夏蕾获浙江省总工会、教育厅等8家单位联合颁发的“浙江省知识型职工标兵”荣誉称号。

2009年10月，亚太水电设备成套技术有限公司荣获杭州市人民政府颁发的“杭州市外贸进出口百佳企业”荣誉称号。

2010年1月，吕建平获水利部颁发的“全国水利技术监督工作先进个人”荣誉称号。

2010年6月，谢益民同志获浙江省科技厅机关党委颁发的“优秀党务工作者”荣誉称号。姜和平同志荣获浙江省科技厅机关党委颁发的“优秀共产党员”荣誉称号。

2010年12月，程夏蕾获商务部颁发的“援外奉献奖”。

2011年3月，林凝获水利部颁发的“全国水利国际合作工作先进个人”荣誉称号。

第二章　科学研究与科技开发

这一时期，党中央、国务院从保护生态环境、促进农村经济社会发展和建设社会主义新农村的战略高度，分别实施了农村电气化县建设、送电到乡和小水电代燃料生态保护工程，农村水电发展进入了新的快速发展时期。农电所紧紧抓住机遇，围绕国家需求和农村水电行业发展需要，组织力量开展了一系列与农村水电发展相关的应用基础性和重大关键技术研究，进一步加快小水电新技术、新产品的研究开发，逐步向产业化发展。我所公益性科研项目大幅增加，对政府决策的支撑作用明显增强，服务行业的能力显著提高，经济效益逐年增长。

第一节　科　学　研　究

完成的科学研究课题主要有水利部水利规划及重大专题“中国小水电可持续发展研究”；水利部重大专题研究项目“水能资源开发生态补偿机制研究”；水利部水利标准化专项项目“小水电国际标准的收集与比较”；南科院基金项目（包括青年基金项目）“小水电电价和电网研究”、“中国小水电清洁发展机制研究”、“欧盟及法国小水电环境保护政策及技术标准的研究”、“农村水电管理和运行体制及农村水电工程设施产权制度研究”、“农村水能资源开发利用区域划分研究”；农电所基金项目“亚太地区小水电现状与问题研究”、“小水电清洁发展机制 CDM 研究”、“小水电站环境影响研究”、“民营资本投资小水电研究”。其中一项研究成果获水利部大禹科技进步三等奖。2009 年 12 月在水利部水电局主持下，开展了“全国农村水电增效扩容改造专项规划”编制工作，2010 年上报财政部。

正在进行的软科学研究课题有水利部公益性行业科研专项“农村水电站安全保障关键技术研究”、“全国水能资源利用区划总体战略及支撑技术”、“我国绿色水电认证标准和评价体系研究”、“农村水电效率分析与增效关键技术研究与示范”等 4 项；南科院基本科研业务费专项“灾害条件下小水电应急供电安全保障技术研究”；南科院青年基金“我国绿色水电认证政策框架的研究”。

全国农村水电增效扩容改造专项规划：实施农村水电增效扩容改造，可以充分发挥现有农村水电潜力，增加清洁可再生电能供应，无移民，不增加环境负担，并可取得减排温室气体、提高防洪抗旱能力、消除安全隐患和强农惠农等综合效益。按照国务院确定的2020年节能减排和可再生能源发展总体目标，结合农村水电实际，2009年12月，水利部在全国布置开展农村水电增效扩容专项规划编制工作。在各省（自治区、直辖市）规划的基础上，2010年6月，编制完成了《全国农村水电增效扩容改造专项规划》。规划实施后，可巩固、恢复和新增发电能力1267.51万kW，年发电量467.18亿kW·h，相当于节约1600万t标准煤，减排温室气体4100万t，巩固、恢复和新增水库库容397.16亿m^3，取得巨大的生态、社会和经济效益。

中国小水电可持续发展研究（2005—2007年）：该项目为水利部水利规划及重大专题。项目运用经济学和政策设计理论，结合水利水电科学及现代管理学等相关理论，借鉴国际可再生能源发展的新思路以及经验教训，结合我国国情，从体制、市场、政策、技术、投资、成本、环境、法制等方面，对中国小水电发展中存在的核心问题进行研究，找出影响中国小水电发展的主要矛盾和主要问题，提出有关宏观调控政策、经济激励政策、技术政策及法制化等建议。研究成果在小水电基础理论和软科学研究方面都具有创新和独到见解，对我国小水电可持续发展在制定政策、技术路线等方面，具有实际参考价值，起到技术支撑和指导作用。该项目于2007年6月通过水利部组织鉴定，获2008年度大禹水利科学技术奖三等奖。

小水电国际标准的收集与比较：该项目为水利部水利标准化专项项目，取得以下成果：收集了大量国际标准化机构、发达国家与小水电有关的标准和多项小水电站与环境整合的案例；对国内外小水电技术标准体系进行了全面系统的分析对比，包括我国小水电标准与国外小水电标准在体系结构、应用领域、使用约束力等方面的差异性及其原因分析；提出了我国小水电行业标准发展对策，包括我国小水电行业标准体系发展完善方案、中国小水电标准国际化发展对策等。

水能资源开发生态补偿机制研究：该项目为水利部重大专项《建立和完善与水有关的生态补偿机制研究项目任务书》中的研究专题之一。研究目标包括：研究水能资源开发对区域生态环境的影响；研究水能资源开发引起的生态补偿损益主体及区域范围；研究由于水能资源开发带来的损益程度和范围的定量测算方法，确定水能资源开发引发的生态补偿的主体及客体；提出生态补偿的测算方法，研究确定生态补偿标准的原则与方法，提出生态补偿政策，为建立水能资源开发生态补偿机制提供技术依据。参加课题研究单位有：水利部水电局、水利部农村电气化研究所、浙江省水电中心、浙江同济科技职业学院、河海大学、清华大学、浙江工业大学等。在研究成果基础上，2010 年农电所组织编写了《水能资源开发生态补偿机制研究》一书，该书由水利部副部长胡四一作序，中国水利水电出版社出版发行。

小水电清洁发展机制 CDM 研究：该项目为所基金项目。通过建立小水电 CDM 试点，了解和掌握开发小水电清洁发展机制的方法，分析项目开发成本和风险，更好地指导清洁发展机制在我国小水电实施。同时也希望通过清洁发展机制研究，探讨我国小水电新的国际融资方法。由农电所参与咨询的两个 CDM 试点项目即湖南炎陵县中大深渡小水电和海南吊罗河小水电项目已获得联合国 EB 签发，1 个 VER 项目合同即浙江金华双龙电站已执行。3 个项目每年减排 CO_2 达 41487t，到 2012 年减排收入可达 1500 多万元，社会、环境和经济效益非常显著。在总结项目经验基础上，编写出版了《小水电清洁发展机制（CDM）实践与研究》一书，并成功举办了全国小水电清洁发展机制（CDM）能力建设培训班。

第二节 标准化工作

2007 年，在水利部水电局主持下，农电所积极参与小水电技术标准体系修订工作。2008 年水利部发布的水利技术标准体系表中，小水电标准体系由综合、规划、勘测、设计、施工安装、质量验收、运行维护、安全评价、监测预测、材料试验、设备等 11 个部分组成，包含了 58 个标准。

农电所主编或参编了 33 份标准制（修）订工作。仅 2010 年就有 26 份标准在安排实施当中，其中国标 7 份，行标 19 份；制定 15 份标准，修订 10 份标准，翻译 1 份标准；主编 14 份标准，参编 12 份标准。

2008 年编制完成国标 GB/T 21717—2008《小型水轮机型式参数及性能技术规定》，参编国标 GB/T 21718—2008《小型水轮机基本技术条件》。GB/T 21717—2008《小型水轮机型式参数及性能技术规定》获标准化战略专项资金浙江省二等奖、杭州市一等奖、西湖区一等奖。

2009 年完成 SL 445—2009《漏电保护器农村安装运行规程》、SL 76—

2009《小水电水能设计规程》、SL 221—2009《中小河流水能开发规划编制规程》等3份标准的修订，3份标准均获杭州市标准化战略专项资金一等奖。

2010年完成SL 16—2010《小水电建设项目经济评价规程》的修订。

正在制（修）订中的标准27份，包括《小型水电站技术改造规程》《小水电站机电设备导则》（翻译）《农村水电供电区电力发展规划导则》《小型水电站运行维护技术规范》《水能资源调查评价导则》《小水电电网节能改造工程技术规范》《小型水电站施工技术规范》《小型水电站施工安全规程》《小水电电网安全运行技术规范》《小型水电站建设工程验收规程》《小型水电站安全测试与评价规范》《小型水电站机电设备报废条件》《农村水电站技术管理规程》《农村水电变电站技术管理规程》《农村水电配电线路、配电台区技术管理规程》《农村水电送电线路技术管理规程》《小水电代燃料项目验收规程》《小水电代燃料生态效益计算导则》《农村水电供电区电力系统设计导则》《小水电供电区农村电网调度规程》《小型水电站消防安全技术规定》《小型水力发电站水文计算规范》《小水电规划环境影响评价规程》《小水电网电能损耗计算导则》《水电农村电气化验收规程》《小水电站机电设备导则》《农村水电电力系统调度自动化规范》。

在组织标准制（修）订工作的同时，积极开展标准宣贯培训。截至2010年8月，共有672名学员参加了农电所承办的有关标准宣贯方面的培训，其中小水电代燃料技术相关标准培训班两期，共计131人；农村水电安全法规8期，共有来自20个省（自治区、直辖市）和各部属单位的541位学员接受了培训。

水力机械专业高级工程师徐伟被中国国家标准化管理委员会聘为“全国水轮机标准化技术委员会（SAC/TC175）”委员。

为贯彻落实水利部有关标准化的各项活动，曹丽军、程夏蕾、黄建平、蒋杏芬、李志武、饶大义、张关松、祝明娟、董大富、熊杰等积极参加水利部标准编写上岗培训，顺利通过并获得证书。

第三节　新技术研发与推广

农电所相继完成了一批省部级项目：

国家社会公益研究项目“新型电网谐波抑制装置”、“水电风能互补蓄能关键技术研究”。

国家星火项目“农村小水电站新型操作器推广应用”。

水利部重点科技推广计划项目“农村小水电站自动控制系统应用示范”。

水利部科技重点项目“中小型抽水蓄能电站开发研究”。

水利部“948”引进和推广项目“模式变电站技术及设备”“农村电力系统降损节能技术”“箱式整装小水电站关键技术”“引进国际先进简易通用型小水电站二次系统计算机监控模块技术”“水电风能互补的机电仿真系统”“箱式整装小水电站关键技术推广应用”“农村小水电站新型配套设备推广应用”。

水利部“948”技术创新与转化项目“农村小水电新型配套设备的研制应用”“小水电网电能量远程抄表和监控系统的研究”“中小水电站无人值班技术”。

水利部基金项目“GZWX 高压机组智能型微机自动控制系统”。

科技部农业科技成果转化资金项目“农村电网电能远程抄表和监控系统”“农村小水电站无人值班自动控制系统”“箱式整装水电站关键技术推广应用”“农村小水电站新型操作器推广应用”。

科技部科研院所社会公益研究专项“水电风能互补蓄能关键技术研究”。

科技部国际科技合作项目“农村水能开发智能控制与管理技术”。

科技部科学仪器设备升级改造专项工作“农村地区分散型水电风能互补发电试验设备功能开发”。

中越科技长期合作项目“小型水电站发展和水电站自动化系统”。

浙江省科技计划项目“水电风能互补的机电系统设计与仿真系统研究”。

浙江省重大科技专项项目“箱式整装小水电站关键技术研究与示范”。

院基金项目“小水电站新型监控系统研制”。

截至 2011 年 10 月还有执行的项目：

水利部科技推广计划项目“水电风能互补机电仿真技术推广应用”“智能型数字式漏电保护技术的推广应用”。

水利部“948”引进计划项目“电网节能表专用集成芯片”。

科技部科研院所技术开发专项“农村地区清洁可再生能源多能互补技术开发研究”。

科技部农业科技成果转化资金项目“农村地区可再生能源多能互补技术示范应用”。

中小型抽水蓄能电站开发研究：该项目为水利部科技重点项目，该项目是我国第一个专门针对中小型抽水蓄能电站进行较为系统、全面研究的科研项目，研究内容部分填补了我国在中小型抽水蓄能电站开发领域的空白，对促进中小型抽水蓄能电站的开发具有积极作用。开发研究成果总体达到当时国内同类研究项目领先水平，在半地下竖井式厂房和可逆式机组全特性曲线转换数学模型研究方面达到国际先进水平。研究成果具有明显的经济效益和社会效益，并具有良好的应用前景。该项目获 2004 年度大禹水利科学技术奖三等奖。

箱式整装小水电站关键技术：该项目为水利部“948”引进项目。设备和技术从澳大利亚引进。箱式整装小水电站是用标准的大金属箱子把所有模块化的发电设备在工厂里全部组装完成，使之便于运输和在现场快速安装。机组安装之前仅仅需要简单的准备，主要有为安置这一大金属箱的混凝土基础、引水钢管和必要的输电设备。箱式整装小水电站具有建设成本低、施工期短、运行维护方便、可实现无人值班等特点，非常适合偏远山区小水电建设。箱式整装小水电站可为孤立用户群提供照明及日常生活用电，一方面可以缓解当地居民的用电困难，另一方面可以充分利用水资源充足的天然优势，减少木材等资源的消耗，达到以电代柴的目的。箱式整装小水电站将在我国最终解决无电人口的攻坚战中发挥重要作用。

新型电网谐波抑制装置：该项目为国家社会公益研究项目。该项目基于数字信号处理器（DSP）实现先进的数字控制，采用基于瞬时无功功率理论的 d－q 方法计算谐波电流。研制的样机具有很好的实时性和稳定性，数字控制平台实施方案和双环采样频率在数字谐波提取中的应用具有创新性。

小型水电站发展和水电站自动化系统：该项目为中越科技长期合作项目。中越科技合作项目是由中国和越南两国科技部共同批准的合作项目，内容包括：研究交流小水电开发、农村经济发展及脱贫等方面的政策和经验；调查评估越方小水电发展现状并提出合适模式；研究开发适合越南实际情况的小水电自动化系统设备与软件，包括工控机与 PLC 软件；在越南水利科学院内建立一个自动化控制示范试验室；建立高压及低压自动控制系统示范电站，以促进推广应用。

水电风能互补蓄能关键技术研究：该项目为国家社会公益研究专项项目。该项目通过建立风能、水能和风能-水能互补系统的数学模型和变速-恒频发电系统仿真模型，采用美国 Ansoft 公司的 Simplorer 仿真软件对风能-水能互补系统的控制策略和稳定性进行了研究，并且对风能-水能互补系统的具体实践进行了探讨。

小水电网电能量远程抄表和监控系统的研究：该项目为水利部“948”技术创新与转化项目。该项目采用 Internet 通信技术和嵌入式 Linux 系统，开发一套远程分布式数据采集与管理系统，数据采集终端定时采集（采集间隔1～60分钟，可任意设置）下挂电表的资料，包括：有功总、有功峰、有功谷、无功总、无功峰、无功谷、正向有功功率、反向有功功率、正向无功功率、反向无功功率、A/AB电压、B/AC电压、A相电流、B/C相电流、C相电流。其他采集数据内容根据用户不同要求，进行扩充。采集来的数据可根据用户的要求定时或以召唤的形式通过拨号上网的方式传输到当地服务器。该系统的推广使用可以使操作人员只需在系统管理中心就可对区域内的众多电站抄表，自动监控小水电的发电情况，克服原来的抄表工作强度大，工作效率低，抄表误差多，不能及时准确分析考核发电质量，不能及时调度等缺点，大大提高了电力部门的经济效益和现代化科学管理水平。

第三章　对外合作与交流

农电所（亚太中心）充分利用亚太小水电中心国际合作“窗口”的平台，积极实施党中央、国务院号召的“走出去”战略，广泛开展各种形式的小水电对外合作交流，积极承办中国政府委托的国际小水电培训班、农村电气化研修班，为发展中国家培训小水电人才，并宣传我国小水电和农村电气化建设的成就，促进我国小水电技术和产品走向世界，在取得良好的社会和经济效益的同时，推动全球尤其是发展中国家小水电的开发。

第一节　国　际　会　议

2002—2011 年，农电所（亚太中心）承办了两届国际水利先进技术推介会，并于 2010 年承办了马其顿清洁能源技术与设备推介会。农电所（亚太中心）派代表先后赴泰国、日本、柬埔寨、墨西哥、巴基斯坦、土耳其、秘鲁等国参加国际会议，并在多数会议上作了发言，与各国同行进行了广泛的信息与经验交流，为中国小水电技术与设备的“走出去”创造了更多的机会。

一、组织的国际会议

2003 年国际水利先进技术推介会：国际水利先进技术推介会由水利部科技推广中心主办，由中国水利科技网和农电所（亚太中心）承办。由于 SARS 原因，推介会于 2003 年 6 月 2—6 日在网上举办。来自 11 个国家的 31 家外商参加了本次推介会。

2004 年国际水利先进技术推介会：为进一步密切国（境）外水利高新技术企业和国内用户间的联系，促进国内外水利技术交流与合作，2004 年度国际水利先进技术推介会于 5 月 11—12 日在杭州召开。受水利部科技推广中心的委托，农电所（亚太中心）具体承担了大会的前期联络和会务工作。推介会参会代表共 220 多人，并有来自 15 个国家和地区的 50 项技术参加了推介活动，内容涉及水资源、水环境、防洪减灾等诸多领域。其中 32 项通过了专家评审，并纳入 2005 年度水利技术引进指导目录，供 2005 年度水利部“948”

项目申报评审时参考。大会取得了圆满的成功，农电所（亚太中心）的组织工作也获得了水利部领导和参会人员的一致好评。

2010年马其顿清洁能源技术与设备推介会：2010年3月4日，由中国驻马其顿使馆和马其顿经济部共同主办，中国驻马其顿使馆经商处倡议并筹办，农电所（亚太中心）承办并由中钢集团天澄环保科技股份有限公司协办的清洁能源技术与设备推介会在马其顿首都斯科普里举行。

开幕式上，中国驻马其顿使馆董春风大使、马其顿经济部长贝西米出席并致辞，亚太中心程夏蕾主任在主席台就座。马方相关企业负责人近100人与会，数十家媒体到会采访。当地电视台当晚在新闻栏目中进行了重点报道，中方使馆和经商处也分别在外交部和商务部网站上发布了推介会成功举办的消息。

推介会上，程夏蕾主任、亚太水电设备成套技术有限公司林凝及徐伟副总经理分别作了《中国小水电与农村电气化》《中国小水电设备的开发与应用》《可再生能源及微水电》主题发言，中钢集团天澄环保科技股份有限公司华东分公司刘雪峰总经理介绍了太阳能技术，马方4位专家也分别介绍了当地小水电和太阳能开发现状和需求。推介会发言内容丰富，会场气氛十分热烈。会后，参会代表分“水电”及“太阳能”两组，多方展开深入交流并就项目合作进行了洽谈。曾经来亚太中心参加小水电技术培训班的3位马其顿学员也热心协助我们组织本次会议，并在会后与亚太中心领导、专家亲切畅谈并合影留念。

此次推介会取得了圆满成功。正如董春风大使在致辞中所说：“承办方亚太地区小水电研究培训中心在小水电与太阳能国际合作及设备成套出口方面有着丰富的经验，推介会旨在向马其顿管理部门及项目开发者介绍中国在开发小水电与太阳能方面的技术与设备能力，为两国间的合作创造机会，为促进马其顿清洁能源开发作贡献。”

农电所（亚太中心）对承办此次推介会高度重视，农电所领导直接部署和组织，亚太中心下属杭州亚太水电设备成套技术有限公司在人力、物力等方面对推介会提供了强有力的保障。

二、参加的国际会议

2002年徐伟出席在北京召开的IEC/TC4（国际电工委员会水力机械分会）全会，并被列入IEC/TC4国际专家组成员名单，之前徐伟参与修订国际标准“IEC 62006 Ed. 1.0：Hydraulic Machines—Acceptance Tests of Small Hydroelectric Installation”(水力机械——小型水电站现场验收试验)。

2002年10月22—25日，陈生水应邀参加了在泰国曼谷举办的ASEM绿色新能源网第一次区域网工作会议。该网旨在推进绿色新能源更高的市场成熟度，使之在能源领域更具有效性和可竞争性，促进其可持续发展。陈生水作了题为“中小水电在东南亚国家的市场条件、障碍及其展望”的演讲，受到与会者的欢迎。会议期间，陈生水与联合国环境与自然资源发展署官员Saha先生、CEERD (Center for Energy—Environment Research & Development) 主任Lefevre先生以及来自世界各地的朋友进行了广泛接触，进一步促进亚太中心与联合国亚太经社会及其成员国之间的信息交流和合作。

2003年3月16日，程夏蕾作为水利部专家团代表赴日本参加第三届世界水论坛会议，并提交论文《水与农村能源——亚洲发展中国家的小水电建设》，期间与澳大利亚坦斯马尼亚水电公司Polglase先生建立联系，促成了双方在箱式水电站方面的合作。

2003年10月20—29日，陈生水作为中方副团长赴日本参加第十八届中日河工坝工会议，并作了“特色小水电的研究与设计”专题发言。

2003年11月16—18日，应世界银行邀请，李志武参加由世界银行和云南省人民政府联合在昆明举办的“公私合作参与水电建设国际研讨会”，并就“中国民营企业参与小水电建设的框架体系”进行专题发言。来自世界银行公私合作建设基础设施咨询部的10位专家及云南省各相关部门、地州和企业的负责人参加了研讨会。

2004年11月，李志武作为世界银行咨询专家，与丹麦能源专家Wolfgang Mostert先生一起对云南省民间资本投资中小水电的现状、政策法规、电价机制、投资风险分担和政府管理监督等问题进行了调研和咨询，并完成咨询报告《Private Investments in Small Hydropower in Yunnan—Review of Framework and Recommendations》，该咨询报告作为世界银行投资中小水电和云南省人民政府制定相关政策时的技术支撑。

2004年12月27—29日，赵建达应邀参加由国家发展和改革委员会、联合国经济社会事务部、世界银行在北京共同主办的“联合国水电与可持续发展国际研讨会”。在会上作《中国民企投资小水电的概况及其与国际社会的比较》的专题发言，介绍了中国民营资本投资小水电的情况，并对民营资本参与水电项目的国际现状以及中国现状与国际情况的可比性和可借鉴性作了分析，提出了中国民企投资小水电需注意的几个特殊问题。100多名来自43个国家和国际组织、非政府组织、金融机构、与水电开发有关机构的国外代表以及国内有关部门和单位的400多名代表参加了会议。

2005年5月4—6日，程夏蕾应邀赴柬埔寨金边参加东亚“现代能源与扶贫”高级研讨会，并作了30分钟的专题发言，以小水电项目为例介绍中国在利用分散能源实现对边远地区综合开发方面的经验。会议由世界银行、全球乡村能源组织（GVEP）和联合国UNDP共同主办，柬埔寨、印尼、老挝、蒙古、菲律宾及越南等国的包括由主管能源方面的部长带队的来自教育、卫生、农业及水电等部门的政府官员、私营企业与社会团体组成的代表团，以及其他国际组织的近180位代表出席了会议。会议的主题是讨论如何发展现代能源来加强东亚地区的经济社会发展并减少贫穷，探索如何利用这些能源设施来实现“千年发展目标”，并确认可供捐赠机构或银行融资的专项能源投资机会。

2006年3月16—22日，李志武作为水利部专家团代表，赴墨西哥参加了第四届世界水论坛大会。

2006年11月16—17日，赵建达参加由东南大学、江苏省能源研究会、江苏省可再生能源行业协会、江苏省可再生能源规模化发展项目办公室主办的“可再生能源规模化发展国际研讨会暨第三届泛长三角能源科技论坛”，并作了《小水电站与环境的结合在欧洲的新近发展》专题发言。

2007年3月，黄建平作为水利部代表参加中泰水利合作联合执导委员会第五次会议，并作了题为《中国小水电开发与国际合作》的发言。

2008年3月17—19日，林凝参加巴基斯坦水电开发国际大会并作关于《水电研发、贸易及教育》的报告。

2008年6月29日至7月7日，程夏蕾作为水利部专家团代表，参加2008年萨拉戈萨世博会。

2008年7月17日，受水利部的委派，赵建达参加由科技部主办的“中日韩可再生能源与新能源科技合作论坛”。此次会议由温家宝总理在第八届中日韩领导人会议上倡议举办，并得到日韩两国领导人支持。

2009年3月15—23日，徐锦才作为水利部专家团代表，参加在土耳其举办的第五届世界水论坛，提交了论文《水能风能互补发电系统仿真分析》，我中心还组织参加了会展，展出中国小水电技术和设备。

2009年9月27日至10月2日，林凝、董大富、徐伟参加秘鲁全国机电工程大会，并在大会上作了题为《中国小水电设备生产和HRC对小水电开发所做贡献》的发言。

第二节　国　际　培　训

2002—2011 年间，亚太中心共举办了 26 期国际小水电培训班，共有亚洲、非洲、拉丁美洲、东欧和大洋洲的 663 名学员参加。在这一时期，中国政府加大了对非洲人力资源的开发和援助力度，专门委托亚太中心为非洲国家举办了多期小水电培训班。这期间，亚太中心首次用法语为非洲学员举办小水电培训班，首次用俄语为中亚国家举办小水电培训班，首次为柬埔寨举办了水利规划管理研修班和电力系统管理分析研修班，以及首次为发展中国家举办农村电气化研修班。同时，农电所（亚太中心）受蒙古能源部的委托，举办了蒙古小水电管理培训班和小水电运行人员培训班。

农电所（亚太中心）创建 30 年来，成功举办 60 期国际小水电培训研修班，来自 100 多个国家的 1249 名学员参加了培训。培训班的经费和任务开始由联合国提供，以后转为我国援外任务，由商务部提供。小水电培训班不仅传授适合于发展中国家的小水电技术和经验，为发展中国家培养人才，提高其小水电建设的能力，而且还推动、促进设备出口和技术合作，增进与各国人民的友谊，为我国的外交工作培育友好力量。由于效果显著，我们的各期培训班深受广大发展中国家的欢迎和好评。多年来亚太小水电中心一直被国际学员们深情地称为“世界小水电之家”。中心援外培训工作不仅获得商务部的充分肯定而被誉为“南南合作的典范”，还获得了许多来自世界各方的赞誉。联合国秘书长安南先生于 2002 年 10 月 14 日在浙江大学的演讲中也曾高度评价亚太中心对发展中国家的贡献：“你们在同其他发展中国家进行技术合作方面发挥了开拓性作用，不仅在国外开拓项目，而且在中国国内慷慨地为这些国家的工程技术人员提供培训。例如，在杭州，你们利用区域小水电中心，同其他发展中国家的人员分享你们在可再生能源领域的宝贵经验。”2010 年，经水利部推荐，农电所（亚太中心）所长（主任）程夏蕾荣获商务部“中国援外奉献奖”，这不仅是对其多年来为援外培训作出突出贡献的表彰，更是对亚太中心多年来成功执行援外培训项目所取得的成绩的充分肯定。

首次法语小水电培训班：2005 年，受商务部委托，亚太中心首次用法语举办了一期国际小水电培训班，即非洲小水电培训班。该培训班于 9 月 2—26 日在亚太中心举行。来自摩洛哥、布隆迪、马里和毛里求斯等 13 个国家的 24 名学员参加了培训。

举办法语小水电培训班，对亚太中心是一次巨大的挑战。亚太中心组织力量对培训课件进行翻译，并聘请法语教员和翻译。培训处同志利用周末等业余时间积极补习法语，做好组织工作。非洲学员对培训班十分满意。

在培训班期间，亚太中心分别与卢旺达、刚果（布）、刚果（金）、马里、尼日尔、几内亚等国学员进行了技术合作洽谈，详细了解他们在开发本国小水电方面的需求及建议，探讨亚太中心可能参与或提供的小水电技术合作，达成了数项合作，包括赴卢旺达进行小水电咨询。

首期俄语小水电培训班：由中国商务部委托亚太中心举办的2006年上海合作组织水电技术培训班于2006年5月25日至7月3日在杭州举行。来自哈萨克斯坦及乌兹别克斯坦的7位工程师参加了为期40天的培训。开班前，亚太中心就培训班准备工作专门向水利部国科司及浙江省外经贸厅作了汇报，并向省外办上报了培训考察计划，特聘专家的俄语翻译水平获得学员们一致的高度评价，保证了办班的质量。

首期柬埔寨电力系统管理和分析研修班：由商务部委托亚太中心举办的柬埔寨电力系统管理和分析研修班于2006年11月23日至12月12日在杭州举行。来自柬埔寨工业矿产能源部、首相府工业与建设局、国家电力公司及各省工业矿产能源厅的15位高级官员参加了为期20天的研修班。省政府、省外经贸厅、省外办及省水利厅有关领导出席了研修班隆重的开班仪式。

根据此研修班的专业特点，除考察了我国第一座自行设计、自行建设的秦山核电站、嵊州水电综合开发项目等站址之外，还特别安排参观了浙江省电力调度中心、杭州乔司垃圾发电厂及北仑火力发电厂等新考察点，具有很强的针对性。

柬埔寨工业矿产能源部能源开发局办公室主任兴索马龙女士在闭幕式上代表全体官员致辞，表达了真诚的谢意。班长蒙多基里省工矿能源厅厅长贡比西先生介绍说，柬埔寨农村电气化程度居亚洲之末，用电人口仅达17%，人均年度用电量仅为55kW·h。因此，加快电力建设步伐非常重要。

首期古巴小水电运行管理培训班：由中国政府援建，亚太中心具体实施的古巴科罗赫和莫阿水电站运行人员培训班于2005年11月18日至12月25日在亚太中心举行。为了使古方在电站投运后能熟练地运行和维护，按照援外合同规定，由亚太中心对古方电站运行人员进行为期近40天的电站运行培训。古方共派遣了5名学员，亚太中心分别从基础理论、电站设计图纸讲解、现场实习和类似电站参观访问等方面对古巴学员进行培训。通过培训，古方学员基本掌握了有关电站运行管理的知识，为电站成功运行、管理和维护打下了基础。

首期蒙古小水电管理培训班：受蒙古燃料能源部能源研究开发中心的委托，亚太中心于2007年4月10—24日在杭州承办了蒙古小水电技术管理培训班。来自蒙古泰旭水电站及德衮水电站的13位高级行政管理人员及工程技术人员参加了培训。

以前，曾有多位蒙古学员参加亚太中心举办的援外小水电培训班。在他们的大力协助下，蒙古泰旭水电站的机电部分设计系由亚太中心设计院承接负责完成。该水电站装有4台混流式机组，总装机容量为11MW，于2007年年底投入运行。该电站被当地视为水电开发的示范站。

此期培训班尽管只有短短的15天，但培训内容却安排得十分丰富和实用，是专门为蒙古两电站的管理技术人员"量身打造"，深受蒙古方的欢迎与好评。

首期发展中国家农村电气化研修班：农电所（亚太中心）承办的发展中国家农村电气化研修班于2010年6月11日至7月8日在杭州举办。来自博茨瓦纳、布隆迪、乍得、厄立特里亚、肯尼亚、马达加斯加、马拉维、毛里求斯、尼日尔、坦桑尼亚、赞比亚、津巴布韦、塞拉利昂等13个国家的30名电力、能源和环境等相关领域的官员和技术人员参加。

授课内容包括中国农村电气化概况及激励政策、电力系统管理体制、电力系统负荷预测及新技术发展、农村电气化与环境、农村电气化新能源（风电、太阳能、微水电）建设，以及与农村电气化新能源密切相关的小水电方面的内容，包括小水电开发方式、水文、中国小水电标准、水工建筑物、小水电设备、小水电自动化技术等，并专题介绍了中国水资源、三峡工程、南水北调工程、清洁开发机制CDM工程等。

发展中国家水资源及小水电部级研讨班：2011年11月1—7日，由商务部和水利部共同主办，农电所（亚太中心）承办的"发展中国家水资源及小水电部级研讨班"在杭州举办。来自柬埔寨、埃及、加纳、肯尼亚、马拉维、巴基斯坦、菲律宾、塞拉利昂、叙利亚、坦桑尼亚、乌干达、越南等12个国家的25名正、副部长及高级别政府官员参加研讨班。

这是中国政府第一次在水资源和小水电领域举办部级研讨班，旨在进一步深化我国与广大发展中国家在水资源与小水电领域的交流与合作，提升我国在国际舞台上的影响力，帮助相关国家了解水资源管理和小水电开发领域的先进经验和成功实践，促进全球范围内水资源的有效利用及小水电的可持续开发。

11月1日，研讨班开幕式在杭州柳莺宾馆举行。水利部总工程师汪洪在开幕式上致辞，并作了题为"中国水利发展概况"的主题报告。研讨班邀请国际小水电中心主任刘恒，全球水伙伴中国国家委员会副主席董哲仁，国际大坝委员会主席、中国水利水电科学研究院副院长贾金生，水利部农村水电及电气化发展局局长田中兴，浙江省水利厅副厅长许文斌，水利部农村电气化研究所所长、亚太小水电中心主任程夏蕾等国内知名专家学者就“中国水资源综合管理与制度建设”“水工生态学”“国际筑坝技术发展与展望”“中国小水电发展”“浙江省小水电开发实践”“小水电开发方式及技术特点”等作水资源和小水电专题讲座。会后组织参观了中国水利博物馆，并赴绍兴、金华、宜昌、上海等地参观考察曹娥江大闸工程、金华九峰水库及小型水电站、金华水电设备制造厂、长江三峡工程和上海苏州河挡潮闸。11 月 7 日，研讨班闭幕典礼在精心布置的上海黄浦江上的“尚德国盛”号游船上隆重举行。

这一时期担任国际小水电培训班的部分教员有：朱效章、陈生水、童建栋、刘勇、郑乃柏、吕天寿、程夏蕾、徐锦才、黄建平、李志武、潘大庆、林旭新、赵建达、徐伟、林凝、吴卫国、吕建平、饶大义、陈星、曹丽军、崔振华、刘恒、吴素华、袁越、陈守伦、严丽、周杰、严建华、马驰、章建民、孔长才、李超、王国安、陈晓莺、应远马等。

国际小水电培训班学员的致辞和感言

1. Yeptho 先生，2005 年亚太地区小水电技术培训班印度学员（班长）

各位领导、各位学员：

我代表来自四大洲 16 个国家的学员对亚太地区小水电研究培训中心（HRC）为我们所做的一切表示感谢。不仅仅那完美的设施给我们留下了深刻的印象，更令人难忘的是，你们所付出的真诚努力让我们所有人在培训期间始终感受着居家的温暖。

此培训班实属世界级项目，充分“量身定制”的课程方法，使之适合于每一位来自不同背景的学员。培训班的管理显得非常专业，所有培训教材、时间分配以及配套的课程活动都安排得恰到好处。所有的考察内容，包括电站、工厂参观、景点游览及大学访问等都是那么的美妙。你们所作的安排已大大超出了我们的期望。请允许我这么说：事实上，我们是这个被称之为人间天堂的城市中最幸运而又最享有殊荣的人了。是啊，秀丽的西湖景色将永存我们的记忆之中。

再次感谢你们所给予我们的盛情款待，以及从领导者到宾馆服务员，所有工作人员所体现出来的高尚亲切、乐于助人的美德。

有人说杭州是地球上的天堂，而对于我，还有我的同学/朋友来说，杭州更让我们觉得是一个快乐的城市、繁荣的城市、充满关爱的城市、绿草如茵、鲜花盛开的城市、健康的城市、美丽的城市、年轻人的城市、浪漫的城市、令人自豪的城市、培养人才的城市、不老的城市、历史遗产之都、文化名城、电子之都、休闲之城、商贸之城、茶之乡、丝绸之都……

杭州，在这短短近40天里，你们带给了我们最快乐的时光，还有那一生中最难忘的回忆。心灵深处，你将永远是我们的梦中城市，我们始终期待着再次访问你的机会。杭州，我们爱你！祝福HRC！祝福杭州！

朋友们，我们已在HRC度过了40天的美好时光，然而，任何一件好事也终究会有结束的时候。时间过得真快啊，快得甚至让我们想要抱怨了：我们还没有享受够这最美、最快乐的好时光呢！

与朋友说“再见”常常是悲伤的，尤其是当我们不知道此生是否有缘再次相见?！换言之，生命中的偶遇啊……

祝福大家，谢谢！

Yeptho

2. Rini Nur Hasanah，2008年小水电技术培训班印度尼西亚学员

张先生（中国驻印度尼西亚大使馆经参处）：

您好！我已经结束了在中国杭州由HRC组织的为期40天的小水电技术培训，特写信告知您我已于6月25日抵达雅加达机场，并乘火车于26日回到家乡日惹。之后我又乘车去马朗，于27日到达，并直接开始了我在Brawijaya大学的工作。

我参加这期小水电培训班的经历和从中学到的知识无疑对我非常有用，可以帮助那些远离国家电网但蕴藏着丰富小水电资源的村民。我有幸能在中国亲身体验到先进的技术，现在我懂得了必须依靠谁才能提高人们的生活质量和促进经济繁荣（当然还要通过合作的方式）。

我想借此机会感谢您为我提供的所有帮助，包括在我申请、离国以及现在回国继续工作的整个过程中。

中国人民非常友好，授课老师和HRC的所有工作人员也同样非常热情。他们非常专业，同时也十分有耐心，悉心照顾来自世界各国，有着不同生活习惯和文化背景的众多学员，我着实被他们的热情和耐心所感染。每天早上在开始培训课程之前的十分钟安排了汉语学习，课程非常有趣，因此我决定回国之后继续学习汉语。

再次由衷地感谢您，随信附有按要求撰写的培训活动报告。

此致

敬礼！

Rini Nur Hasanah

3. Araya Ghebreslassie，2010年发展中国家农村电气化研修班厄立特里亚（东非）学员

我在中国的经历

我是来自厄立特里亚（东非）的 Araya Ghebreslassie，在能源矿业部农村电气化司工作。受部里的委派，我参加了由中华人民共和国商务部主办、HRC 承办的发展中国家农村电气化研修班。

能拥有如此一段印象深刻的经历，对我来说真是一次难得的机会！在我的职业生涯中我从没去过中国，甚至没出过国，所以可以说这次的中国行是我生命中的一次例外。虽然（之前）我对中国有一些粗略的了解，但我没想到它是那么的特别。从这个国家发展的多方面来说，中国在我的经历中是另外一个世界。

可以毫不夸张地说，我在杭州过得十分舒适和愉快。这座城市从各方面都非常具有吸引力，令人陶醉，真不愧是“人间天堂”。特别是西湖、大运河和所有独特的街道都让人赏心悦目。

当我们到达杭州机场，HRC 的一位工作人员（潘晓栋）陪同我们去了酒店。2010 年 6 月 11 日上午研修班举行了开幕式，由此为期一个月的研修班正式开始了。研修班的主要内容是发展中国家的农村电气化，按照日程表，我们逐一地进行了相关课程的学习。现在我对这次研修班的经历作一个总结。

为期四周的培训涵盖了所有精心准备的课程和第二部分的考察活动，是对不同水电站和大坝的现场考察。我对这次培训印象十分深刻，所有的授课老师都很有才华，他们不仅懂得如何有效传授技能及合理分配时间，而且还拥有丰富的专业知识。此外，他们能够很好地运用英语。在来中国之前，我原以为老师们都是用中文授课再配上一名翻译——我曾听说过这种授课方式。

然而，在 HRC，一切都出乎意料。现在我明白了，这是因为 HRC 拥有长期执行培训项目的丰富经验，所以此次研修班的安排也是如此精到和有条不紊。总的来说，HRC 为我们配备了非常专业的老师，并提供了周密完美的课程。

另一项出色的安排就是参观水电站和大坝。根据 HRC 的培训计划，我们还参观了小水电站和水电设备厂，学习到了大坝和水电站的构成以及水轮机和发电机在厂房是如何运行的，还考察了生产各种水轮机和发电机的现代化工厂，特别是长河发电设备有限公司。之后我们又有机会参观了位于曹娥江流域的艇湖水电站，在这里我了解到了橡胶坝是怎么建成的。接下来前往的是位于长乐河流域的南山水电站，在那里，我们不仅了解了电站设计，参观了厂房、有趣的大坝以及基础设施，还饱览了四周郁郁葱葱、层峦叠嶂的美丽景色。让人感叹万千：真是一举两得啊！

之后我们前往宁波溪口抽水蓄能电站。我了解到（今后）我们也可以根据这个电站的经验（抽水蓄能模式）来开发水电，特别是在低降雨区，这在我们国家更为可取。

除此之外，我们还参观了令人叹为观止的三峡大坝，能有这样的机会我感到非常幸运。三峡大坝举世闻名，并保持着多项世界纪录。在那里，我们考察了右岸电站的所有基础设施和 12 台发电机组，同时对左岸的 14 台水轮机和地下电站的 6 台发电机组也有所了解。总之，三峡大坝以其 2240 万 kW 的装机容量独占世界水力发电鳌头。

可以说，三峡大坝的建成是当今世界的杰作！同时，这项工程也见证了中国工程师和专家的潜力和创造力。总的来说，这体现了整个中国的潜能。所以我不禁再次感叹：能获得如此宝贵的机会，我真是太幸运了！

研修班期间，按照日程安排，HRC 还有计划地先后为我们组织了一系列令人兴奋的游览活动。首先参观大运河。这是从杭州到北京的一条著名的人工运河，在这里我领略到了中国古代人民的伟大创举。我们还参观了运河三大博物馆，非常的特别，令人印象深刻。后来游览了迷人的西湖。虽然杭州是中国旅游胜地之一，有许许多多的景点，但我认为西湖的美是其他地方无可匹敌的。在我看来这是一个令人愉悦的地方，特别是它的人工和自然之美都非常出色。

另一有趣的旅程就是去上海。在那次我们结束了宁波水电站的考察之旅后就前往上海。我们有机会观赏并穿越了 38km 的跨海大桥（世界上最长的跨海大桥），它连接着宁波市和上海市。此外，我们还前往了 2010 上海世博会，能够参与其中我们真的很幸运，因为它在很多方面都有着极其特殊的意义。值得关注的是，这次世博会是第一次在亚洲举办，并且第一次在非发达国家举办。这次的世博会规模宏大，涵盖了整个世界的文化、发展、技术等各个方面。我们都各自找到了自己国家的展馆，每个人在上海都感受到了本国的氛围。我们非常幸运能有这次宝贵的机会参观这次精彩的上海世博会，这也是全世界人民都渴望拥有的机会。我们还参观了上海的浦东新开发区，它现在是上海的中心区。返杭时我们还参观了海宁城，它被称作皮革城。在那里我们看到了很多精致的皮革制品。

在我看来，整个研修班，包括所有讲座和游览项目都十分有趣，令人愉悦。此外，在中国的这段时间我观察到中国的美丽和其资源的丰富，特别是这里的自然资源都得到了很好的保护。我还注意到中国人民都很爱护自然并且热衷于保护自然之美。

此外，最激励我的是中国人民处处表现出来的团结有序的组织性，我指的是从上至下或从下至上都一样。我认为如果没有这样有条不紊的组织性，13.3亿人口是难以管理的，而我在中国期间，从没遇到管理失误的情况。此外，中国的巨大发展在我看来正是由于其强大的凝聚力和组织能力，不论是人民之间还是政府和人民之间。我认为组织管理是发展的根本问题。我希望在非洲，特别是我们的国家也能建立如此良好的组织系统。可以说此行我体会到了这个非常好的经验。

中国政府在促进中国与非洲，特别是发展中国家之间友好关系方面做出了很大的贡献，在此我要表示衷心的感谢。此外我还要感谢中国商务部主办了这次重要性和趣味性并存的研修班。同时，我还要感谢 HRC 及其所有工作人员的精心准备和在各种情况下表现出来的良好的组织能力，特别是潘先生（一位平静的人）领导的培训团队，他们给了我们很多的帮助，使我们感到了家的温馨。

还有很重要的一点，我要对所有的中国人民，特别是杭州人民，表达我最衷心的感谢！感谢他们的笑容、热情与友好，以及……

Araya Ghebreslassie

4. Michael Wanjagi，2010 年发展中国家农村电气化研修班肯尼亚学员

引　　文

尽管社会经济的发展与清洁能源利用之间的关系显而易见，但是农村电气化对于大部分发展中国家仍面临巨大的挑战。纵观 HRC 的历史及其目标，我坚信 HRC 正在为促进这些国家的农村电气化发展作出努力。本期培训班，以及过去和未来的培训班将会对其他发展中国家农村地区电气化作出长远的贡献。

飞往北京

这是我第一次来中国，我对这个国家的第一印象和我之前想象的不同。当我还在飞机上的时候就开始想象中国是怎样的。之前我也曾经去过其他国家，但是当我试图去想象在这个国家的情况特别是在机场时，很多的问题都萦绕在我的脑海。我问我自己，如果我在一个国家迷路了却不会说也听不懂他们的语言怎么办？我该怎么问路？那里会像其他国家那样有歹徒吗？此时飞机正飞过北京上空，唯一令我安心的就是不时能在周围以及洗手间见到非洲同胞们。我当时根本不知道将会和他们一起乘坐飞机去杭州并且搭乘同一辆汽车前往 HRC。从亚的斯亚贝巴到北京几个小时的飞机劳顿更增添了我的担忧，更多的问题在我头脑中挥之不去：这片土地上的人们，在这个以功夫著称的国度里能够像变魔术般精准地挥舞着长剑的人们会待人友善吗？我会像在一些国家那样受到仇视吗？还是会像在非洲一样受到欢迎？随着机长宣布飞机已经开始降落在北京机场，这些问题的答案即可揭晓。然而接下来在电视屏幕上的通知使我本来就紧张的大脑更加紧绷，其他一些问题随之而来。其一是关于健康和检疫的问题，另外一个就是关于超过 3000 美元的外汇申报的通知。

苍鹰降落

我们很快抵达了北京，当然什么也没发生，我跟着其他的乘客通过了所有的安检并到达了出口，一路上我都跟着同行的非洲同伴以防发生什么不测。

最困难的部分就算是与当地人的沟通，因为当时我没有立即和接待我们的人员碰面，但是我能看到其他的非洲人也没有人来接待。使我暂时得到缓和的是在出口处我注意到有销售移动 SIM 卡的供应商（一位年轻美丽的中国女士），SIM 卡售价是 35 美元（和内罗毕相比要贵很多，在那里的价格不到 1 美元）。我买了一张，紧接着就打电话回家并且通知他们我已经安全到达北京。我付了 100 美元给供应商，当时那位女士找给我 350 元人民币，并且解释说这就是给我找的钱，因为她没有多余的美金找给我了。我当下并没有意识到我被骗了。这是我在中国这段时间里唯一碰到的一段不愉快的小插曲，但是他们（骗子）无处不在，现在这些都过去了并成为我人生经历的一部分。

经过这些事情，加上和家人以及潘处长的电话联系，我开始放松下来。我开始慢慢欣赏中国人民。机场工作人员的善良和他们热情的帮助都使我轻松了下来。

HRC组织的研修班和实地考察

这次研修班的主题是有关我所学的专业——农村电气化，我会将中国农村电气化经验带回国。当我们开始了在HRC的研修课程时，我之前关于中国的所有问题都立即找到了答案，我也开始欣赏中国了。杭州、宁波、神农架、宜昌、上海和其他我们游览的地方的人们都非常善良，这片鱼米之乡上的风景十分美丽，这些都使我感觉像是在家里一样。

这个国家的基础设施和公路网络令人印象十分深刻，十字路口的高架桥，电车、火车以及地下隧道都让我展望我们国家2030年远景计划，该计划在中国公司的帮助下正开始实施。

我将与我国同胞分享这次参观设备制造厂家的经历，中国制造的机器和设备的运行完全过关，质量并不是所想的那样低劣。

在我国，我们习惯于将中国与铅笔、木尺、火柴盒和其他廉价的电子产品联系在一起。西方国家让我们以为中国的产品质量低劣，不可信任。我在中国的参观考察的亲身经历让我看到了不同的一面，现在我可以很自信地在我们国家大力推广中国。

在我们去三峡工程的路上看到的过山隧道技术让人印象深刻。其他令人难忘的技术创举还有南水北调工程、京杭大运河，三峡工程只是我们值得效仿的一个工程而已。神奇的弥漫着雾霭的山谷中有着传说中野人的足迹。谁会想到有一天我会踩着野人的足迹行走?

参观这些景点使我们消除了课堂学习的疲劳。这次游览使我有机会领略到中国鬼斧神工的自然风光。迷人的山丘，中国传统妇女在神农架下的山村中美轮美奂的歌声都让人难以忘怀。西湖的自然美景将永远保留在我的记忆中。

水电仍然是最广泛使用的可再生能源。它不产生直接的废弃物，其温室气体（二氧化碳）排放量比以化石燃料为动力的电站少很多。从这次的研修班可以明显看出这种巨大的电力资源尚未被开发。

另外，我还了解到中国为发电建造的大坝同时还设计用来控制洪水，促进航海和灌溉。中国水电站的发展将重点放在环境保护上，这一点值得其他发展中国家效仿。

从这次中国的研修班还得出了三点启发：

(1) 开发可利用资源造福于当地居民。

(2) 发电方式及利用。

(3) 每个国家对能源资源的管理。

这次接触到的中国非凡的生产技术让我展望今后在能源领域能够与其合作。在参观水电设备、太阳能设备（包括光电和热能）以及风能发电机的过程中我们学到的经验是超乎意料的。在这些领域我将建议我国政府更加重视肯尼亚与中国的合作。

总的来说，我从这次的研修班中学到了很多，特别是一个国家通过集聚并改造现存的自然资源，使其造福本国人民。在我们的实地考察期间，每次只要我打开窗户都能看到一片碧波，所以我给这个国家取了另一个名字——水域点缀的土地。我期待着肯尼亚和 HRC 继续在能源生产和农村电气化领域中进行技术和贸易合作。

Michael Wanjagi

5. 大爱无疆——2008 年小水电技术培训班开班学员为汶川地震捐款

汶川大地震发生在 2008 年小水电技术培训班开班初期，学员们表现出来的对中国灾情的深切关注，对灾区人民的无私捐助让我们感动不已。此时，国籍已经不是界限，我们生活在同一个地球上，国际关爱和帮助给我们上了一堂生动的教育课。毫无疑问，这是本次培训班双向的胜利。承办培训的同时我们也深受教育和启发，大爱无疆，大爱无私，爱是最终的交流。我们对欠发达国家无私奉献、大力援助，当我们遇到困难时，也丝毫不会感觉到寂寞和无助，一双双友谊之手迅速地握紧了我们，源源不断地传递着爱的温度……

应所有学员的强烈要求，我所在全体员工积极为灾区人民献爱心之后，特地为此培训班安排了一次特殊的“心系灾区”捐款活动。

“震惊”、“同情”、“慰问”、“支持”。这是小水电培训班的学员在捐款仪式上使用频率最高的字眼。

我们的邻邦巴基斯坦学员在捐款仪式上指出：“这次地震夺走了我们中国兄弟姐妹的宝贵生命，我们巴基斯坦人民深感悲痛。中国人民生命的损失就是我们巴基斯坦人民生命的损失。在这样的艰难时刻，我们与中国站在一起，支持中国。只要我们能做的，我们都会施以援手。提供的帮助数量虽不多，但却饱含着我们给予中国人民分忧的真情。”

“我愿意帮助地震的灾民重建家园，恢复正常的生活。我坚信，在中国政府的坚强领导之下以及世界各地朋友的大力援助之下，中国一定会取得此次抗震救灾战役的胜利。”来自保加利亚的丝微娅女士说道。

“谨以此绵薄之力，表达我们对中国人民最深切的同情。患难见真情!”塞尔维亚的玫瑞塔女士表示。

“希望中国在面对这场灾难的时候，不要感觉孤单，我们会跟你们站在一起。我们支持中国……”

“1999年，我的祖国土耳其也曾遭遇了一次大地震。因此，我现在完全能够体会到中国朋友此时此刻的心情。我们将一如既往全力支持你们。”

简洁朴实的话语，却浸透了所有学员们对四川地震灾区人民的关爱和支持。

外国学员及部分教员的捐款活动总共募集善款人民币14085元及100美元。出席活动的有杭州市慈善总会的有关人员、单位所在地九莲社区的领导以及农电所领导等。浙江省电视台第六频道的记者还对外国学员以及培训单位领导作了现场专门采访。

为了答谢学员们对灾区人民的爱心和关注，农电所所长陈生水在赶赴四川灾区抗震救灾之后，回到杭州就风尘仆仆地召开了与学员们的座谈会。陈所长向所有学员详细通报了灾区的最新情况，并就学员踊跃提出的许多关于灾区“水利”“地质”“大坝”和“堰塞湖”等专业技术问题进行了解答，会场气氛十分热烈。一方面，大家无不为灾区情况趋向稳定感到欣慰，另一方面，学员们纷纷赞叹，有机会上了一堂最为生动的实例研究课程。

6. 恒守恭先生，发展中国家水资源及小水电部级研讨班官员致谢信

尊敬的程夏蕾教授：

我谨代表我的同事水电项目主管潘纳雷释先生以及本人，向程教授和您的工作团队表达我们最诚挚的感谢。我们要感谢潘大庆先生，李志武先生，林凝先生，赵建达先生，沈学群女士，施瑾女士，唐燕秋女士，周群凤女士，在杭州、宜昌和上海的几天时间，他们给予了我们热忱的接待，并提供了完善的安排。

由中国商务部和水利部共同主办，水利部农村电气化研究所承办的“发展中国家水资源及小水电部级研讨班”成功落下帷幕。这次的研讨班卓有成效，让广大发展中国家更多地了解了中国开发的新技术和专业知识，这些技术知识有利于环境保护和自然的和谐发展。我衷心地希望以这些新兴的技术为依托，中国能在不久的将来发展成世界上最强大的国家。

最后，我想借此机会祝您和您的工作团队在这项崇高的事业上一切顺利并取得更大的成就。我还希望柬中两国及其人民能够团结一致，增进传统友谊，双边合作得到不断加强和拓展。同时，也欢迎您和您的团队在今后能来金边进

行小水电及其他项目合作。

尊敬的程夏蕾教授，请您接受我最诚挚的敬意。

恒守恭

柬埔寨工矿能源部副部长

2011年11月7日

第三节 对外交往

2002—2011年，农电所（亚太中心）共接待了119个代表团，有来自印度尼西亚、美国、越南、古巴、朝鲜、印度、澳大利亚、蒙古、日本、德国、南非、瑞士、奥地利、安哥拉、英国、加拿大、苏丹、巴基斯坦、韩国、泰国、智利、老挝、秘鲁、土耳其、菲律宾、坦桑尼亚、挪威、塞尔维亚、尼日利亚、尼泊尔、巴西等国家及世界银行和联合国亚太农业工程与机械中心等国际组织的403位不同级别和层次的贵宾来访，包括联合国亚太农业工程与机械中心主任、越南河江省省委主席和副省长、巴基斯坦总统能源顾问和巡回大使以及驻华使馆参赞、加拿大环境部大气科学司司长、挪威石油与能源大臣及北挪威省省长等。

在此期间，除参加国际会议之外，农电所（亚太中心）还派出64个团组117位代表出访越南、古巴、加拿大、蒙古、圭亚那、乌兹别克斯坦、澳大利亚、卢旺达、印度、瑞典、土耳其、南非、乌干达、荷兰、美国、肯尼亚、尼泊尔、塞拉利昂、利比里亚、苏丹、巴布亚新几内亚、印度尼西亚等国家，执行国外工程咨询与监理、洽谈水电合作、考察交流经验、执行双边项目等任务。

一、重要来访

2002年8月20日，印度尼西亚矿物能源部官员阿里奥先生前来访问农电所（亚太中心），洽谈双边合作。

2002年5月29日，美国BLUEMOON基金会代表3人前来访问农电所（亚太中心），进行信息交流并洽谈合作。

2002年10月22日，美国ORENCO公司代表前来访问农电所（亚太中心），讨论建立与亚太中心的长期合作关系。

2002年10月24日，越南国家水电中心主任等一行前来访问农电所（亚太中心），并洽谈双边合作。

2002年10月28日至11月3日，朝鲜科学院电气研究所所长等一行5人前来访问农电所（亚太中心），对我国中小水电设备制造水平、电站自动控制程度以及其他设备控制、保护等技术进行研讨和交流。

2002年11月11日，世界银行官员吴军晖女士前来农电所（亚太中心）进行了工作访问。

2002年12月8日，印度Shree-Neel公司总裁Sharad Pustake对农电所（亚太中心）进行了友好访问，双方就首期开发项目签订了合作备忘录。

2003年2月14—16日，越南水利科学研究院副院长兼水电中心（HPC）主任黄文胜先生等一行9人前来访问农电所（亚太中心），希望我中心在电站设计、设备选型方面提供技术支持。

2003年2月15—19日，越南科技部农业与水利司、越南水利科学研究院和水电中心（HPC）等4人专家团前来农电所（亚太中心）访问，就HPC和亚太中心共同执行的中越科技合作项目的有关内容进行详细讨论。

2003年3月21日，厄瓜多尔L. Holding先生等一行客商共3人访问亚太中心，拟请亚太中心提供小水电技术服务。

2003年4月15日，澳大利亚坦斯马尼亚水电公司Polglase先生访问亚太中心。双方在箱式小水电站技术引进合作方面达成了合作意向，亚太中心通过水利部“948”项目从坦斯马尼亚公司引进一套箱式小水电站技术和设备，在中国建立示范站。双方还讨论了可再生能源开发利用的其他领域，如风电、大容量蓄电池等方面的最新技术，对国内外小水电投资等方面交换了信息。坦斯马尼亚水电公司是一家专门从事小水电的国际咨询公司，总部设在澳大利亚，它在小水电技术开发、建设、融资等方面有很强的实力。

2003年6月24日，蒙古国家议会议员Gundalai先生访问农电所（亚太中心），洽谈双边合作。亚太中心同意派专家赴蒙古，免费为他们做电站的规划工作。

2003年8月2日，日本太比雅株式会社刘炳义博士与上海关电太比雅环保工程设备有限公司一行3人访问农电所（亚太中心），双方就小水电合作进行了友好洽谈。

2003年8月11日，参加由联合国工发组织在杭州举办的竹业技术管理高级研讨会的代表一行6位印度客人参观访问了农电所（亚太中心）。

2003年9月12日，亚太中心代表与世界银行东亚太平洋地区能源与矿业发展处吴军晖处长及世界银行驻北京代表处能源专家赵建平进行了小水电合作商谈。

2003年10月22—23日，越南科学院国际合作处处长、HPC中心主任等一行4人访问农电所（亚太中心），就自动化实验室设备订货合同进行了详细讨论，并签订合同。

2003年11月1—2日，德国不莱梅海外研究与发展协会格根先生等一行3人访问农电所（亚太中心），洽谈合作，并考察了绍兴汤浦电站和艇湖橡胶坝。

2004年1月，曾参加亚太中心2002年非洲小水电培训班的南非Peninsula Technikon公司的两位工程师获政府奖学金到河海大学攻读学位，专程抽空前来重访亚太中心。

2004年3月，瑞士、香港能源领域3位代表前来访问农电所（亚太中心），探讨可再生能源方面的新技术及多边合作的潜力。

2004年4月2日，奥地利代表团一行9人前来参观访问农电所（亚太中心）。

2004年6月，印度教授前来农电所（亚太中心）访问，并商谈国际培训班授课事宜。

2004年8月，美国太平洋投资有限公司代表前来访问农电所（亚太中心），商谈小水电融资合作事宜。

2004年10月，《漫步浙江》杂志美国记者前来访问农电所（亚太中心），了解中国小水电开发概况，并发表介绍中国小水电的文章。

2004年12月11日，安哥拉国家电力总局局长Nelumba先生一行5人在中国CMEC、CCC陪同下访问农电所（亚太中心），讨论合作共同承担安哥拉小水电和输变电工程建设项目。

2004年12月13日，国际环境能源企业风险投资公司的两位金融专家在美国布莱蒙基金副总裁及全球环境研究所（中国项目）专家等的陪同下，一行5人访问了农电所（亚太中心）。双方就共同开拓印度、巴西微水电市场；建立合资企业；提高当地生产运行能力等事宜进行了讨论，达成共识，确定了下一步工作计划。

2004年12月13—14日，英国IT Power公司专家访问农电所（亚太中心）。双方就微型（Pico）水电设备、CDM项目等方面进行了详细的交流，签订了CDM合作协议。

2004年12月16日，澳大利亚APACE公司总裁Bryce先生访问农电所（亚太中心），双方在小水电国际合作领域展开了业务洽谈，并就进行专业培训和信息交流等方面的双边合作达成了共识。

2004 年 12 月，加拿大 Powerbase 公司代表 4 人前来访问农电所（亚太中心），探讨合作项目技术问题。

2005 年 1 月，苏丹电力部技术专家前来访问农电所（亚太中心），就苏丹小水电站项目合作及技术培训等问题深入探讨，达成共识，并签署了合作备忘录。

2005 年 1 月，印度专家前来访问农电所（亚太中心），双方就小水电自动化、国际小水电培训等领域的合作进行了友好商谈和探讨。

2005 年 3 月，世行专家前来访问农电所（亚太中心），与设计院就蒙古 Taishir 电站进水闸门、压力管道以及厂房等的设计方案进行协调、确认。

2005 年 3 月，两位南非工程师前来访问农电所（亚太中心），就小水电技术问题与我专业人员进行了探讨。

2005 年 5 月，印尼 PT. NEW RUHAAK 公司总裁等一行 3 人前来访问农电所（亚太中心），就合作参与印尼 3 个电站的投标及其他方面的合作进行了详细交谈。

2005 年 6 月，日本株式会社东芝电力水力事业中国推进部代表前来访问农电所（亚太中心），并进行技术交流。

2005 年 6 月，巴基斯坦替代能源开发委员会代表前来访问农电所（亚太中心），并进行技术交流。

2005 年 6 月 25—27 日，来自美国等数个国家参加南京水利科学研究院“水科学”夏令营的 23 名大学生前来农电所（亚太中心）访问交流。

2005 年 7 月，韩国 Megapoint 公司总经理等 2 人前来访问农电所（亚太中心），并就具体项目进行了合作洽谈。

2005 年 10 月，巴基斯坦替代能源开发委员会高级顾问前来农电所（亚太中心）访问交流。

2005 年 10 月，泰国 TEAM 咨询公司执行董事及高级顾问专家团一行 4 人前来访问农电所（亚太中心），洽谈小水电国际合作。泰方准备从中国进口水电设备。

2005 年 11 月，德国不莱梅海外研究与发展协会（BORDA）专家团 4 人前来农电所（亚太中心）访问交流。

2005 年 11 月，智利 CHIHON LEY BCC 公司执行总裁前来访问农电所（亚太中心），希望亚太中心能为智方圣地亚哥大学小水电工程师提供培训。

2005 年 11 月，老挝南农水电有限公司总经理前来访问农电所（亚太中心），探讨在老挝小水电领域携手合作开发。

2006 年 3 月 22—24 日，秘鲁 CRS 公司的两位代表前来访问农电所（亚太中心），商谈小水电设备采购事宜。

2006 年 4 月 23—26 日，土耳其泰穆萨公司的 4 位代表前来访问农电所（亚太中心），双方就土方即将投建的哥哲德电站（装机 2×1412kW）的设备选型、技术参数、售后服务、付款方式等深入交换了意见。

2006 年 4 月 8 日，苏丹能源部专家前来访问农电所（亚太中心），就非洲小水电合作展开了深入讨论。

2006 年 6 月 18—20 日，参加南科院“水科学”夏令营的 15 个国家的 21 位代表前来农电所（亚太中心）访问交流。

2006 年 7 月 26—28 日，泰国 TEAM 咨询公司的 4 位代表前来访问农电所（亚太中心），双方签订了小水电项目合作备忘录。

2006 年 10 月 18—21 日，泰国 TEAM 咨询公司的 4 位代表前来访问农电所（亚太中心），就共同参与泰国小水电投标项目达成一致意见。

2006 年 10 月 19—25 日，菲律宾 PESI 公司 4 位代表前来访问农电所（亚太中心），签订了小水电项目合作备忘录，并就设备出口等事宜进行了深入讨论。

2006 年 10 月 28—31 日，已签订水电站监控系统的合同的秘鲁水电设备业主等一行 4 人前来访问农电所（亚太中心），并前去查看厂家的生产情况。

2006 年 12 月 5 日，越南河江省副省长等官员及 THAI AN 电站业主一行 8 人前来访问农电所（亚太中心），洽谈越南 THAI AN 电站设计的相关问题，并草签协议。

2007 年 5 月 14 日，智利 TIS（科技、投资与解答）公司高级副总裁维克多先生等一行 2 人前来访问农电所（亚太中心），双方就如何在智利、拉美及其他地区进行小水电开发合作展开了深入且富有成效的交流，讨论合作框架协议。

2007 年 6 月 17 日，坦桑尼亚电力公司 2 位代表前来访问农电所（亚太中心），他们是小水电国际培训班的学员，重访中心，洽谈合作，加深友谊。

2007 年 6 月 21 日，联合国亚太农业工程与机械中心（APCAEM）主任赵重琓博士等一行 2 人前来农电所（亚太中心）访问交流。

2007 年 7 月 6 日，秘鲁工程公司一行 3 人前来访问农电所（亚太中心），并签订冲击式机组的供货协议。

2007年7月11日，法国开发署及经合促进公司Nicolas先生等一行4人前来农电所（亚太中心）访问交流。

2007年9月3—9日，菲律宾客户一行3人前来访问农电所（亚太中心），洽谈水电设备出口合作。

2007年9月10日，土耳其客户一行2人前来访问农电所（亚太中心），洽谈水电设备出口合作，并参观电站。

2007年9月16—18日，法国开发署2位专家前来农电所（亚太中心）为培训班授课，并洽谈合作。

2007年10月16—19日，土耳其RC公司的3位代表前来访问农电所（亚太中心），双方着重对即将合作的两个水电项目的设备选型和技术方案等深入交换了意见。

2007年11月15—20日，美国ORENCO公司2位代表前来访问农电所（亚太中心），进一步商谈金华西湖电站改造和在美国FOX河上建设小水电站等合作事宜。

2007年12月13日，巴基斯坦DIEZEL公司及SITARA能源公司的2位代表前来访问农电所（亚太中心）。巴方提供了一份巴基斯坦国内某区域水电开发规划表，与我中心深入洽谈小水电项目的合作。

2007年12月26日，越南河江省省委主席等一行12人前来访问农电所（亚太中心），并委托承担越南小水电项目。

2008年1月8—12日，亚太中心土耳其代理公司两位代表前来访问农电所（亚太中心），双方就土耳其3个轴流式电站项目进行会谈。

2008年1月14日，美国LLC工程公司3位代表前来访问农电所（亚太中心），重点就美方正在做可研的斜击式机组项目交换了意见。

2008年2月19日，土耳其客户一行2人前来访问农电所（亚太中心），双方就土耳其一座混流式水电站的建设和供货进行了会谈。

2008年4月8—10日，越南、德国2位客户前来访问农电所（亚太中心），与亚太水电设备成套技术有限公司洽谈了设备供货需求。

2008年4月21日，菲律宾Clean and Green Energy Solutions公司3位代表前来农电所（亚太中心）访问交流。

2008年4月14—18日，土耳其FILYOS公司4位代表前来访问农电所（亚太中心），双方就中心下属杭州亚太水电设备成套技术有限公司承担的水电设备出口项目的设计、供货细节做了深入交流。

2008 年 7 月 8—12 日，巴基斯坦驻中国使馆经商处参赞前来农电所（亚太中心）访问交流。

2008 年 9 月 10 日，美国国际资源公司 2 位代表前来访问农电所（亚太中心），商谈在 CDM 方面的合作。

2008 年 10 月 7—11 日，土耳其 Filyos 公司 5 位代表前来访问农电所（亚太中心），对水电合作项目设备生产进度验收。

2008 年 10 月 7—29 日，土耳其 PIK ENERJI 公司 1 位代表前来访问农电所（亚太中心），进行设备出口项目技术讨论并考察厂家。

2008 年 10 月 12—15 日，土耳其 Filyos 公司 4 位代表前来访问农电所（亚太中心），商谈水电合作新项目。

2008 年 10 月 26—29 日，土耳其客户一行 2 人前来访问农电所（亚太中心），商谈水电合作新项目。

2008 年 10 月 7—10 日，菲律宾客户一行 2 人，前来访问农电所（亚太中心），商谈水电设备出口项目。

2008 年 10 月 30 日，世界银行专家前来农电所（亚太中心）访问交流。

2008 年 12 月 8—10 日，土耳其客户一行 7 人前来访问农电所（亚太中心），商谈水电合作项目。

2008 年 12 月 24—29 日，土耳其 PINAR 水电项目业主一行 2 人前来访问农电所（亚太中心），进行设备的生产进度检查以及相关的项目协调。

2009 年 2 月 23 日，巴基斯坦总统能源顾问 Majidulla 博士、巡回大使 Ahmad 先生、巴基斯坦能源研究理事会主席 Altaf 博士以及巴基斯坦驻华使馆技术参赞 Tallae 先生等一行 4 人前来访问农电所（亚太中心），就合作开发巴基斯坦小水电等具体事宜双方举行了友好会谈。

2009 年 3 月 31 日，土耳其 PIK ENERJI 公司总经理以及 ENERMET 公司代表等一行 5 人前来访问农电所（亚太中心），双方就土耳其能源市场合作进展以及可再生能源（水能、风能及太阳能）合作开发项目进行洽谈，为双方的进一步合作奠定了基础。

2009 年 4 月 2 日，挪威诺尔兰省经贸厅国际关系主管前来农电所（亚太中心）访问交流。

2009 年 4 月 24 日，塞尔维亚 ELINS DOO 公司总经理等一行 3 人前来访问农电所（亚太中心），双方就塞尔维亚若干个潜在的小水电开发项目及水电设备供货事宜进行了深入的了解和讨论，共同探讨合作方式。

2009 年 7 月 1—6 日，土耳其 Kulak 公司代表前来访问农电所（亚太中心），并考察水电设备生产厂家，为后期即将上马的水电项目做准备。

2009 年 7 月 11—20 日，土耳其 AKFEN HEPP 投资与能源公司代表一行 3 人前来访问农电所（亚太中心），考察了 AKFEN HEPP 公司所属 6 个水电设备的生产情况，并见证试验。

2009 年 8 月 3—11 日，越南工贸部、财政部和四大国有银行代表团一行 13 人前来访问农电所（亚太中心），学习中国在小水电开发领域的成果和经验。

2009 年 8 月 24—26 日，越南水利科学院及水电和可再生能源研究所一行 3 人前来访问农电所（亚太中心），双方就低水头电站开发、小水电自动化技术合作、微水电箱式机组技术以及国际小水电培训等领域的合作进行了务实的洽谈，并签署了合作备忘录。

2009 年 8 月 27 日，北京大学和全球水伙伴委员会团队中印代表一行 20 人前来访问农电所（亚太中心），并参观西湖水资源管委会，讨论水治理方面的问题。

2009 年 9 月 1 日，南非开普半岛理工大学代表前来访问农电所（亚太中心），进行了小水电合作洽谈，确定两个小水电站址与我中心合建示范站。

2009 年 9 月 5 日，土耳其 ELTES MUHENDISLIK 公司代表前来访问农电所（亚太中心），并进行了商务考察。

2009 年 9 月 6—11 日，土耳其 Balsuyu 公司的代表前来访问农电所（亚太中心），考察水电站项目设备。

2009 年 9 月 6—12 日，土耳其 PIK ENERJI 公司总经理一行两人前来访问农电所（亚太中心），并进行商务考察。

2009 年 9 月 13 日，土耳其 Ram Kaji Paudel 公司 3 位代表前来访问农电所（亚太中心），并考察水电站项目设备。

2009 年 9 月 16 日，土耳其 PIK ENERJI 公司 3 位代表前来访问农电所（亚太中心），并进行商务考察。

2009 年 10 月 14 日，尼日利亚国家科学与基础工程署 2 位代表前来农电所（亚太中心）访问交流。

2009 年 10 月 16—23 日，土耳其 PIK ENERJI 公司 3 位代表前来访问农电所（亚太中心），进行新项目洽谈。

2009年10月20日，印度尼西亚Kencana集团5位代表前来农电所（亚太中心）访问交流。

2009年10月29日，尼泊尔HULAS钢铁工业公司常务董事Chandra Kumar Golchha以及该公司上海代表处一行2人前来访问农电所（亚太中心），并进行商务洽谈。

2009年11月16日，苏丹水电专家哈桑先生前来访问农电所（亚太中心），并就水电开发方式及技方案等进行探讨。

2009年11月29日至12月2日，泰国TGC集团3位代表前来访问农电所（亚太中心），双方探讨水电领域以及其他可再生能源方面的合作。

2010年12月16日，土耳其莫拉特两级电站设计方PIK ENERJI公司工程师Murat先生拜访了农电所（亚太中心）下属的亚太水电设备成套技术有限公司，双方就莫拉特电站的土建以及图纸、设计问题进行了探讨。

2010年4月28日，加拿大环境部大气科学司司长Charles Lin一行3人前来农电所（亚太中心）访问。来宾介绍了加拿大环境部在天气、气候及空气质量等方面开展的工作和取得的成绩，了解了一些中国小水电的概况，并表示回去后将积极帮助中心联系超低水头水轮发电机技术合作事宜。双方还就可再生能源合作可能性进行了探讨。

2010年5月2—4日，法国Gena Electric France公司总裁Philippe Quinzin先生及项目总监Jean Michel Natrella先生一行两人前来访问农电所（亚太中心），就非洲几内亚境内若干小型水利发电站设备更新成套供应等问题进行了磋商与洽谈，并参观电站及厂家。

2010年5月7—13日，泰国TEAM集团Thongchai Mantapaneewat先生、Chawalit Chantararat先生、Jirapong Pipattanapiwong博士和Thanawara Thongluan先生一行4人前来访问农电所（亚太中心），就新能源项目开发进行了深入交流并参观厂家。

2010年5月29日，挪威石油与能源大臣泰里斯·约翰森及北挪威省省长欧德·埃里克森一行16人前来访问农电所（亚太中心）。中方介绍了中国小水电发展及中心在小水电领域开展的工作，并回答了外方提出的关于小水电规划、地区小水电开发程度差别、小水电上网情况、小水电造价、清洁发展机制等问题。挪方表示将与中国水利部在水资源管理方面开展合作，希望在小水电方面也能开展进一步合作。

2010年5月31日至6月6日，巴基斯坦联合电气公司Sardar Sajid Javed

和 Zahid Aziz Mughal 一行 2 人前来访问农电所（亚太中心），就 Hillan（2×300kW）、Rangar－I（2×300kW）和 Halmat（2×160kW）水电项目设备进行了双边合作洽谈。Sardar Sajid Javed 先生一行在中方人员的陪同下参观了设备厂家。双方签署了合同并表示将在以后的项目上展开更多的合作。

2010 年 6 月 10—13 日，甘然项目业主 Taskin 先生前来访问农电所（亚太中心）。我方代表陪同合同主包商中钢天澄以及业主代表 Taskin 前往长沙卓愉、广州擎天实业、南平电机厂以及杭州亚太对阀门、励磁系统、主机以及监控系统的设备制造情况进行了检查，几方人员对发现的问题进行了交流探讨。

2010 年 6 月 26 日，土耳其莫拉特两级电站业主 Mehmet Gunes 先生和助手一行两人前来访问农电所（亚太中心）。中方介绍了亚太中心和亚太水电设备成套技术有限公司的背景和业绩以及该合作项目的执行情况。Mehmet 先生了解了亚太水电设备成套技术有限公司在水电设备成套方面的实力，相信莫拉特项目能够顺利完成，希望中国的设备制造标准能够进一步提高，并按照标准生产高质量的设备。Mehmet 先生还参观了实验室，对亚太水电设备成套技术有限公司正在调试的甘然项目的 SCADA 设备的质量表示满意。

2010 年 7 月 27 日，巴西毅龙进出口公司邱成炎董事长一行 5 人前来访问农电所（亚太中心），双方就小水电项目开发进行了深入交流并表示将在以后的项目上展开更多的合作。

2010 年 8 月 23—24 日，土耳其 SAF－I 项目业主 Mustafa 等一行 3 人前来访问农电所（亚太中心），双方就水电项目设备进行了双边合作洽谈。Mustafa 先生一行在中方人员的陪同下参观了杭州大路发电设备厂，以及对金华安地水库进行了项目考察。

2010 年 8 月 27 日，土耳其 ICTAC 公司总经理一行 3 人前来访问农电所（亚太中心），双方就卧式机组项目进行了双边合作洽谈，在中方人员的陪同下参观了设备厂家。

2010 年 9 月 17 日，巴布亚新几内亚水电发展公司 CEO Warren Woo 先生和 Allan Guo 先生一行两人前来访问农电所（亚太中心）。中方介绍了基本情况，并同外方讨论了在巴布亚新几内亚开发小水电资源的合作事宜。外方表示热切希望与我中心合作开发巴布亚新几内亚当地丰富的小水电资源。

2010 年 9 月 20 日，印度客商 Soni 先生等一行 2 人前来访问农电所（亚太中心）。外方详细介绍了拟开发微小水电项目的具体情况，中方据此提供了初步咨询，并详细解答了外方的提问；双方共同探讨了在当地建设微小水电站的可行性和实施规划。印度客商高度评价亚太中心，表示对与亚太中心合作开发印度乡村微小水电资源的计划充满了信心。

2010年9月25日，印度尼西亚BAGUS KARYA公司中国总代表林孔贵先生一行3人前来访问农电所（亚太中心）。中方介绍了中心的情况，表达了与BAGUS KARYA公司合作的意愿。林先生介绍了印度尼西亚小水电资源和政府对小水电的鼓励政策，以及公司开发小水电的计划。双方对下一步即将开展的合作项目作了具体的安排，并探讨了今后长期合作的设想和构架。

2010年10月19日，亚太地区未来领导人计划参与者一行2人前来访问农电所（亚太中心）。中方介绍了中国小水电发展的基本情况以及我国在小水电发展领域的全局政策、亚太中心的基本情况以及在小水电领域开展的工作，并解答了外宾关于可再生能源的开发与发展，能源领域的创新开拓，以及领导人才的培养等问题。

2010年10月21—22日，尼泊尔固体垃圾资源管理流动中心Kishor先生前来访问农电所（亚太中心），并在中方人员的陪同下参观了杭州锦江集团旗下火电厂。双方就垃圾焚烧电站前期相关事宜进行了深入交流，并表示将在以后的项目上展开实质性的合作。

2010年10月22日，由挪威Rana发展公司（Rana Utviklingsselskap）总裁Helge Stanghelle先生率队，Narvik市市长Karen Kuvaas女士等参加的北挪威省代表团一行10人前来访问农电所（亚太中心）。中方解答了外宾关于小水电规划、小水电上网情况、小水电造价及清洁能源开发等问题。代表团团长Helge Stanghelle先生介绍了挪威能源市场的基本情况，与中方共同探讨了能源及电力方面的问题。北挪威省政府高级顾问Per Eidsvik先生表示他珍视亚太小水电中心与挪威政府间一直保持的良好交流态势，并期待与亚太中心在能源设备和技术领域开展具体的合作。

2010年11月15日和12月16日，美国Hydro Tech公司董事长Gary D. Pan和John Liu. P. E. 先生两次访问农电所（亚太中心），就合作开发美国小水电资源及联合研发新型小水电设备进行了交流，并签署合作备忘录。

2010年12月10日，土耳其Fernas公司Taskin先生前来访问农电所（亚太中心）。所下属的亚太水电设备成套技术有限公司向Taskin先生介绍了甘然项目的SCADA监控系统，双方着重探讨了甘然项目监控系统的设计，对土耳其甘然水电站的SCADA监控系统单线图进行了修改和补充，并最终达成确认。Taskin先生希望与亚太中心在更广泛的领域开展合作，不仅在水电设备采购，在水电设计等方面也能得到亚太中心的技术支持。

2010 年 12 月 11 日，秘鲁代理 Luis 先生及夫人一行 2 人前来访问农电所（亚太中心）。双方进行了友好会谈，增强了双方进一步合作的信心。Luis 先生希望与亚太中心在更广泛的领域开展合作，不仅在水电设备采购，在水电设计等方面也能得到亚太中心的技术支持。

2010 年 12 月 20 日，巴基斯坦 UEC 公司一行 3 人前来访问农电所（亚太中心）。亚太中心下属的亚太水电设备成套技术有限公司介绍了巴基斯坦项目机电设备的进展情况并就验收等事宜与外方进行了洽谈。双方还商讨了新项目的开展。亚太中心专业的团队、一流的服务、深厚的工程背景给外方留下了深刻的印象；外方对设备的质量非常满意并且对设备的成功运行充满信心。

2010 年 12 月 24 日，土耳其 DURAKBABA 公司 Hakki 先生访问农电所（亚太中心）。亚太中心下属的亚太水电设备成套技术有限公司介绍了亚太中心概况及近年来成套出口项目；Hakki 先生表示对亚太中心印象较深。双方随后就水电、风电、太阳能等可深入合作项目进行探讨，并对未来的项目开展充满信心。而后我方人员陪同 Hakki 先生前往合作厂家参观考察。

二、重要出访

2002 年 6 月 5—9 日，陈生水、徐锦才、李志武赴越南洽谈双边合作并进行技术交流。

2002 年 8 月 5—20 日，徐伟赴日本参加河南回龙蓄能电站水泵水轮机模型验收试验。代表团由哈尔滨电机有限公司组团共 13 人参加。

2003 年 2 月 28 日至 12 月 15 日，饶大义赴古巴对科罗赫、莫阿两座水电站的机电设备进行安装指导。

2003 年 7 月，程夏蕾、徐锦才与浙江水利厅等一行访问加拿大 Powerbase 公司，洽谈小水电自动化进一步合作事宜。为了促进我国小水电自动化水平的提高，浙江省水利厅与亚太中心共同申请了水利部“948”项目，计划引进加拿大 Powerbase 简易型无人值班控制系统，并在浙江金华进行试点工作。

2003 年 7 月 10—17 日，李志武赴蒙古西北部 Ulaan - Ual 等两个村附近的小水电资源、用电负荷、可开发站址进行现场考察。

2004 年 2 月 24 日至 3 月 12 日，黄建平赴圭亚那参加商务部组织的莫科—莫科水电站压力管道修复考察。

2004 年 3 月 26 日至 4 月 8 日，吴卫国等一行 3 人赴乌兹别克斯坦考察拟改造的泵站项目，对第一期需改造的 5 座泵站进行了初步技术方案设计，并签订了双方合作备忘录。

2004 年 4 月 13—20 日，吴卫国、吕建平赴越南参加堆林水电项目的供货及技术服务协调会。

2004 年 8 月 1—10 日，吴卫国、吕建平与北京凯姆克（COMCO）国际贸易有限责任公司代表一起赴蒙古参加泰旭电站项目技术协调和签约。

2004 年 8 月 3—14 日，徐锦才、张巍和俞峰赴越南执行中越自动化长期合作项目。

2004 年 9 月 8—16 日，吴卫国赴蒙古参加泰旭电站项目正式签订商务合同。

2005 年 3 月 13—22 日，程夏蕾、徐锦才、徐伟、徐国君一行 4 人赴澳大利亚执行“箱式整装小水电站关键技术研究”项目，与坦斯马尼亚水电公司就“948”箱式水电站引进合同的技术条款进行了详细讨论，与外方签署了技术合同。其间，项目组还考察了澳大利亚其他 4 座小水电站，它们在厂房布置及机电设备等方面与我国小水电都有很大区别，值得学习借鉴。

2005 年 5 月 10—22 日，应卢旺达科学技术与管理学院的邀请，南科院副院长刘恒、潘大庆处长、设计院副院长吴卫国、高级工程师饶大义等 4 名专业人员组成咨询工作组，在卢旺达开展了为期 10 天的小水电及水资源规划技术咨询，并向卢方能源部提交了开发小水电咨询报告。

2005 年 6 月 22 日至 7 月 1 日，吕建平、祝明娟、蒋新春赴蒙古参加泰旭水电站技术协调会。

2005 年 7 月 7—12 日，黄建平赴印度商讨有关锡金邦小水电开发事宜。

2005 年 8 月 30 日至 9 月 8 日，吴卫国、崔振泰赴蒙古，执行蒙古泰旭水电站项目现场技术服务。

2005 年 9 月 17 日至 10 月 9 日，赵建达赴瑞典参加“2005 水电开发管理国际高级培训班”。

2006 年 3 月 15—20 日，吴卫国、吕建平、崔振泰赴蒙古参加泰旭水电站技术协调会。

2006 年 4 月 1—8 日，赵建达赴越南参加“2005 水电开发管理国际高级研讨班”第二阶段的项目评估活动，提交“小水电开发中的环境整合问题”项目研究报告。

2006 年 5 月 6—12 日，黄建平、吴卫国赴印度尼西亚洽谈小水电项目咨询。

2006 年 9 月 10—29 日，沈学群赴瑞典参加“2006 国际水电开发管理高级培训班”。

2006 年 11 月 11—12 日及 2007 年 2 月 1—5 日，黄建平、吴卫国赴越南洽谈太安电站等水电项目技术服务合同，并对多个电站站址进行现场考察。

2007 年 1 月 28 日至 2 月 12 日，赵建达赴印度理工学院参加“小水电：评估与开发”国际培训。

2007 年 3 月 22 日至 6 月 27 日，饶大义赴古巴参加臭阿水电站的机电设备安装技术指导。

2007 年 3 月 25—30 日，沈学群赴南非参加水电开发管理高级培训班后续活动。

2007 年 4 月 15 日至 12 月 31 日，崔振泰赴蒙古参加泰旭水电站现场技术指导。

2007 年 7 月 10 日至 8 月 10 日，吴卫国、鲍宇飞赴蒙古参加 TASHIR 水电站现场技术指导服务。

2007 年 7 月 30 日至 8 月 20 日，林凝、徐伟赴土耳其参加 4 个水电项目及订购相关中国水电设备技术和商务洽谈。

2007 年 9 月 1—28 日，潘大庆赴瑞典参加水电开发及利用管理高级国际培训班。

2007 年 10 月 31 日至 11 月 4 日，应俄罗斯 CLOSED JOINT - STOCK COMPANY 米特立总经理的邀请，徐伟对 YAGARLYKSKAYA HEEP 水电站进行了实地考察，并就技术改造和双方的进一步合作进行了洽谈。

2007 年 12 月 6—22 日，徐锦才、林凝、徐伟赴土耳其参加 2 个水电项目及订购相关中国水电设备技术和商务洽谈。

2008 年 4 月 2—11 日，潘大庆赴乌干达参加瑞典 SIDA 项目水电开发及利用管理国际高级培训班后续研修活动。

2008 年 4 月 1—29 日，谢益民赴荷兰参加南科院第一期科技骨干和管理人员出国培训。

2008 年 5 月 25—31 日，徐锦才、董大富、张巍赴美国执行水利部“948”项目，到美国都柏林的 Joss Data 公司进行软件培训。

2008 年 5 月 23 日至 6 月 19 日，林凝、徐伟赴土耳其就 Otluca 等 6 个水电项目以及从中国订购相关水电设备进行技术和商务洽谈，共新签订了 6 个合同。

2008年7月12—28日，徐锦才、林凝、徐伟赴土耳其执行技术和商务洽谈。

2008年7月27日至8月5日，林旭新、潘大庆赴肯尼亚进行GIKIRA水电站项目技术指导。

2008年10月3日至11月5日，张恬赴瑞典参加“2008水电开发及应用管理国际高级培训班”。

2008年10月15日，应巴基斯坦驻华大使馆邀请，程夏蕾、潘大庆出席了巴基斯坦总统扎尔达里在北京钓鱼台国宾馆举行的午宴。之后，巴基斯坦总统能源顾问Kamal博士及巴基斯坦驻华使馆技术参赞Tallae先生在巴基斯坦驻华使馆约见了亚太中心代表，商谈合作事宜。

2009年6月13日至7月25日，董大富、林凝、徐伟赴土耳其和马其顿执行合作项目技术和商务洽谈。

2009年9月5日至10月3日，陈星参加“2009水电开发国际高级培训班”。

2009年10月16日至11月16日，黄建平赴美国参加由南科院在美国组织的“水文与水科学先进技术培训班”。

2009年11月3—12日，林凝赴土耳其执行项目交流合作及采购洽谈工作。

2009年11月25日至12月9日，周卫明、饶大义赴塞拉利昂和利比里亚对当地小水电考察，对两个国家四个小水电站址进行现场的地形测量、流量测验以及供电区的负荷调查等工作。

2009年12月27日至1月5日，受UNESCO委托，亚太中心承担“阿拉伯可再生能源框架研究”项目，其中包括两个小水电项目的开发咨询。黄建平、饶大义赴苏丹进行小水电项目开发及Jebel Aulia水库调水工程咨询。

2010年3月1—10日，程夏蕾、林凝、徐伟、沈学群赴马其顿承办清洁能源技术与设备推介会；赴土耳其执行合作项目技术和商务洽谈。

2010年4月11—24日，陈星赴尼泊尔参加瑞典SIDA国际水电开发管理及应用第二阶段培训班。

2010年5月12—27日，徐锦才、董大富、林凝、徐伟赴土耳其洽谈小水电双边合作项目。

2010年8月5—23日，徐锦才、林凝、徐伟前去土耳其进行OSMANCIK和KALE两个水电项目的谈判及签订。

2010年9月18—29日，熊杰、张恬赴土耳其执行合作项目的设计咨询。

2010年9月25日至10月14日，林凝、徐伟赴土耳其进行KEMERCAY-IR、UCHANLAR、UCHARMANLAR、BINEK等4个水电项目的合同谈判及签订。

2010年7月6—19日，黄建平、周龙龙赴巴布亚新几内亚对TOL等水电站进行预可行现场考察。

2010年10月20—26日，黄建平、周卫明赴印度尼西亚对RAHU2等水电站进行现场考察和设计合同洽谈。

2010年10月12日至11月10日，徐锦才赴美国参加南科院第三期科技骨干和管理人员出国培训。

2010年11月28日至12月12日，林凝、徐伟赴土耳其进行项目合同谈判。

第四节 国 际 贸 易

通过援外培训平台作用，农电所（亚太中心）积极实施“走出去”战略，进一步带动中国小水电技术和设备的输出。所通过整合资源、强强联合、优势互补，充分利用外培处对外联系优势和杭州亚太水电设备成套技术有限公司（成套公司）多年来开展国内自动化系统业务积累的资金和市场运作经验，积极向国外开展水电站机电设备成套出口业务。2005年，向斯里兰卡出口了一套200kW斜击式水轮机设备，当年产值6万美元，到2008年实现国际贸易产值2045万美元，实现了飞跃性的突破，国际贸易完成了从单台设备的出口到主要机电设备成套，从主机成套到工程机电设备承包，出口国家不断增加。2009—2010年，虽然受国际金融危机影响以及竞争日趋激烈，但成套公司利用技术和亚太中心平台优势以及优质的经营业绩，使外贸合同额基本每年稳定在1000万美元左右，并在巩固土耳其市场的基础上，向南美、东南亚、东欧等国家开拓，取得了可喜的经济效益。

第四章　国内培训与情报交流

为加强与国内外同行联系，农电所（亚太中心）继续编辑出版中文《小水电》和英文“SHP NEWS”，组织编写和翻译了大量农村水电方面的书籍，中心网站也为国内外小水电信息交流搭建了很好的平台。作为中国水利学会和中国水力发电学会专委会挂靠单位，农电所承担了多期水利部水电局委托的各种国内农村水电培训班，为农村水电行业发展、学术交流和人才培养起到了重要作用。策划、筹备并承办了第一届、第二届“中国小水电论坛”，扩大了农电所在小水电研究领域的影响力、提升了软实力，为农村水电行业发展和人才培养起到了重要作用。恢复成立中国水力发电工程学会小水电专委会，农电所作为中国水力发电工程学会小水电专委会和中国水利学会水力发电专委会的挂靠单位，发挥学会优势，利用专委会科技平台，开展行业学术交流，提供科技支撑工作。

第一节　国　内　培　训

2007 年 10—11 月，受水利部水电局委托，举办了 1 期小水电清洁发展机制（CDM）项目能力建设培训班和 2 期水利部农村水电系统安全监察员资格培训班。共有来自全国近 20 个省（自治区）的 240 多名学员接受了培训。

2008 年，举办了“水利部第二期小水电清洁发展机制（CDM）项目能力建设培训班”、2008 年度“水利部农村水电系统安全监察员资格培训班”，培训学员近 130 名。建立了安全监察员信息管理系统网站，设置统一的培训目标和培训大纲，利用现代化的手段建立远程报名接口，有利于学员培训报名工作并实时掌握培训需求。

2009 年，举办了“水利部第三期小水电清洁发展机制（CDM）项目能力建设培训班”和 2009 年度“水利部农村水电系统安全监察员资格培训班”，培训学员近 120 名。

2010年，举办了3期“农村水电系统安全监察培训班”（浙江杭州2期、河北北戴河1期），来自全国各地的154名学员参加培训。在杭州举办了2期“小水电代燃料相关标准培训班”，来自全国各地的131名学员参加培训。在上海承办了《水电新农村电气化标准》《水电新农村电气化规划编制规程》宣贯班，来自全国各地的80名学员参加培训。

2010年12月，受浙江省水利厅委托，在杭州举办“浙江省水电安全监察员换证培训班”，有96名学员参加培训。

2011年，共举办培训班5期，培训学员344名。举办了两期“农村水电安全监察培训班”（分别在杭州、宁波举办），在云南香格里拉举办了1期“水电新农村电气化规划实施培训班”，在郑州举办了1期“小水电代燃料工程培训班”，在西藏拉萨举办了1期“西藏农村水电管理技术培训班”。西藏培训班是农电所第一次承担水利部水电局委托的援藏培训任务。西藏自治区各地区、县农电主管部门的农村水电管理人员以及有关县农电公司经理、副经理、电站业务骨干等共90多名同志参加了培训。

在国内承办培训班过程中，严格按照水利部培训管理的有关规定规范培训工作，制定明确的培训目标和培训大纲，科学合理地安排培训课程，邀请行业知名专家授课，并对所有培训相关资料（考试卷、学员评估表、课程评估表）进行归档保存，形成了一套较为完善的农村水电技术及管理培训模式。2002—2011年组织承担的国内培训班详见表3-2。

表3-2　　　　国内培训班统计一览表（2002—2011年）

序号	培训班名称	期数	培训人数	举办时间	备注
1	第一期小水电清洁发展机制（CDM）培训班	1	39	2007年10月	
2	农村水电系统安全监察员资格培训班	2	203	2007年11月	
3	第二期小水电清洁发展机制（CDM）培训班	1	28	2008年4月	
4	农村水电安全监察员资格培训班	2	141	2008年5、10月	
5	第三期小水电清洁发展机制（CDM）培训班	1	34	2009年5月	
6	农村水电安全监察培训班	2	146	2009年10月	其中一期在重庆举办
7	小水电代燃料相关标准培训班	2	131	2010年9月	

续表

序号	培训班名称	期数	培训人数	举办时间	备注
8	水电新农村电气化相关标准宣贯班	1	80	2010年11月	
9	农村水电安全监察培训班	4	249	2010年8、10、11月	其中一期在河北举办
10	浙江省水电安全监察员换证培训班	1	96	2010年12月	杭州
11	农村水电安全监察培训班	2	72	2011年5、10月	其中一期在宁波举办
12	水电新农村电气化规划实施培训班	1	66	2011年8月	在云南举办
13	小水电代燃料工程培训班	1	113	2011年9月	在郑州举办
14	西藏农村水电管理技术培训班	1	93	2011年9月	在拉萨举办
合计		22	1491		

第二节 出 版 刊 物

农电所（亚太中心）定期公开出版《小水电》（中文版）和SHP NEWS（英文版）两种期刊，为科研人员开展学术交流提供了良好的平台。

一、《小水电》

《小水电》是水利部主管、我所及中国水力发电工程学会主办的全国唯一也是国际上唯一的中小水电专业技术性期刊。《小水电》面向全国广大中小水电工作者，是了解农网改造，水电农村电气化，小水电代燃料生态保护工程，水电站规划、设计、运行和技术改造等重要技术和行业讯息的可靠资料。1984年创刊，1995年列入国家正式出版物，国内外正式公开发行，国内统一刊号：CN33—1204/TV，国际刊号：ISSN 1007—7642，广告许可证号：3300004000059。主要发行对象：国家有关部委及各省（自治区、直辖市）中小水电行业有关领导机关、主管部门、科研设计、大专院校、监理及施工单位、电站及输配电设备生产商、电力自动化设备集成及软件开发商、水库、电站科技管理人员及技术工人，全国各省市公共图书馆和情报信息机构。常设栏目主要有：方针政策、国际交流、农村水电及电气化、技术交流、经营管理、规划设计、工程施工、机电设备、计算机应用、技术改造、运行与维护等。

自2003年起，《小水电》已陆续被众多国内检索机构收录，是中国核心期刊（遴选）数据库、中国学术文献网络出版总库、中国学术期刊全文数据库收录期刊、中国期刊全文数据库全文收录期刊、中国学术期刊综合评价数据库统计源期刊，入编中文科技期刊数据库、超星数字图书馆；在中国学术文献网络出版总库、万方数字化期刊全文数据库、维普数据库等各类国家知识基础设施工程和数字图书馆等国家数字出版平台上均可全文检索和下载《小水电》。

2003年2月，《小水电》在“万方数据——数字化期刊群”全文上网，被中国核心期刊（遴选）数据库收录。

2003年4月，《小水电》开始拥有新申请注册的ISSN条形码。

2003年4月，《小水电》新辟了以介绍国外小水电技术发展信息为主的“国际交流”特色栏目。特别组织编译并在2003—2006年的《小水电》上刊发了一组“第三届世界水论坛国家报告”，主要国家报告有印度、尼泊尔、伊朗、土耳其、厄瓜多尔、美国、日本及挪威等，以及“第三届世界水论坛”的重要文献——“水电在可持续发展中的作用”等，中国水利科技网还专门开辟了“第三届世界水论坛国家报告”专栏，出版文献在我国水利水电行业反响热烈，大大提升了我所的行业和学术影响力。

2003年4月，《小水电》组建新一届编辑委员会。编委会主任为程回洲，副主任为田申、陈生水，编委成员为程回洲、田申、王景福、邢援越、刘晓田、陈生水、杨树良、孙良平、吴新黔、郭进贤、陈洪、王振华、王福岭、李民幸、罗子权、董光琳、叶舟、林铭实、易家庆、李喜增、林振华、姜仁、李国君、张培铭、孙廷蓉、武成烈、马毓延、俞永科、程夏蕾、李志武、赵建达、陈星。

2003年4—6月，《小水电》开展读者调查活动。从部长、院士、各省市行业主管部门领导、院校、厂家、小水电投资商到广大小水电电站基层工作者，都对调查作出了积极的书面反馈，为《小水电》发展提供了可借鉴的宝贵意见。

2003年5月，《小水电》被中文科技期刊数据库收录。从此以后，自1989年起出版的《小水电》均可在该数据库检索。

2003年7月30日，水利部发展研究中心“关于《小水电》期刊变更开本和页码的函”同意《小水电》期刊变更开本和页码。从2004年起，《小水电》期刊由原小16开、48页扩版为大16开、64页出版发行。

2003年12月，《小水电》入选为中国学术期刊综合评价数据库统计源期刊。

2003年12月，经国家新闻出版总署、国务院新闻办审核备案，《小水电》定为中国期刊全文数据库全文收录期刊。

2004年3月24—26日，《小水电》参加在北京全国农业展览馆举行的“中国国际水利水电设备展览会暨中国国际供用电设备及电站电网建设与改造展览会”。本次展览会由中国国际贸易促进会机械行业分会、中国水力发电工程学会、国际小水电中心和中国电器工业协会水电设备分会等共同联合主办，共有国内外70多家相关企业和包括《小水电》杂志在内的30多家媒体参加了展会。《小水电》也是此次展会的媒体支持单位。

2004年6月，向浙江省景宁县赠送1300余册《小水电》杂志，树立良好社会形象，扩大影响面。

2004年10月，《小水电》编辑部参加由浙江省科技期刊编辑学会、上海市科技期刊编辑学会、江苏省科技期刊编辑学会主办的“首届长三角科技论坛”——科技期刊发展分论坛，提交的论文《期刊网络化：科技期刊新的发展方向》入选《首届长三角科技论坛——科技期刊发展论文集》。

2005年1月20日，应《小水电》编辑部邀请，浙江省水利学会、浙江省水力发电工程学会秘书长董福平处长（《浙江水利科技》编辑部主任）率《浙江水利科技》、《大坝与安全》、《华东水电技术》、《浙江水利水电专科学校学报》等在浙水利水电类科技期刊主编、编辑一行12人来所交流指导科技期刊编校业务，探讨期刊经营发展之道。会后各编辑部普遍感到收获很大，不虚此行，很有必要建立起同行合作交流协调机制。经商议，今后各编辑部轮流主持召开年度业务交流会，共同努力，推动我省水利水电类科技期刊事业繁荣发展。

2007年初成功改组了新一届编委会。编辑出版中文《小水电》6期，英文电子版“SHP NEWS”两期。英文杂志栏目有所调整，在原来的基础上增加了亚太中心消息（HRC NEWS）、论文及报告（Documents & Reports）、新出版物（New Publications）等栏目。

2007年6月，《小水电》编辑委员会调整。编委会主任委员：田中兴，副主任委员为刘晓田、陈生水，委员为黄明、孙亚芹、樊新中、李彦林、吴新黔、杨影丹、陈洪、廖瑞钊、王福岭、李民幸、张富能、傅云光、汪伦、葛捍东、陈国忠、易家庆、李喜增、陈裕伟、姜仁、刘肃、张培铭、郭强、王凤翔、孙道成、冲江、徐祥利、俞永科、程夏蕾、李志武、赵建达。

2008年2月，浙江省新闻出版局《关于期刊出版形式规范检查有关问题的通知》(浙新出函［2008］8号)，《小水电》通过新闻出版总署依照《期刊出版形式规范》和《期刊出版形式规范评估办法》对全国期刊出版形式进行的全面检查，成为浙江省第一批“期刊出版规范检查合格期刊”。

2007年10月25—26日，在杭州由中国科学技术协会主办的“2007中国科技期刊发展论坛”上，《小水电》编辑部撰写的论文《科技期刊青年编辑的成长》在会上交流并收入论文集。

2008年9月5—10日，在广西南宁由中国科学技术编辑学会、中国科学技术信息研究所、万方数据股份有限公司主办的“第6届全国核心期刊与期刊国际化、网络化研讨会”上，《小水电》编辑部撰写的论文《水利工程类科技期刊与‘核心期刊’的现状和思考——以〈小水电〉为例》在会上交流并收入论文集。中宣部、科技部、国家新闻出版局等主管部门领导与会并讲话。会议以“联合共赢，协作创新——让DOI架起中国期刊走向世界的桥梁”为研讨主题，在充分肯定这些年我国科技期刊取得的成绩的同时，还对科技期刊国际化、网络化的发展方向进行了研讨；有关部门领导和专家作了精彩的会议报告。

2009年9月10日，根据新闻出版总署新出审字［2009］291号文批复，浙江省新闻出版局印发浙新出函［2009］73号“关于同意《小水电》变更主办单位的批复”。同意《小水电》主办单位由水利部农村电气化研究所变更为水利部农村电气化研究所、中国水力发电工程学会，其中水利部农村电气化研究所为主要主办单位。其他登记项目不变。2009年9月浙新出函［2009］73批复同意中国水力发电工程学会作为《小水电》杂志第二主办单位。

2010年第2期的《小水电》(总第152期）编辑出版第一届“中国小水电论坛”论文专辑，41篇优秀论文入选专辑。

2010年6月，《小水电》编辑委员会作新的调整。主任委员为田中兴，副主任委员为刘晓田、陈生水，委员为程夏蕾、樊新中、孙亚芹、李如芳、李彦林、吴新黔、杨影丹、陈洪、王维、吴克昭、王福岭、赵国防、傅云光、张志远、宋超、葛捍东、张从银、邝明勇、阎有勇、刘肃、王凤翔、孙道成、王志坚、徐祥利、李志武、赵建达、徐锋、陈有勤。

2011年8月，第4期《小水电》(总第160期）编辑出版《湖南镇电站减振增容技术改造论文专辑》。该专辑自2010年10月开始策划，历时近1年，收录了74篇全面反映浙江华电乌溪江水力发电厂跨越“十五”“十一五”，历时10年完成的湖南镇水电站5台水电机组减振增容技术改造项目从前期调研、可行性研究、现场实施、相关试验到竣工验收全过程的技改论文。他山之石，可以攻玉，在《全国农村水电增效扩容改造专项工程》启动实施之际，《小水电》编辑部适时出版《湖南镇电站减振增容技术改造论文专辑》，将该电站减振增容技术改造成果与全国广大水电工作者共享，对探索全面开展老旧电站改造的方法和途径有积极的意义。

2011年第6期《小水电》（总第162期）编辑出版第二届“中国小水电论坛”论文专辑，27篇论文入编专辑。

2002—2011年《小水电》出版量统计见表3-3。

表3-3　　《小水电》出版量统计（2002—2011年）

出版年	载文量（篇）	出版字数（万字）	总页码	开本	期数
2002	134	45	292	小16开	6
2003	121	51	340	小16开	6
2004	141	75	400	大16开	6
2005	148	82	448	大16开	6
2006	153	80	440	大16开	6
2007	157	78	426	大16开	6
2008	159	78	424	大16开	6
2009	172	85	468	大16开	6
2010	191	99	544	大16开	6
2011	223	130	704	大16开	6
合计	1599	803	4486		60

二、“SHP NEWS”

由亚太中心主办的英文季刊《小水电通讯》（“SHP NEWS”），创刊于1984年5月，期刊最初由联合国工业发展组织（UNIDO）会同联合国开发计划署、亚太经社会的区域能源发展项目（UNDP/UN-ESCAP-REDP）给予支持并资助（20世纪90年代以后，出版资金由我国自行负责投入），并获准国际出版物标准刊号ISSN 0256—3118。该期刊的宗旨是在亚太地区各国以及全球交换小水电信息和经验。期刊内容包括：

（1）发展中国家小水电发展概况。

（2）全球范围内小水电技术发展水平以及新概念和新趋向。

（3）小水电专家和从业人员撰写的小水电开发技术经验。

（4）小水电领域的政策、法规、制度及融资方法。

（5）小水电建设市场情况。

（6）小水电业务信息，包括技术咨询与服务、设备供应等。

（7）小水电领域特别是发展中国家的重大事件与国际活动。

（8）小水电新闻。

1984 年以来，已持续编辑出版 90 期，发行到 90 多个国家和地区，累计 3 万多读者，读者群包括个人与机构，如有关的政府官员、专家（技术人员）、教授（教师）、小水电机构和非政府组织的从业人员等。期刊发行到的机构有：政府部门、大学、研究院所、小水电开发商、咨询公司、水电运行商、水电制造商、融资和立法机构等。在过去的 30 多年里，在中心主办的 60 多期技术培训班学习过的 1200 多位各国学员，是杂志的主要读者和作者，他们和中心长期保持联系并提供稿件和信息，是刊物的重要信息源和稿源。

2002—2006 年，每年出版 4 期“SHP NEWS”。2007 年以后，每年编辑出版一期年度英文小水电杂志。2009 年起，“SHP NEWS”由原黑白小 16 开、24 页，成功改版为大 16 开、48 页彩色印刷出版发行。2010 年的“SHP NEWS”发展为彩版 56 页。改版后，受到各方好评。

第三节　论　文　专　著

一、论文

据统计，2002—2011 年，在国内外各类科技期刊和学术会议上农电所共正式发表论文 191 篇。其中，《小水电开发中的环保和生态问题及其对策研究》获（2005—2006 年度）第十四届浙江省自然科学优秀论文二等奖，《关于加快小水电国际化进程的探讨》等 4 篇论文获（2005—2006 年度）第十四届浙江省自然科学优秀论文优秀奖，《箱式整装小水电站研究》获 2010 年浙江省自然科学学术奖三等奖论文。1 篇论文获浙江省水力发电工程学会 2005 年度三等奖、2 篇获优秀论文奖。2002—2011 年农电所发表论文汇总见附录十二。

二、著作

2002 年以来，出版中文学术专著 15 部，设计图集 1 部，英文学术专著 4 部，编译出版专著 1 部。

2003年出版《溪口抽水蓄能电站的实践与研究》(浙江大学出版社)。

2004年出版“Rural Hydropower and Electrification in China”(中国水利水电出版社),水利部副部长索丽生为该书作序。

2005年出版《亚太地区小水电——现状与问题》(河海大学出版社)、《水轮发电机组及辅助设备运行与维修》(河海大学出版社)、《小型水电站计算机监控技术》(河海大学出版社)、《电气设备运行与维修》(河海大学出版社)、《水利水电工程监理实施细则范例》(中国水利水电出版社)。

2006年出版“Small Hydropower”(浙江大学出版社),编译出版《蓝色能源　绿色欧洲——欧盟小水电发展战略研究》(河海大学出版社)、《中国小水电国际合作的历史轨迹——朱效章回忆录》。参加中国水力发电工程学会委托的《中国电气工程大典》编写工作。

2007年出版专著《中国民营资本与小水电》(河海大学出版社)。

2008年出版《中小型水利水电工程典型设计图集》(中国水利水电出版社)、“Status Quo and Problems of Small Hydro Development in Asia-Pacific Region”(河海大学出版社)、《水电清洁发展机制项目开发》(中国水利水电出版社)、《中国小水电投融资政策思考》(中国水利水电出版社)。

2009年出版“Rural Hydropower and Electrification in China (Second Edition)”(中国水利水电出版社)。参加水利部水电局主持的《中国小水电60年》(中国水利水电出版社)的编写和统稿工作。

2010年出版《水能资源开发生态补偿机制研究》(中国水利水电出版社)。参加水利部水电局组织的《小水电代燃料工程建设与管理》(中国水利水电出版社)一书的编写和统稿工作。

2011年出版《水能》(科学普及出版社)。

第四节　网　站　建　设

在南科院的大力支持和帮助下,农电所开展了网站建设工作。网站建成以来,切实发挥权威、快捷的宣传功能,紧密围绕农电所中心工作,是21世纪信息时代农电所对外宣传的又一张靓丽名片,已成为所情上传下达及国际交流与合作的重要平台和窗口。为了规范网站的运行管理,网站建成后,农电所及时制定了《水利部农村电气化研究所网站管理办法》。

2002年7月18日,申请注册了hrcshp.org的网站域名,先行开展“SHP

NEWS”和《小水电》杂志宣传网站试验建设，同时组织实施农电所（亚太中心）网站的建设。10月网站中英文版全面开通运行。建设农电所专用邮件服务器，每位职工设立了各自专用的电子信箱，自此农电所办公和业务工作进入了因特网时代。

无论在所内还是所外，均可从网站了解到最新的所务、所情。还可浏览检索2001年以来农电所编辑出版的每期《小水电》的目次和文摘，阅读下载2002年以来的“SHP NEWS”全文电子版。

在所内，职工可免费访问检索中国学术文献网络出版总库、万方数字化期刊全文数据库、维普数据库等各类国家知识基础设施工程和数字图书馆，农电所制定的各类规章制度也发布在网站上，极大地促进和方便所里科研工作的开展和日常行政管理。

2003年，在原有网站基础上，充实完善了“国外小水电”及“设备与市场”栏目。同时和水利部国科司和水电农电局合作，在网上共同推出“2003国际水利先进技术推介会”“小水电代燃料生态保护工程”等专题报道。

2003年11月，《小水电》杂志网站新增“在线投稿”和“编读e线通”两个栏目。“在线投稿”栏目实现了网络投稿功能，能够让作者在短时间之内将稿件投给编辑，大大地节省了时间；“编读e线通”栏目旨在为广大小水电同行和关注小水电的各方人士提供信息交流的平台。

2004年，和中国水利科技网合作共同推出“2004年国际水利先进技术推荐会”“第三届世界水论坛国家报告”等专题报道。

2004年以来，亚太中心每年的外事工作年度报告及次年工作计划，也通过所网站对外宣传、发布。每年的“国际小水电培训班”，网站都开设专题报道。还在网站上建立了自1993年以来的国际培训班学员通讯录数据库，方便学员和亚太中心间及国际学员之间的日常联络。国际学员提供的国家报告也在网站上得到了展示。

2005年，中文网站进行了全新的设计和改版。自2005年以来，结合农电所的发展，中英文网站每年不断更新完善。在宣传模式上，由过去单一的新闻报道，转变为专题式的综合报道，不仅内容丰富全面，而且图文并茂。已逐步形成了“院所要闻”、“行业信息”、“环球小水电”、“专题报道”、“院所文化”、“专委会”、“设备与市场”、“公共服务”等固定和特色栏目，及时发布和报道行业和所内外最新消息，成为职工及时了解我国农村水电行业和我所所情的主要窗口。网站配合农电所党委工作，不同时期开展了“保持党员先进性”“深入学习实践科学发展观”“之江先锋　创先争优”“庆祝建党 90 周年”等专题宣传报道。

积极主动和水利部网站、中国水利国际合作和科技网、中国农村水电及电气化信息网、中国南南合作网、中国水利网和南京水利科学研究院等上级行政主管和行业业务主管部门的网站联系，建立起信息通报互动机制，将农电所的重要信息在上述网站发布，进一步扩大和提升了农电所形象和行业影响力。

“十二五”水利改革发展已开启新征程，农电所网站也将迈着坚实的脚步，紧跟农电所事业发展步伐，着力提升信息发布水平，加大整合所内外各类服务资源，不断改进网站展示形式，进一步提高所务公开和办事能力，全力作出新贡献。

第五节　学　会　工　作

中国水力发电工程学会小水电专委会汇聚了全国农村水电行业的技术和管理精英，具有其他机构和组织不可替代的专业优势，在农村水电发展，特别是政策研究、技术进步、经验交流、人员培训等方面将发挥重要作用。学会成立以来，加强学会自身建设，组织开展行业学术交流，积极开展行业职工队伍继续教育和技术培训。赵建达和郑江分别获 2007 年、2009 年浙江省水力发电工程学会工作先进个人表彰。2011 年 10 月 28 日，在中国水力发电工程学会第七次全国代表大会上，程夏蕾、李志武当选为中国水力发电工程学会第七届理事会理事，赵建达获中国水力发电工程学会第六届学会优秀工作者称号。

一、恢复成立小水电专业委员会

2007 年 5 月，启动小水电专业委员会恢复成立的工作程序，2007 年 8 月起草并上报了《全国学会、协会、研究会设立分支机构申请书》，2007 年 10 月与水利部水电局协商小水电专委会构成及负责人提名，2007 年 11 月起草上报《中国科协所属社团分支机构、代表机构负责人备案表》，经过一年多的工作酝酿和充分准备，2008 年 6 月由中国水力发电工程学会、中国科协、浙江省民政厅等单位审批，民政部民间组织管理局批准，中国水力发电工程学会小水电专业委员会正式成立，批准文号民社登［2008］第 1102 号，登记证书号为社证字第 3742－30 号。新一届中国水力发电工程学会小水电专委会顾问委员为田中兴、张建云、刘恒、蒋效忠。主任委员为刘晓田。副主任委员为陈生水、刘德有、裘江海、杨影丹、吴新黔、吴相直、邝明勇、叶舟、向进、陈振文、张忠孝。秘书长为程夏蕾。副秘书长为孙亚芹、陈星、赵建达。委员共计64名。

2008年12月15日，中国水力发电工程学会小水电专业委员会成立大会在杭州召开。水利部副部长胡四一莅临成立大会，并作重要讲话。中国水力发电工程学会常务副理事长兼秘书长李菊根向大会致辞。水利部水电局田中兴局长在大会上作《小水电大战略》的主旨报告。水利部国科司、水利部水资源司、水利部规计司、水利部水电局、浙江省水利厅、国际小水电中心等有关部门领导参加成立大会庆典。浙江省水力发电工程学会、浙江省水利学会向大会发来贺信。大会由南京水利科学研究院副院长、水利部农村电气化研究所所长陈生水主持。

参加成立大会的代表75人，分别来自全国23个省（自治区、直辖市）水行政主管部门、水利水电企事业单位、科研院所、高等院校等43家单位，有南京水利科学研究院、水利部农村电气化研究所、浙江省水利厅水电开发管理中心、云南省水利厅水电局、贵州省水利厅水电局、吉林省地方水电局、广东省水利厅农村机电局、浙江同济科技职业学院、中国水电顾问集团华东勘测设计研究院、四川省水电投资经营集团有限公司、水利部水利水电规划设计总院、中国水利水电科学研究院、水利部产品质量标准研究所、湖南省农村水电及电气化发展局、福建省水利厅农电处、四川省地方电力局、湖南省水利电力有限公司、黑龙江省水利厅水电局、重庆市水利局农村水电及电气化发展中心、河北省水利厅水电及农村电气化发展中心、广西水利厅水电发展局、湖北省水利厅农电处、安徽省水利厅水电基建管理局、西藏水利厅农电局、江西省水利厅农电局、陕西省水电开发管理中心、甘肃省水利厅水电处、山西省水利厅水电局、青海省水利厅农村水电和电气化发展管理局、新疆水电及电气化发展局、河海大学电气工程学院、云南华能澜沧江水电有限公司、青海黄河中型水电开发有限责任公司、中国水电顾问集团北京勘测设计研究院、中国水电顾问集团昆明勘测设计研究院、中国水电顾问集团成都勘测设计研究院、黄河勘测规划设计有限公司等。

下午召开了第一届专委会委员会议。会议由专委会主任水利部水电局总工刘晓田主持。重点讨论专委会工作条例和专委会2009年工作计划。各位委员及代表踊跃发言，提出了许多好的意见和建议，还对专委会今后的发展提出了希望。

二、学术交流合作

2009年7月，启动第一届“中国小水电论坛”论文征集工作。征文范围包括："新农村建设与小水电开发""农村水能资源开发与农民利益、地方发展""农村水电管理体制与运行机制""农村水电与生态环境""农村水电站安全保障关键技术研究""国际小水电发展现状与趋势"。征集论文 85 篇。

2009 年 9 月 2—4 日，赵建达副秘书长应邀赴湘西参加了由湖南省水力发电工程学会和湖北省水力发电工程学会共同主办的"中小水电建设与管理学术交流研讨会"，并作《我国小水电资源、发展及新时期小水电学术关注问题探讨》的学术报告。通过参会交流，在湖南、湖北两省中小水电同行中，扩大了小水电专委会的影响，介绍了专委会成立情况及正在开展的各项工作，特别是第一届"中国小水电论坛"的论文征集及筹备情况。

2010 年 4 月 22 日上午，由小水电专委会联合中国水利学会水力发电专委会、国际小水电联合会共同主办，水利部农村电气化研究所和国际小水电中心承办的以"小水电与生态文明"为主题的第一届"中国小水电论坛"同期在杭州召开。水利部副部长胡四一出席论坛并讲话。水利部水电局局长田中兴主持论坛开幕式。浙江省水利厅、南京水利科学研究院、中国水力发电工程学会、中国水利学会、国际小水电联合会的有关领导到会致辞。论坛对优秀论文获奖者代表进行了颁奖。

出席论坛的有：水利部水电局的部分领导和部分省（自治区）水电处（局）长，中国水利学会、中国水力发电工程学会及国际小水电联合会的领导，中国水力发电工程学会小水电专委会及中国水利学会水力发电专委会委员和代表，国际小水电联合会国内会员和代表，中国水利地电企协中小水电设备分会会员和代表，论坛征文优秀论文获奖代表，有关农村水电设备制造商等。同时，应邀出席会议的还有：新华社、中央电视台、中国经济导报、中国能源报、中国水利报和水利部网站等新闻媒体的记者朋友。

小水电专委会秘书长程夏蕾主持论坛学术交流。水利部水电局局长田中兴应邀作了题为《小水电的新使命》的主旨报告。中国水力发电工程学会常务副秘书长周尚洁、国家水电可持续发展研究中心副主任王建华、水利部农村电气化研究所副总工程师林旭新、教授级高级工程师徐伟、浙江省水电管理中心主任裘江海、云南省水利厅水电局副局长艾荣奇、广西水利厅农村水电及电气化发展局电气化办副主任杨静、清华大学副教授、博士后樊红刚、水利部大坝安全管理中心工程师江超等分别就《绿色低碳能源战略与加快水电发展》《实施老电站更新改造，助推农村水电新发展》《水电与 C 排放》等作了专题发言。

专委会会刊《小水电》杂志编辑部全程参与策划本届论坛及学会年会，负责论文的审稿和汇编。论坛共征集论文85篇，41篇优秀论文入选大会论文专辑；论坛论文专辑收录在2010年第2期的《小水电》上。经论坛组委会向中国水力发电工程学会小水电专委会及中国水利学会水力发电专委会25位主任委员及有关专家发出优秀论文评选意见征集函，根据专家的反馈，综合有关意见，在入选论文专辑的优秀论文中推选出：一等奖3名、二等奖5名、三等奖7名。

2010年4月22日下午，中国水力发电工程学会小水电专委会2010年年会在杭州顺利召开。水利部水电局总工、小水电专委会副主任委员刘晓田主持会议，程夏蕾秘书长作2009年度工作总结及2010年计划的工作报告，中国水力发电工程学会小水电专委会委员及代表出席会议。会议审议通过程夏蕾秘书长作的工作报告。会议还就《小水电》杂志编委调整建议名单等事项作了说明，并审议通过编委调整名单。

2010年12月，第二届“中国小水电论坛”论文征集工作正式启动。论坛的主题定为“小水电与改善民生”。征文范围主要有：农村水电新时期发展规划、农村水电惠农机制创新研究、农村水电管理信息化系统开发应用、农村水电增效减排与生态友好技术研究、农村水电安全保障技术研究、农村水电新技术与新设备研发与推广、小水电标准化体系研究、水电新农村电气化建设与管理、小水电代燃料工程建设与管理、农村水电安全监管等。

2011年10月12日上午，中国水利学会成立80周年纪念大会暨2011年学术年会在京举办，第一分会场·第二届“中国小水电论坛”同期举办。论坛就新时期小水电如何按照党中央、国务院以人为本、全面协调可持续发展的要求，在大力提倡节能减排，发展低碳经济，保障和改善民生的时代背景下，肩负起新的历史使命等问题进行了认真研究；围绕“科学认识小水电”“农村水电安全检测与评价体系研究及农村水电增效扩容改造技术”“中小水电站完全无人值班自动化系统研究”等学术议题作了研讨。论坛还对征集的优秀论文进行了颁奖。

国际小水电联合会协调委员会主席、国家能源专家咨询委员会专家、水利部农村水电及电气化发展局局长田中兴作题为《肩负新使命　实现新发展》的主旨报告。

中国水力发电工程学会副秘书长张博庭教授应邀作《科学认知小水电》报告，来自河海大学能源与电气学院、水利部农村电气化研究所、国际小水电中心、浙江省水电管理中心、云南省水利厅水电局、湖南华自科技有限公司的7

位优秀论文的作者代表也作了大会交流发言。农电所代表进行了《全国水能区划信息化策略及GIS演示》及《农村水电安全与高效利用技术》交流报告和项目汇报。

10月12日下午，中国水利学会水力发电专委会、中国水力发电工程学会小水电专委会、国际小水电联合会2011年会召开。水利部水电局局长田中兴作重要讲话；水力发电专委会秘书长孙亚芹代表两个专委会作《发挥优势 促进合作 为实现农村水电新跨越做出新贡献》的2011年会工作报告；国际小水电联合会总干事刘恒作联合会2011年阶段工作报告。

第二届“中国小水电论坛”暨专委会2011年会由中国水利学会水力发电专业委员会、中国水力发电工程学会小水电专业委员会、国际小水电联合会主办。农电所作为两个专委会的挂靠单位，与国际小水电中心共同承办了第二届小水电论坛暨学会年会。水利部水电局及各会员单位100余人参加了此次论坛和年会。应邀出席论坛的还有：《光明日报》《中国经济导报》《经济日报》《中国能源报》《中国水利报》和水利部网站等新闻媒体的记者朋友。

论坛共征集论文60篇。中国水利学会水力发电专委会、中国水力发电工程学会小水电专委会组成论文评审专家组，评阅每篇应征论文。经评审组专家评选，推选出优秀论文18篇，其中9篇被评为中国水利学会2011学术年会优秀论文。《全国水能资源区划可拓评价模型及决策支持系统》《小水电经济性与电气设备安全性研究》《小型水电站更新改造适用技术探讨》等农电所3篇应征论文被评为中国水利学会2011学术年会优秀论文。《小水电》杂志编辑部作为两个专委会秘书处的直接职能部门，全程参与策划论坛暨学会年会，负责论坛暨年会工作报告、会议指南等会议材料的起草和准备，应征论文的审稿及学术年会论文集的汇编。论坛入选论文由《小水电》出版专辑（2011年第6期），公开发行。

国科处和成套公司组成会务组赴京圆满完成了会务任务。在水利部水电局领导指导下，高效有序、细致周到的会务服务工作受到与会领导和代表的高度评价。

三、继续教育和培训

学会恢复成立以来，开展了多期“农村水电系统安全监察员资格”“小水电代燃料相关标准”“水电新农村电气化标准”和“水电新农村电气化规划编制规程”等继续教育和水电标准宣贯培训班（见本章第一节）。

第五章　技术服务与产业化发展

农电所科技企业从20世纪90年代创办以来，经历了逐步发展、调整、再发展的过程。进入21世纪，农电所（亚太中心）依托小水电行业，面向国内外市场，从质量管理体系建设、资质升级、人才引进等方面加大对所属企业市场竞争能力的培育，通过调整产业结构和规范企业管理，公司规模不断壮大，市场竞争能力不断提升，经济效益显著提升，成为所实现科技成果转化、开展技术服务的产业化发展平台，为壮大所经济实力做出重要贡献。

农电所（亚太中心）现有4家科技企业和1家服务性公司，分别是浙江中洲水利水电规划设计有限公司、杭州亚太建设监理咨询有限公司、杭州亚太水电设备成套技术有限公司、杭州思绿科技有限公司和杭州瑞迪大酒店。上述公司均为具有独立法人资格的所独资企业，实行企业化管理。

第一节　浙江中洲水利水电规划设计有限公司

浙江中洲水利水电规划设计有限公司是集设计、研究、咨询、工程项目管理、设备成套于一体的技术密集型企业，持有水利水电工程甲级咨询资格证书、水利水电工程乙级设计资格证书和水土保持方案编制乙级证书，具独立法人资格。主要从事国内外水利水电工程规划、可行性研究、工程设计、项目评估、老电站增容改造咨询、招投标咨询、设备成套等业务，公司具有较雄厚的技术力量和配套齐全的专业技术人才。

近年来，公司经过努力，建立了高效、求实的运行管理机制。公司以农电所（亚太中心）为依托，致力于国内外中小型水利、水电工程技术咨询、设计及新技术的开发、研究、推广和应用，在小水电技术输出和引进、中小型水电站设计和技术改造、中型抽水蓄能电站设计、水电站机电设备成套等方面确立了优势。

在国内，公司优质高效地为众多中小型水利水电工程提供技术服务，完成了一大批水利水电工程项目的设计咨询及水土保持方案报告书的编写与咨询。

近年完成的国内水利水电设计、咨询项目主要有：浙江泰顺洪溪一级电站（2×6.3MW）工程设计、浙江永嘉黄山溪水电站（2×8MW）工程设计、安徽石梁河电站（3×400kW）工程设计、溪口茗山电站设计（1×2.5MW）、安徽九井岗水电站工程可研及初步设计（2×8MW）、临安石门潭水利枢纽工程设计（2×1.6MW）、临安新建电站工程设计（2×800kW）、浙江安地水库水电站报废重建设计（4×1.6MW）、浙江安吉孝丰水电站报废重建设计（2×1MW）、福建宁德白岩水电站技术改造（2×3.2MW）、浙江江山峡口水电站报废重建设计（2×5MW）、浙江临安石门潭水利枢纽工程设计（2×1.6MW）、浙江安吉老石坎水电站设计（2.5MW+1MW）、福建福鼎桑园水电站技术改造可行性研究（2×12.5MW）、新疆小水电站改造可行性研究（世行委托）（克孜尔等15座水电站，共增容29850kW）、湖南省洪江市玉龙电站水库大坝工程设计、临安市仙人湖抽水蓄能电站预可研阶段咨询（2 40MW）、湖南龙船岗水电站和上坪水电站工程设计（2×2.5MW +2×1.6MW）、贵州省铜仁天生桥水电站机电设计（2×11MW）、贵州省白水泉水电站设计（2×10MW）、重庆市杨东河（渡口）水电站工程设计（2×24MW）、浙江省新昌县长诏水电站报废重建设计（3×2.25MW）、天台里石门水电站报废重建设计（3×2.5MW）、黄岩长潭水库水力发电厂技术改造设计（2 5MW+1×1.6MW）、云南省禄劝县小蓬祖水电站工程（44MW）、云南省临沧市南河一级水电站工程设计（40MW）、云南省临沧市南河二级水电站工程设计（25MW）（勘测、预可研、可研）、云南省临沧市罗闸河一级水电站工程设计（30MW）（勘测、预可研、可研）、云南省临沧市罗闸河二级水电站工程设计（50MW）（勘测、预可研、可研）、安徽省宁国沙埠电站设计（1.89MW）、海南吊罗河二级水电站设计（3.2MW）、海南长安水电站设计（3.2MW）、海南加略水电站设计（640kW）、海南谷石滩水电站设计（6.4MW）、湖北恩施马鹿河流域规划（流域面积400km^2）、浙江省景宁县景润水电站大坝蓄水安全鉴定、湖北省鹤峰县燕子桥水电站水库大坝蓄水安全鉴定、浙江丽水开潭水利枢纽工程（一期工程）蓄水安全鉴定（48MW）、浙江省淳安县严家水库大坝蓄水安全鉴定、三门县老北塘水库除险加固工程设计、临安市高虹镇农村饮用水工程设计、临安市大峡谷镇三期农村饮用水工程设计、桐庐县分水镇外范村金毛坞水库保安工程及数十个大中型工程水土保持方案报告书评估、报告书编写等。

公司在完成国内大量水利水电规划设计任务的同时，努力拓展国外市场，先后在马来西亚、古巴、圭亚那、蒙古、越南、印度尼西亚、塞拉利昂、苏丹、土耳其、巴布亚新几内亚等30多个国家承接中小水电设计、咨询及设备成套任务，完成的项目受到了业主及其他有关部门的好评，为我国小水电实体技术走向世界起到了示范作用。近十年完成或正在进行的海外小水电工程设计、咨询项目主要有：蒙古国乌兰巴托抽水蓄能电站可行性研究（2×18MW）、越南堆林水电站机电设计（2×7.5MW）、越南科电水电站机电设计（2×4.5MW）、蒙古国泰旭水电站（3×3.45MW+1×650kW）机电设计及成套、越南太安水电站工程设计（2×41MW）、越南顺和水电站工程设计（2×25MW）、越南孟洪水电站工程设计（2×16MW）、越南站奏水电站工程设计（3×10MW）、越南太安220kV变电站工程设计、印度尼西亚帕卡塔水电站工程设计（2×6.3MW）、印度尼西亚RAHU2水电站工程设计（2×2.5MW）、印尼LUBUK GADANG水电站工程设计（2×4MW）、巴布亚新几内亚TOL水电站可行性研究、巴布亚新几内亚UPPER BAIUNE水电站工程设计（2×4.5MW）、土耳其KEMERCAYIR、UCHARMANLAR、UCHARLAR三座电站机电设计、中非共和国博亚利四座水电站开发咨询、越南拉显二级（3×10MW）电站咨询等项目。

公司主要设计项目业绩汇总表见书后附录八。

近几年公司部分已完工设计咨询项目概况：

浙江洪溪一级水电站：洪溪一级水电站是我所/公司承接的第一座规模较大的常规水电站，位于浙江省泰顺县，水库总库容950余万m^3，电站设计水头266m，设计流量6.68m^3/s，装机容量2×6.3MW。工程主要由拦河坝、发电引水隧洞、支流引水隧洞、引水砌石坝、调压井、压力钢管、发电厂房、110kV升压站等建筑物组成。拦河大坝采用C20混合线型混凝土双曲拱坝，最大坝高66.40m，拱冠梁顶厚2.23m，拱冠梁底厚7.45m，厚高比0.112，坝顶中心线弧长186.10m。主厂房内装两台HLA179—LJ—100型水轮机，配两台SFW—J6300—6/2400发电机。工程设计始于1998年，历经项目建议书、可行性研究、初步设计、施工图设计及工程验收等阶段，浙江省发改委及水利厅负责审批、验收，电站于2003年8月并网发电。

浙江黄山溪一级水电站：黄山溪一级水电站位于浙江省永嘉县，水库总库容812万m^3，电站设计水头279.38m，设计流量6.80m^3/s，装机容量2×8MW。工程主要由拦河坝、发电引水隧洞、支流引水工程、调压井、压力钢管、发电厂房、110kV升压站等建筑物组成。拦河大坝采用C20混合线型混凝土双曲拱坝，最大坝高 59.50m，拱冠梁顶厚 2.53m，拱冠梁底厚 8.76m，厚高比 0.147，坝顶中心线弧长 161.50m。主厂房内装两台 HLA179—LJ—100 型水轮机，配两台 SFW—J8000—6/2400 发电机。工程设计始于 2000 年，历经项目建议书、可行性研究、初步设计、施工图设计及工程验收等阶段，浙江省发改委及水利厅负责审批、验收，电站于 2005 年 6 月并网发电。

贵州省白水泉水电站：白水泉水电站位于贵州省德江县，水库大坝控制面积 1220km^2，总库容 2410 万 m^3，电站设计水头 54m，设计流量 43.20m^3/s，装机容量 2×10MW。工程主要由拦河坝、发电引水上平洞、调压井、斜井、高压管道、发电厂房、110kV 升压站等建筑物组成。拦河大坝采用混合线型混凝土双曲拱坝，最大坝高 67.5m（坝体垫层以上），拱坝拱冠梁处坝底厚 11.69m，坝顶厚 4.0m，厚高比 0.173，坝顶中心弧长 167.4 m，弧高比 2.48，大坝材料为 C15W6F50 混凝土。主厂房内装两台 HLA643—LJ—156 型水轮机，配两台 SFW—J10—16/3250 发电机。工程于 2005 年 1 月开工，2007 年 3 月并网发电，农电所/公司承担电站优化设计及施工图设计。

浙江石门潭水利枢纽工程：石门潭水利枢纽工程位于浙江省临安市，水库总库容 318 万 m^3，正常库容 266 万 m^3，配套电站设计水头 71m，装机容量 2×1.6MW。工程主要由拦河坝、发电引水上平洞、调压井、高压管道、发电厂房、35kV 升压站等建筑物组成。拦河大坝采用抛物线形浆砌块石双曲拱坝，最大坝高 47.0m。工程于 2003 年 9 月开工，2006 年 3 月并网发电。农电所/公司承担电站可行性研究、初步设计及施工图设计。

浙江新建水电站：新建水电站位于浙江省临安市龙岗镇。工程枢纽主要由拦河坝、发电输水隧洞、压力钢管、发电厂房、升压站等建筑物组成。拦河坝坝址以上集水面积 10.0km^2。大坝为干砌石硬壳坝，最大坝高 30.6m；水库泄洪采用坝顶开敞式溢洪道溢洪。水库总库容 11.9 万 m^3，正常库容 9.2 万 m^3，电站装机容量 2×800kW，设计水头 246.40m，设计流量 0.418m^3/s，多年平均发电量 390 万 kW·h。

工程于 2004 年 12 月 1 日开工，2006 年 3 月 20 日大坝开始下闸蓄水，同时输水系统开始充水，2003 年 3 月 28 日电站并网发电。农电所/公司承担电站可行性研究、初步设计及施工图设计。

湖南上坪水电站：上坪水电站位于湖南省洪江市公溪河上，距洪江市城区 36.5km。上坪水电站为河床式水电站，闸坝结构，设计水头 11.53m，设计流量 32.62m^3/s，总装机容量 3200kW。发电厂房为地面厂房，内装两台水轮发电机组，单机容量1600kW，水轮机采用ZDJP502—LH—180型轴流式水轮机，额定转速为250rpm，发电机型号为SF1600—24/2600，调速器与励磁设备采用微机型，二次设备采用计算机监控系统，可以实现“无人值班，少人值守”。上坪水电站于2006年开工，2010年投产发电，农电所/公司承担电站设计工作。

蒙古泰旭水电站：蒙古泰旭水电站位于蒙古国GOBI ALTAI省和ZABKHAN省交界处ZABKHAN河上（乌兰巴托西约1050km），电站总装机容量为3×3.45MW＋1×650kW。电站3.45MW机组额定水头为43.80m，650kW机组额定水头为35.20m。工程由碾压混凝土重力坝、压力钢管、发电厂房、110kV/35kV升压变电站等建筑物组成。压力钢管主管直径2.70m，后分叉分成四根支管，分别连接四台机组，支管直径三根为1.40m，一根为0.80m。工程于2006年3月开工，2010年10月并网发电，农电所/公司主要承担电站机电设计、金属结构及设备成套。

越南太安水电站：太安水电站位于越南东北部河江省境内Lo河的一级支流Mien河的中下游，距河江省省府所在地34km。坝址控制集雨面积1494km^2，其中在中国境内890km^2。电站设计水头186m，设计流量49.80m^3/s，装机容量2×41MW。枢纽主要建筑物由混凝土重力坝（含溢洪道）、发电引水上平洞、调压井、竖井、下平洞及发电厂房、110kV升压变电站及220kV太安变电所等建筑物组成。工程于2008年3月开工，2010年12月并网发电。我所承担工程（含220kV太安变电所）优化设计、招标设计及施工图设计。太安水电站是农电所/公司迄今为止完成的装机最大的海外水电设计项目。

越南孟洪水电站：孟洪水电站位于越南北部老街省境内红河右岸一级支流艾发河的左岸支流孟洪河上，距老街省省城40km。坝址集雨面积347.1km^2，厂址面积360.1km^2。孟洪水电站为径流式水电站，设计水头110m，设计流量33.20m^3/s，装机容量2×16MW，水库正常库容191万m^3，总库容214万m^3。枢纽主要建筑物由混凝土重力坝（含溢洪道）、发电引水上平洞、调压井、竖井、下平洞及发电厂房、110kV升压站等建筑物组成。工程于2008年5月开工，2011年2月并网发电。农电所/公司承担工程优化设计、招标设计及施工图设计。

浙江长潭水库水力发电厂技术改造工程：长潭水库水力发电厂位于浙江省台州市黄岩区境内永宁江上游，发电厂由主厂房、副厂房、35kV升压站、35kV开关站等部分组成。电站装机容量2×5MW＋1×1.6MW，设计水头

24m。工程于1999年9月开工，三台机组的安装调试分别安排在三个冬季枯水期进行，2003年4月完成全部机组的并网发电。农电所/公司承担电站技术改造设计。

浙江老石坎水库水力发电站技术改造工程：老石坎水库水力发电站位于浙江省安吉县西苕溪上，发电站由老石坎水库引水发电，属坝后式电站。电站装机容量1×2.5MW+1×1MW，其中2.5MW机组设计水头26.3m，1MW机组设计水头28.5m，电站两台机组分别以10kV和35kV出线接入老石坎变电所。工程于2004年9月开始施工安装，2005年3月完成全部机组的并网发电，农电所/公司承担电站技术改造设计。

浙江江山峡口水电站报废重建：峡口水电站位于浙江省江山市境内的江山港上游峡口镇。电站装有4台立式水轮发电机，其中1号、2号机组（2×4MW）于1973年投产发电，由于机电设备超过使用寿命年限，老化严重，效率低下，经浙江省水电检测中心检测表明已不能保证机组正常和安全运行。2002年10月经上级有关部门批准实施报废重建。报废重建于2003年3月完成，并投入运行，农电所/公司承担报废重建工程设计。重建后水轮机型号为HLA643—LJ—134，额定水头43.6m，额定流量13.4m^3/s，额定转速为375rpm。发电机型号为SF5000—16/3250，额定出力5000kW，高水头时最大出力为5500kW。调速器改为装有二段关闭装置的GYT—3500型可编程控制器（PLC）式调速器，具有PID调节规律。重建完成后电站厂房温度降低5℃，机组容量由4000kW增加到5000kW，高水头时最大出力达到5500kW，水轮机额定工况效率从81.2%提高到92.5%。电站多年平均发电量由3876万kW·h曾加到4028万kW·h（其中调峰电量3681万kW·h）。

浙江新昌长诏水电站改造工程：长诏水电站位于浙江省新昌县长诏村，1980年投入运行，装机容量3×2000kW，因设备超过寿命期，安全隐患严重，2010年进行报废重建。农电所/公司承担报废重建工程设计，重建后机组额定水头为39.2m，额定流量6.64m^3/s，电站容量提高到6750kW。水轮机采用HLA643—LJ—100型混流式水轮机，额定转速500r/min，发电机型号改为SF—J2250—12/2150，额定功率为2250kW，高水头时最大功率为2500kW。调速器与励磁设备采用微机型，进水阀采用自保持液压重锤式蝶阀，电气二次设备采用计算机监控系统，可以实现“无人值班，少人值守”。

云南禄劝县小蓬祖水电站工程：农电所承担了从工程勘测、预可研、可研、招标设计、施工图设计等全过程。电站位于云南省禄劝彝族苗族自治县，于 2009 年 9 月中旬投产发电。该工程以水力发电为主，发挥灌溉和防洪等综合效益。大坝坝型为拱坝，最大坝高 80m；地面式厂房，电站装机容量 44MW；发电输水隧洞为有压圆形隧洞，设计流量 83.5m^3/s，总长 572m，洞径 7.0m。

云南省临沧市南河一级水电站工程：农电所承担了从工程勘测、预可研、可研、招标设计、施工图等全过程。电站于 2009 年 9 月中旬投产发电。工程为单一目标的水力发电工程。大坝坝高 56.8m，拱坝坝型；电站装机容量 40MW；发电输水系统由竖井式进水口、有压圆形隧洞、调压井和压力管道等组成，全长 4254m，设计流量 64.5m^3/s，洞径 6.8m。

安徽省宁国沙埠电站：电站于 2009 年 5 月投产发电。工程规模为 3 台轴伸贯流式水轮机组，总装机容量 1890kW。枢纽工程由橡胶坝、电站厂房、升压站和管理房组成。

海南省吊罗河二级水电站：电站位于海南省陵水县吊罗山林业局辖区的吊罗河上，为引水式电站，坝址集水面积 13.59km^2。电站设计水头 286m，装机容量为 3200kW，年总发电量约 1238 万 kW·h。拦河低坝位于瀑布的上部，坝高 2m；电站引水渠布置于吊罗河右岸，总长 4420m，渠道为浆砌块石矩形结构，渠末接压力前池，压力钢管长 680m；主厂房内布置 2 台冲击式水轮发电机组。吊罗河二级电站于 2006 年 3 月建成投产，总投资 1260 万元。

海南省长安水电站：电站位于海南省琼中县上安乡辖区内的万泉河南源乘坡河的上游河段，为无调节的引水式电站，坝址集水面积 232km^2。电站设计水头 26.5m，装机容量为 3200kW，年总发电量约 1318 万 kW·h。拦河坝为细骨料混凝土灌砌块石重力式溢流坝，坝轴线长 83.5m，坝高 7m；输水系统位于左岸，总长度约 2960m，其中 3 段隧洞长 2120m，3 段明渠（含压力前池）长 765m；主厂房内布置 4 台混流式水轮发电机组。长安水电站于 2006 年 5 月建成投产，总投资 1820 万元。

海南省谷石滩水电站：电站位于海南省澄迈县加乐镇境内的南渡江干流上，为日调节的河床式电站，坝址集水面积 1131km^2。电站设计水头 10.6m，装机容量为 6400kW，年总发电量约 2339 万 kW·h。拦河坝为细骨料混凝土灌砌块石重力坝，坝轴线全长 254.6m，河床部位的溢流坝段堰顶设水力自控翻板闸门控制，门高 4.5m；河床式厂房位于右岸，冲沙闸布置于溢流闸坝段与河床式厂房之间；主厂房内布置 4 台轴流式水轮发电机组。谷石滩水电站于 2009 年 9 月建成投产，总投资 3020 万元。

第二节　杭州亚太建设监理咨询有限公司

杭州亚太建设监理咨询有限公司为水利部核准甲级建设监理单位（证书编号：水建监字第 19990138 号），具独立法人资格。业务范围是：水利水电工程监理及监理咨询、路桥工程及房屋建设监理及监理咨询。

2003 年通过 ISO 9001：2000 质量体系认证，2009 年经再认证审核，顺利通过 ISO 9001：2008 质量体系认证。2010 年，通过 ISO 14001：2004 环境管理体系认证、通过 GB/T 28001—2001 职业健康安全管理体系认证。

公司拥有大批专业齐全的相关工程技术人员及精干的企业经营管理人才，从业人员 160 人，注册监理工程师 70 人，总监理工程师 21 人，上岗监理人员全部经过正规监理业务培训，做到全员持证上岗。并拥有从国内外购置的一批齐全、先进的工程检测设备。

公司按照“守法、诚信、公正、科学”的原则，本着信誉第一的宗旨，优质高效地为项目法人服务。公司自成立以来已承接了水利枢纽、水电站（包括抽水蓄能电站）、水库、海塘、城防、围垦、河道治理、水库除险加固、引水、水闸等大、中、小型水利水电工程监理业务 300 多项，绝大部分得到了业主及其他有关部门的好评。

2001—2003 年，主要承接和进行的监理工程有：宁波溪下水库工程、舟山市钓浪围垦及标准海塘工程、浙江常山芙蓉水库工程、瑞安市飞云江标准海堤工程等；与上海水利勘测设计院合作，使用该院甲级监理资质承接河南南阳回龙抽水蓄能电站（120MW）的监理工作，常务副总监及主要监理人员由我所派遣。

2004 年至今，承接的大中型水利、水电、水运工程施工监理项目有：国家南水北调东线一期台儿庄泵站和二级坝泵站工程、贵州洪渡河石垭子水电站工程、温州市龙湾区海滨围垦工程、洞头县状元南片围垦工程、舟山钓浪围垦工程、浙江永康杨溪、仙居县里林等 6 座中型水库的除险加固工程、温岭市金清新闸排涝二期工程、环太湖公路及环湖大堤加固工程、宁波市东钱湖综合整治工程、宁波市姚江大闸加固改造工程、广东阳江 8 号码头工程、舟山定海区金塘北沥港渔港工程等。

经过 10 余年坚持不懈的努力，监理工作内容涉及河道整治、泵站、水库、水电站、堤防、围垦等水利水电工程，还有水运工程；监理工作的空间也不断扩大，涉及多个省份；监理工程的规模大到国家Ⅰ等工程；公司的经济三项指标有了明显的提高，见图 3－1。

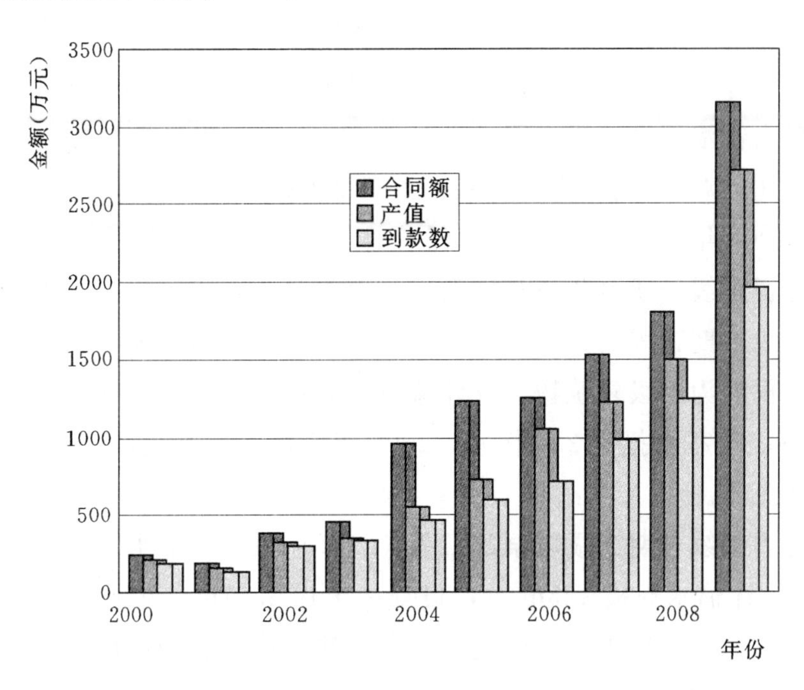

图 3－1　公司历年 3 项指标完成情况示意图

公司的主要监理项目见附录九的监理项目业绩汇总表。部分监理项目概况：

浙江温州泰顺三插溪二级电站：拦水坝为混凝土重力坝，装机规模 8000kW，工程总投资 6000 多万元，是浙江省较早的民营电站之一，1999 年 8 月至 2001 年 7 月进行监理，李志武任总监，工程被评为优良工程，而且工期也比合同提前 2 个月。

河南南阳回龙抽水蓄能电站：河南南阳回龙抽水蓄能电站建设规模为 2×60MW 单级混流可逆式水轮机组和必要的配套送出工程，工程建设总投资 4.5 亿元，由河南省电力公司全资投建。工程特点是：459m 的引水竖井，全国第一深；6.8km 上山公路，全省第一险；720r/min 的水机转速，国内第一次制造。上库最大坝高 54m，坝顶宽 5m，坝顶长 208m；下库最大坝高 53m，坝顶宽 5m，坝顶长 175m，均为混凝土碾压坝。工程于 2001 年 2 月开始施工，2005 年 12 月机组移交生产。陈昌杰、石世忠先后担任常务副总监，郑乃柏在工程施工前期担任技术顾问，指导监理工作。

浙江常山县芙蓉水库工程：芙蓉水库工程主要由拦河大坝、引水系统进水口、有压引水洞、调压井、高压管道、厂房、变电站等建筑物组成。拦河大坝采用抛物线双曲变厚拱坝，坝体材料为C15混凝土，最大坝高66m，水库总库容9580万m^3，电站装机容量为2×8000kW，工程总投资2.74亿元，李志武担任总监。工程于2002年11月开工，2005年5月移交运行单位管理。

浙江舟山钓浪围垦工程：围垦面积7700亩，50年一遇海堤4159m，总净宽51m（17孔×3m）的排涝闸3座。工程总投资1.62亿元，建设工期为2003年11月至2007年10月。姜和平担任总监。

南水北调东线一期台儿庄泵站工程：南水北调东线工程为Ⅰ等工程，台儿庄泵站为东线一期工程的第7级泵站，主要建筑物泵房、前池、进水池、出水池、清污机桥等为1级建筑物。设计流量125m^3/s，泵站装机5台，总装机容量12000kW。工程总投资2.4亿元，2005年5月开工建设，2009年8月完成。史荣庆担任总监。

南水北调东线一期二级坝泵站工程：二级坝泵站为南水北调东线一期的第8级泵站，设计输水规模125m^3/s，设计净扬程3.21m，站下开挖2.059km引水渠接东股引河。枢纽工程主要建筑物有泵站主厂房、副厂房、变电所、进水闸、引水渠、出水渠、二级坝公路桥和引水渠交通桥等工程。总计开挖土方151.96万m^3，土方回填97.45万m^3，砌石1.715万m^3，混凝土及钢筋混凝土5.77万m^3，灌注桩2406m。工程总投资2.55亿元。夏伟才担任总监。荣获2009年度南水北调工程建设安全生产管理优秀单位。

贵州洪渡河石垭子水电站工程：电站枢纽由挡水建筑物、泄水建筑物、引水发电系统等组成。大坝为碾压混凝土重力坝，最大坝高134.5m。水库正常蓄水位544m，总库容3.492m^3，调节库容1.546亿m^3，水库具有季调节能力。电站正常蓄水位544m（高程），相应库容3.215亿m^3，装机容量为140MW（2×70MW）。工程总投资9.935亿元，建设工期为2007年8月至2010年6月。石世忠、李凤军先后担任总监。荣获2008年度文明监理单位。

广东省阳江港8号通用泊位工程：阳江港8号通用泊位工程由广东阳江港港务有限公司投资建设，设计能力为5万t。工程由码头、护岸及道路堆场组成。码头总长303m，为大型沉箱式结构。工程总投资2.33亿元。建设工期为2006年8月至2007年8月。我公司以南科院江苏科兴公司的名义投中工程监理标。任苏明担任总监。

浙江省舟山市钓浪促围、围垦工程：钓浪促围工程修筑海堤3条，北Ⅰ海堤长412.5m，北Ⅱ海堤长3931.7m，南堤长2790m，水闸一座。促围工程投资2.97亿元，围垦工程投资5.929亿元。促围、围垦工程施工监理均由我公司中标，促围工程建设工期为2004年12月至2008年12月。陈惠忠担任总监，围垦工程于2010年5月开始，将历时48个月，朱小华担任总监。

浙江洞头县状元南片围涂工程：洞头县状元南片围涂工程是浙江省重点围垦项目之一，位于状元岙岛南侧，由南围堤、东围堤、隔堤和3座水闸组成，堤线总长约4199m，围垦面积约5169亩，工程总投资2.99亿元。工程自2005年9月1日正式开工，现已基本完成。周剑雄担任总监。

第三节　杭州亚太水电设备成套技术有限公司和杭州思绿能源科技有限公司

杭州亚太水电设备成套技术有限公司于2002年9月注册成立，是专业从事中小水电技术设备开发咨询服务的科技企业，具备独立法人资格，2003年通过ISO 9001：2000质量体系资格认证，2009年经再认证审核，顺利通过ISO 9001：2008质量体系认证。

2008年10月成立杭州思绿能源科技有限公司，注册资金100万元，公司具有独立法人地位。2011年通过ISO 9001：2008质量体系资格认证。

公司拥有一批知识全面、勇于开拓的高层次技术人员和先进的仪器设备，从业人员65人。通过制定相关规章制度实行现代化企业管理模式，以“质量为纲、服务为本、信誉至上”为质量方针，以顾客至上为服务宗旨，致力于将农电所（亚太中心）取得的科研成果转化为生产力，在水电站综合自动化控制系统、电力系统调度自动化、水库大坝安全检测和信息管理系统、水电设备成套技术出口等方面取得了良好的成绩。公司研发生产的小水电站自动化监控系统已在国内外80余个电站投入应用，主要包括：浙江泰顺洪溪一级电站水电站（2×7500kW）、浙江省绍兴市汤蒲水电站（2×1600kW）、安徽省石台县六百丈二级水电站（2×400kW）、淳安铜山一二级水电站（2×3200kW＋2×2000kW）、重庆云阳咸盛水库电站（2×6300kW）、陕西省勉县娘娘滩水电站（2×500kW）、贵州思南县双鱼关水电站（3×500kW）、海南黎母山天河二级水电站（2×500kW）、甘肃英东一二级水电站（800kW＋1250kW）、土耳其BASARAN水电站（2×300kW）、越南科电水电站（2×4500kW）、蒙古Tashir水电站（3×3450kW＋650kW）、秘鲁吉拉水电站（1950kW）、江西省樟树坑水电站（4×2500kW）、土耳其卡卡尼水电站（2×4500kW）、土耳其阿克洽水电站（2×11000kW＋5500kW）、土耳其亚尼兹水电站（3×5000kW）、海南省琼中县英歌岭二三级水电站（2×400kW＋2×630kW）、秘鲁桑地亚水电站（1200kW）、贵阳市大塘河水电站（500kW＋2×200kW）、甘肃省临洮县瑞龙水电站（4×3200kW）、土耳其莫拉特一二级水电站（3×8410kW＋3×3416kW）等。

经过近十年的发展，在全体员工团结协作、努力开拓的基础上，公司业绩有了重大突破，特别是在小水电成套设备出口技术贸易服务工程上取得了显著的成绩，2009年实现产值到款双双超过亿元。通过出口贸易锻炼了队伍，在商务谈判、技术咨询、设计优化、现场服务、应急处理、国际结算、业务拓展等方面积累了丰富的经验，赢得了口碑，为进一步增强国际贸易业务打下了基础。国内市场以水电站自动化监控为主要产品方向，并拓展至闸门、泵站等自动化应用，开展水库信息化研究与应用，在稳住市场份额的基础上为国外成套项目提供人员培训和技术储备，国内国外相互促进，使成套公司走上一条可持续发展的道路。国内外小水电设备成套项目业绩汇总表见附录十。

主要业务概况：

1. 水电站无人值班自动控制系统

水电站无人值班自动控制系统是公司的拳头产品，是公司在长期从事我国小水电技术研发的基础上开发设计的，包括适用于高压机组的SDJK系列水电站计算机监控和保护系统以及适用于低压机组的DZWX系列自动控制保护系统的两大系列产品，该系统技术性能指标、可靠性、对环境的适应能力达到或超过国内同类先进产品。截至2010年10月底，已在国内外近百座小水电站得到推广应用，最早的已使用超过15年，从实际运行情况来看，该系统运行稳定可靠，能够满足电站自动化生产运行的要求，得到用户的肯定。典型用户如下：

浙江东阳横锦电站：电站位于浙江省东阳市，装机容量为2×4000kW＋320kW＋1250kW，2大机为立式，2小机为卧式且分别安装于独立厂房，升压站高压侧为35kV，20世纪60年代老电站，首期改造内容为2大机、升压站等所有机电设备更新，1小机自动控制改造。SDJK系统完成所有控制、调节、测量、保护等功能，1996年改造完毕投运。2003年为满足横锦水库为义乌市供水的要求，增设了一台1250kW机组专用于供水工程，新增机组的监控保护设备于2004年12月完成并投运。

浙江金华莘畈水库梯级电站：莘畈水库位于浙江省金华市婺城区西南莘畈

乡大立元村，距金华城区 44km，1971 年 1 月动工，1980 年 12 月建成，大坝建在莘畈溪中游，莘畈溪发源于青莲山分水岭，坝址以上集雨面积 $47km^2$，坝高 45m，常水位 144m，相应库容 $3030m^3$，是一座以灌溉为主，结合防洪、发电、养鱼等综合利用的中型水库。2003 年实行电站控制设备自动化改造。莘畈水库电站计算机监控系统开发包括：莘畈一级电站（3 台水轮发电机组 3×400kW、1 台主变、1 回 10kV 线路）、二级电站（2 台水轮发电机组 2×320kW、1 台主变、1 回 10kV 线路）、鸽坞塔电站（1 台水轮发电机组 1×160kW、1 台主变、1 回 10kV 线路）的测量、控制、调节、保护信号的硬件和软件。在一级、二级电站设上位机系统，2003 年 11 月投运。

浙江省泰顺洪溪一级电站：电站位于浙江省泰顺县，装机容量为 2×7500kW，立式机组，二机一变，升压站高压侧为 110kV，股份制新建电站，SDJK 系统完成所有控制、调节、测量、保护等功能，2003 年投运。

福建省宁德白岩电站：电站位于福建省宁德市，装机容量为 2×3200kW，卧式机组，二机一变，升压站高压侧为 35kV，改造电站，SDJK 系统完成所有控制、调节、测量、保护等功能，2002 年 3 月投运。2010 年 8 月承接了电站工控机及通信系统改造项目，于 2010 年 10 月完成。

广东省四堡水库坝后电站：电站位于广东省鹤山市龙口镇，装机容量为 1×320kW＋1×250kW，2 台均为卧式机组，二机一变，升压站高压侧为 10kV，新建电站，DZWX 系统完成所有控制、调节、测量、保护及厂用电自动投切、水位检测等功能，含上位机系统，2003 年投运。

重庆云阳咸盛电站：电站位于重庆市云阳县咸池水库，为左干渠渠系电站，是该县的骨干电站，担任电网调峰功能。电站于 1998 年投产，装机容量为 2×6300kW，发电机额定电压 6.3kV，二回 35kV 出线。电站在 2005 年 6 月因设备老化进行机电设备自动化改造，整个电站配置 SDJK－2000 水电站计算机监控系统，配置 2 套当地 LCU、1 套公用 LCU 以及主变线路保护等，可实现无人值班、少人值守。2005 年 7 月投运。2009 年 1 月承接了电站前池闸门远程监控系统工程，于 2009 年 4 月完成。

越南科电电站：电站装机两台 4500kW 立轴混流式机组，SDJK 系统完成全站的所有控制、调节、测量、保护，2007 年 8 月投运。

蒙古泰旭电站：电站位于蒙古西部泰旭省，是该省的主力电站，电站装机容量为 3×3450kW＋650kW，立轴混流式机组，小机专用于低水位时运行，全站的控制、调节、测量、保护采用 SDJK 系统，于 2010 年 10 月投运。

秘鲁吉拉/桑迪亚电站：秘鲁吉拉二级水电站位于秘鲁中部的San Martin省，装机容量为1950kW，卧轴混流式机组。SDJK系统包括了全站的控制调节和测量保护，于2007年3月投运。桑迪亚水电站位于秘鲁南部的普诺省的桑迪亚镇，桑迪亚水电站共有3台卧轴水斗式机组，SDJK系统用于新增的3号机组的监控、保护和测量，并达到孤立运行的要求。

土耳其电站：水电站计算机监控系统已在土耳其的开卡乐电站（250kW，立轴轴流式）、巴沙拉水电站（2×320kW，立轴轴流式）、卡卡尼（2×4500kW，卧轴混流式）、阿克恰（2×10MW+5000kW，立轴混流式）、亚尼兹（3×5000kW，立轴混流式）投入运行，并正在卡的亚（3×2760kW，卧轴混流式）、甘然（2×20MW，立轴混流式）2座电站进行调试安装工作，预计在2011年投入运行。

2. 箱式机组的开发利用

引进澳大利亚箱式整装小水电站，并在金华双龙电站（160kW）成功应用，吸收其先进合理的设计理念，通过对其关键技术的研究，研制出相关配套产品，实现箱式小水电站国产化机组成套，在浙江省温州市永嘉县岩坦电站建立了第一座320kW的国产化箱式整装小水电站的示范电站，继续开展国产化推广应用，目前正在执行玉环电站的箱式机组改造项目（320kW），预计2011年可以完成，在国内应用成熟后，将把此项技术推广应用于国内偏远地区，并进而成套出口到东欧、非洲或东盟国家。

3. 小水电站新型配套设备

包括TC弹簧蓄能操作器和HPU水轮机液压（氮气罐储能）操作器，是针对我国农村小水电的现状和特点设计开发的带储能装置的新型小型水轮机操作器。其结构简单可靠，运行维护方便，除实现正常开停机操作外，可确保在发生事故且厂用电消失时能安全自动关闭水轮机导叶/喷针，有效地提高电站的安全生产水平。截至2010年10月底，已在全国数十个电站得到推广应用，主要包括：河北响水铺电站、浙江嵊州南山水库电站、浙江金华白沙驿电站、安徽六百丈二级电站、浙江金华莘畈电站、广东鹤山四堡水库电站、陕西娘娘滩水电站、贵州思南县双鱼关水电站、甘肃省临洮县油磨滩水电站、甘肃临新民滩水电站、陕西勉县马蹄沟水电站等。

4. 大坝安全和水库信息管理系统

大坝安全和水库信息管理系统包括大坝安全检测、水情测报、电站自动化监测、闸门检测、水质检测、视频监控等6个子系统，通过网络连接实现数据共享查询管理，该系统已在广东省鹤山市四堡水库、广东省鹤山市鹤山西江大堤、浙江省金华市安地水库和浙江省杭州市余杭四岭水库得到应用。

第四节　小型水利水电工程安全监测中心

该中心依托南京水利科学研究院在水利、水运、岩土等专业雄厚的科研实力和技术优势，开展水利、岩土工程的科学研究、原位监测等工作。

中心成立以来先后承接了混凝土面板坝、碾压土石坝、围垦工程等原位监测项目共20余项。项目主要有：浦江县通济桥水库除险加固工程Ⅱ标拦河坝原型观测、仙居县里林水库除险加固工程原型观测、舟山市定海区金林水库千库保安工程原位观测、舟山市定海区西大塘外涂围垦工程原位观测、海盐县黄沙坞治江围垦工程原位观测、宁波市北仑区郭巨峙南围涂工程Ⅳ标原位观测、宁波市皎口水库加固改造工程大坝安全监测系统及三防会商系统、舟山市定海区东大塘紫窟涂外涂围垦工程原位观测、宁波市鄞州大嵩围涂工程原位观测、舟山市长峙岛浙江海洋学院科研养殖基地围垦工程安全监测、舟山市金塘北部区域开发建设项目沥港渔港建设工程（西堤）原型观测、瑞安市城市防洪三期工程原位观测、诸永高速台州段Ⅰ标滑坡体边坡加固工程原型观测、舟山市金塘北部区域开发建设项目沥港渔港建设工程（防波堤东堤）爆破堤心石地质物探勘测等。主要监测项目见附录十一中的监测项目业绩汇总表。

经过多年的努力发展，监测中心对于特殊水工建筑物的应力应变原位观测的不断积淀，对水工建筑物有了更加深入的研究，有利于我所在新能源、新材料方面开展研究。

近几年监测中心部分原位监测项目概况：

浦江县通济桥水库除险加固工程Ⅱ标拦河坝原位监测：通济桥水库主要由拦河坝、溢洪道、调压井、发电厂房等建筑物组成，水库总库容8097万m^3，装机容量1.76MW。原位监测项目主要布置在拦河坝位置，大坝最高坝高35m，大坝材料为砾石料填筑，拦河坝除险加固采用低弹模混凝土防渗墙作为防渗措施，主要监测项目有防渗墙应力应变监测、防渗墙位移监测、大坝孔隙水压力监测、大坝位移监测等，监测仪器主要有应变计、测斜仪、孔隙水压力计、位移观测墩等。

舟山市定海区东大塘紫窟涂外涂围垦工程原位监测：该围垦工程由东大塘外涂及紫窟涂外涂组成，东大塘斧双头山嘴到紫窟涂外涂围垦工程，围涂面积

1332亩，堤长1867m；紫窟涂外涂围垦工程从上游头山嘴到长了尚山嘴，由主堤与西支堤组成，主堤全长1416m，围涂面积1097亩。工程等级为Ⅲ等，主要建筑物海堤为3级水工建筑物，防潮标准为50年一遇。主要监测项目包括地表沉降观测、深层水平位移观测、孔隙水压力观测、地基十字板强度原位测试等。

海盐县黄沙坞治江围垦工程原位监测：海盐县黄沙坞治江围垦工程是钱塘江尖山河段整治的重要组成部分，是一项以围促治的治江围垦工程，工程西接尖山河湾整治海宁围垦4号堤，东与长山闸西800m处的长山围堤相接。围垦总面积2.25万亩，围堤总长度8.31km，主要观测项目有：沉降观测、水平位移观测、地基孔隙水压力观测、深层水平位移观测等。

瑞安市城市防洪三期工程原位观测：瑞安市城市防洪三期工程位于飞云江北岸瑞安市安阳镇。工程由上游红旗闸至南门长1945m的防洪堤及相应景观建设、交叉建筑物等工程项目组成。工程设计标准为50年一遇，堤顶高程为5.8m，顶宽5.5m。主要观测项目有：沉降观测、水平位移观测、地基孔隙水压力观测、土压力观测、深层水平位移观测及钢筋应力观测等。

舟山市金塘北部区域开发建设项目沥港渔港建设工程爆破堤心石地质物探勘测：工程位于舟山市定海区金塘镇西北部，防波东堤自金塘岛炮打岩至小髫果山相连，长度为2180m。设计标准为50年一遇高潮位，遭遇50年一遇波浪，允许部分越浪。为了解围堤实际形成断面，为业主提供相关信息，同时也为施工单位反馈施工信息指导施工，采用物探检测方法进行检测。检测采用地质雷达点测方法，对防波堤纵剖面和横剖面进行检测。纵向布置2条检测线，横向每隔50～100m布置一条检测线，总检测线长度约5100m。

第五节　小水电工程质量检测中心

2009年在所安排下，由监理公司牵头筹建小水电工程质量检测中心。该中心主要从事小水电站（工程）的安全检测业务，特别为即将开展的全国一大批水电站的技术改造服务，为水利工程的质量检测服务。

2009年，组织62位员工参加水利工程质量检测员的培训工作，为申请检测资质打下良好基础；在所原有的仪器和设备基础上，新采购了包括回路电阻测试仪、数字测振测温仪、全自动变比测试仪、桥梁挠度测试仪等19件共19万元的仪器设备；聘请计量认证咨询单位编写了质量管理体系文件；组织人员对浙江衢州、丽水两市145座运行25年以上的小型水电站的271台机组进行了安全检测。

2010年，完成了实验室场地建设、仪器设备购置安装、发布实施《质量手册》和《程序文件》以及检测人员上岗培训等资质认证所需的前期准备工作。新签合同4份，承接了浙江省水利厅小水电安全运行复核项目、浙江长堰水库除险加固工程大坝安全监测项目、浙江省桐庐毕浦水电站电气设备试验工程项目等。组织内部检测涵盖岩土工程、金属结构、机械电气、测量4大类共150个小项近400次实验。

2011年4月29日通过国家计量认证预评审，11月25日通过正式评审。计划申报岩土、金结乙级检测资质，机电、量测甲级检测资质，通过未来5年的努力，在人员水平和设备能力方面有长足的进步。

第六节　水利部农村水电工程技术研究中心（筹）

1. 成立背景

水利部工程技术研究中心是国家水利科技创新体系的重要组成部分。水利部于1999年和2002年启动了水利部工程技术研究中心组建的试点工作；2003年，发布了《水利部工程技术研究中心建设与管理暂行办法》。目前，已经批复的部级"工程中心"共有10家。2011年7月水利部发布了《关于组织申报水利部工程技术研究中心的通知》，正式启动了新一轮"工程中心"的组建工作。

农村水电是清洁可再生能源，是农村经济社会发展的重要基础设施。面对新农村水电建设的新要求，亟须研究开发农村水电新技术、新设备，并加速实现产业化和推广应用，因此，组建农村水电工程技术研究中心十分必要。

农电所围绕农村水电新技术、新设备等方面开展了大量研发工作，完成省部级课题100余项，取得了一批高水平的成果，具有一支结构合理、素质高、创新能力强的研发队伍，已初步建立了开放的运行机制和管理模式。

农电所高度重视工程中心的申报工作，积极筹备农村水电工程中心，为农电所的发展增添动力。

2. 宗旨和研究方向

水利部农村水电工程技术研究中心的总体目标及任务是在水利部的领导下，面向我国农村水电行业，组建一个开展农村水电领域基础理论、关键技术研究和成果转化的开放平台；汇聚该领域一流的科技人才，建设一支为农村水电建设和管理服务、精干高效的研究队伍；通过联合攻关、技术创新和成果推广与国际交流，促进行业科技进步，为进一步提高农村水电行业现代化水平提供有力的技术支撑，促进农村水电行业的可持续发展。

水利部农村水电工程技术研究中心有明确的、具有学科指导意义和创新内容的研究方向，将有针对性地组织研制开发经济适用、具有自主知识产权的农村水电新技术、新设备、新材料及其配套施工工艺；受国家和行业技术主管的委托，对农村水电行业技术发展关键技术开展研发与实施工作。主要研发及产业化方向：农村水能资源保护、利用及管理信息系统开发与应用；农村水电增效减排与安全保障关键技术；农村水电新技术与新设备研发与推广；生态友好型农村水电及清洁能源多能互补关键技术；农村水电可持续发展与技术管理标准体系研究等。

3. 进展

2011年7月，为贯彻落实2011年中央1号文件精神，进一步健全水利科技创新体系，强化基础条件平台建设，根据《水利部工程技术研究中心建设与管理暂行办法》，水利部发布了《关于组织申报水利部工程技术研究中心的通知》(办国科〔2011〕279号)。农电所主动向主管司局汇报关于“水利部农村水电工程技术研究中心”的申请与实施思路，完善申报材料，确定“工程中心”的总体目标和任务，明确重点研究方向，按时提交了“水利部农村水电工程技术研究中心”申请书和实施方案，并顺利通过了资格审查。

2011年9月6日，水利部国际合作与科技司发布了《关于对申报水利部重点实验室与工程技术研究中心进行现场考察的通知》。农电所针对考察重点，在拟建“工程中心”研发与成果转化能力、水平、仪器设备、队伍建设、运行管理和依托单位支持等方面认真筹备。9月16日，现场考察专家组对农电所拟建工程中心的建设情况进行了现场考察，专家组听取了工程中心基本情况汇报，查阅了相关材料，察看了科研实验设施。最后，专家组一致认为，申报单位具备了组建“水利部农村水电工程技术研究中心”的基本条件。

2011年10月17日，农电所申报的“水利部农村水电工程技术研究中心”顺利通过了评审委员会组织的答辩评审。11月4—10日水利部国际合作与科技司对拟建工程中心进行了公示，农电所申报的“水利部农村水电工程技术研究中心”已顺利通过了公示阶段。

第七节　瑞迪大酒店

为改善国际国内小水电培训班的培训条件，提高我所公务接待能力和档次，拓宽经济增长点，提高创收能力，经南科院批准（人［2005］164号），我所成立“杭州瑞迪大酒店有限公司”，由综合服务中心负责筹建。

瑞迪大酒店基建与所裙楼改扩建项目同时进行，从2004年5月开始将所主楼原二至五楼招待所房间进行了彻底翻修，裙楼中增设餐厅、厨房、职工餐厅和会议室，经过五个月紧张的基建和筹备，杭州瑞迪大酒店有限公司于同年10月正式成立，开始正常营业。经杭州市工商行政管理局西湖分局注册登记，注册资本为60万元。经营方式为独立核算、自主经营、自负盈亏。经营范围包括住宿、餐饮、商务服务、百货零售等。

瑞迪大酒店按三星级标准配置，拥有套房、商务间、标准间和单人间等各类房型共38间，房间造型别致、风格现代、设施齐全、舒适如家，既适合商务人员的出差短住，也能满足本行业培训班国际学员长期居住的要求。裙楼二楼餐厅就餐环境宜人，有餐位200余位，大小包厢8个，提供中餐、自助餐等多种就餐形式，除大大提升了对国际培训班教师和学员的就餐条件外，还可以承接各种规模和类型的社会会议餐、工作餐、婚宴等。餐厅中专设职工餐厅，为所内职工提供丰富、实惠的工作午餐。多功能会议厅配有音响、灯光、投影等设施，能举行最多150人的会议和形式各异的茶话会、晚会。

酒店按现代企业制度和市场机制的要求运行管理，在优先保证为所公务接待、各类培训班和全所职工提供优质服务的基础上，努力开拓市场，参与社会竞争，取得了良好的经济效益，拓展了我所的经营领域，也提升了我所的知名度和对外形象。

第六章　基础设施和人才培养

在水利部和南科院的大力支持下，农电所（亚太中心）先后完成了裙楼改扩建、消防及给排水系统改造、配电系统改造、局域网建设、电梯更新、办公楼基础设施改造等工程，职工的工作、生产条件得到了较大改善。借助于水利部实验室和国家财政专项修购资金，所购置了农村水电站安全检测等先进仪器设备，为农电所小水电工程质量检测中心建立创造了条件，也为农电所申报水利部小水电工程中心打下了基础。农电所资质不断提升，拥有设计、咨询、监理等8项不同专业、不同层次的资质证书，其中工程咨询和监理达到甲级资质。2003年通过ISO 9001质量管理体系认证，2009年经再认证审核，顺利通过ISO 9001：2008质量体系认证。

农电所始终把人才的培养和引进工作作为首要工作来抓，并根据国家规定的资质标准要求，采用灵活多样的激励机制，鼓励职工参加有关注册工程师的培训和考试，并确保每个职工只要努力工作，都有向上发展的空间。人才队伍不断扩大，层次也不断提高，截至2010年底，在职职工人数达到200多人，研究生比例有较大提高。

第一节　资质和专利

一、资质

资质是单位进入市场参加竞争的通行证，是单位市场竞争力强弱的重要标志，农电所非常重视资质的申请、升级和维护工作。

1. 获得新资质2项

2004年3月获得浙江省水利厅颁发的“浙江省小型水库工程蓄水安全鉴定资格单位”。

2008年6月，获得浙江省水利厅颁发的试验室机电修试资格等级证书（壹级），试验范围：机电修试（限单机2500kW以下）。

2. 乙级升至甲级资质 2 项

2007 年 9 月获得水利部颁发的《水利工程施工监理资格等级证书（甲级）》，服务范围：各等级水利工程的施工监理。

2009 年 8 月获得国家发改委颁发的《工程咨询单位资格证书（甲级）》，专业：水电；服务范围：编制可研、项目申请报告、资金申请报告、评估咨询。

3. 乙级资质 4 项（换证）

2009 年 8 月获得国家发改委颁发的《工程咨询单位资格证书（乙级）》，专业：水电、水利工程；服务范围：规划咨询、编制项目建议书、（水电不含可行性研究报告、项目申请报告、资金申请报告、评估咨询）、工程设计、工程项目管理。

2009 年 11 月获得浙江省住建厅颁发的《工程设计资质证书（乙级）》，专业：电力；服务范围：水力发电（含抽水蓄能、潮汐）。

2010 年 3 月获得国家住建部颁发的《工程设计资质证书（乙级）》，专业：水利；服务范围：水库枢纽、围垦。

2010 年 6 月获得中国水土保持学会颁发的《水土保持方案编制资格证书（乙级）》。

二、专利

农电所获得专利 14 项。2005 年，《带电动操作机构的断路器》、《一种水轮机导叶接力器位移变送装置》获得国家实用新型专利；2007 年，《水轮机液压操作器》获得国家实用新型专利，《一种漏电保护器重合闸方法》和《一种用于漏电保护器的抗干扰方法》获得国家发明专利；2008 年，《一种用于漏电保护器的电网状态检测方法》、《一种用于漏电保护器的上电合闸控制方法》获得国家发明专利；2009 年，《双库自调节潮汐能发电系统》、《小型水轮发电机组的电子负荷调节器》获得国家实用新型专利；2010 年，《一种百叶窗式水力自控闸门》、《双库自调节潮汐能发电方法及其系统》获得国家实用新型专利，《一种带有光耦隔离的漏电保护器电网状态检测方法》获得国家发明专利；2011 年，《箱式整装小水电站》获得国家实用新型专利，《河流水能资源区划地理信息管理系统软件》获得国家软件著作权专利。

第二节 ISO 9001 质量管理体系

根据农电所整体素质和自身发展的需要，为加强质量管理能力，使产品和服务各个环节处于受控状态，提高农电所在市场中的信誉和竞争力，稳定地提供用户满意的产品和服务，很好地保护消费者的利益，从2003年正式导入了ISO 9000标准。该标准执行至今已有8年，增强了农电所各部门的质量管理意识，规范了质量活动过程，有效地带动了全所各方面工作，促进了整体事业的发展。

一、质量管理体系文件编写

2003年5月29日，农电所召开各部门主要领导会议，由陈生水所长主持会议，宣布全所进行GB/T 19001—2000 idt ISO 9001：2000《质量管理体系要求》认证前的准备工作。成立了以程夏蕾为组长，谢益民、陈星为副组长的ISO 9000质量管理体系小组，负责策划、组织和实施ISO 9001：2000质量管理体系标准。

2003年6—9月，由程夏蕾、谢益民、陈星、张喆瑜、吴卫国、史荣庆、徐燕、楼宏平、潘大庆等对农电所的工作流程进行了识别和讨论，编制完成了质量管理体系文件。全所的质量管理体系文件共分为3套，分别为水利部农村电气化研究所（含中小水电规划设计院）主体系、亚太水电设备成套技术有限公司分体系、杭州亚太建设监理咨询有限公司分体系。主体系文件包括质量管理手册、文件控制程序、记录控制程序、程序文件编写导则、质量方针和质量目标、管理评审控制程序、人力资源管理程序、与顾客有关的过程控制程序、项目申报控制程序、项目立项控制程序、项目策划控制程序、研究过程控制程序、采购控制程序、供方评价和选择控制程序、国际合作与培训控制程序、标识和可追溯性控制程序、顾客财产控制程序、防护与交付控制程序、监视和测量装置控制程序、顾客满意度测量程序、内部质量审核控制程序、质量监视和测量控制程序、不合格品控制程序、质量数据分析控制程序、纠正和预防措施控制程序等1本质量手册、24个程序文件和3层次作业指导文件记录表单39张。

二、ISO 9000标准导入

在对全所职工实施贯标培训，认真学习质量管理体系文件之后，2003年8月15日，陈生水所长签署批准令，宣布所质量管理体系开始试运行，农电所按照计划开展了大量的导入工作。

三、质量管理体系认证

2004年2月13日，中国质量认证中心（CQC）为水利部农村电气化研究所、杭州亚太水电设备成套技术有限公司、杭州亚太建设监理咨询有限公司颁发了ISO 9001：2000质量管理体系认证证书，质量管理体系认证工作顺利进入轨道。

四、质量管理体系的运行

为确保农电所（亚太中心）严格按ISO 9001质量管理体系要求，开展研究、培训、设计、研发、服务等各项工作，农电所（亚太中心）首先加强贯标宣传和标准学习，职工质量意识逐年提高，经过了由习惯做法转变为自觉地按体系要求开展本职工作的过程；其次，重视内审员队伍建设，各部门选派有关人员参加内审员资格培训；第三，加强监督和检查，从所领导、部门负责人、内审员3个层面组织和开展日常检查、内审、外审和评审等工作，发现问题及时整改，确保质量方针的贯彻和质量目标的实现，保证了质量管理体系持续的适宜性、充分性和有效性。2008年11月，国际标准化组织颁布实施了ISO 9001：2008版标准，我国等同采用的国家标准GB/T 19001—2008于2008年12月发布，2009年3月正式实施。农电所（亚太中心）抓住国家标准转换的契机，及时选派有关人员参加2008版内审员资格培训，组织学习2008版新标准，全面总结自2003年导入体系以来质量管理中出现的各种问题和不足，对体系文件进行了换版修改，新体系文件于2009年9月正式实施，10月顺利通过中国质量认证中心组织的ISO 9001：2008质量体系认证，并获得体系证书。

第三节　基　础　设　施

为支持科技体制改革，国家加大了科技投入，在水利部、南科院的大力支持下，农电所（亚太中心）进行了较大规模的科研基础设施建设。

一、裙楼改扩建工程

农电所的一层裙楼建于1984年，由于基础下沉，导致建筑倾斜、开裂严重，经杭州市房屋安全鉴定所鉴定，被评定为危房，为确保安全，需拆除重建。2002年8月30日，水利部下发水规计［2002］369号文件批准该项目建议书，同意进行改扩建，裙楼主要功能为会议室、中外人员活动室及食堂等。2003年3月13日，水利部以水规计［2003］98号文批准裙楼改扩建工程的初步设计报告，核定建筑面积2653m²，核定总投资为585万元，其中水利部逐年安排解决500万元。为解决农电所停车难的问题，在裙楼中增设半地下车库。

经公开招投标，工程于2003年9月26日正式开工，2004年8月12日竣工，改建后的裙楼为钢筋混凝土框架结构，建筑由半地下车库1层、地面3层，以及连接裙楼和14层办公大楼西立面的门厅组成。总建筑面积为2233.2m²（不包括半地下车库约671.27m²），总投资594.86万元。

裙楼改扩建工程的实施改善了职工和国际学员的工作、学习和生活条件，提升了农电所对内对外形象。

二、办公大楼消防及给排水系统改造工程

2003年，水利部下拨专项资金150万元，支持农电所进行消防系统和给排水系统的改造。

改造内容为：

（1）给排水系统：室外和办公大楼第2～5层（国际学员宿舍）的给排水系统重建，6层以上的给排水系统维修。

（2）消防系统：裙楼、门厅、办公楼第2～5层增设火灾自动报警及联动系统和自动喷淋系统，室外消防水池增容改造。

（3）办公区道路修复。

工程于2003年11月开工，2004年8月竣工。

三、配电系统改造工程

针对农电所供大楼电源的变电设备容量不够、损耗高的实际情况，2003年，水利部下拨50万元资金用于农电所配电系统的改造。

工程施工范围为电缆敷设、负荷开关调换；SC—200kVA、SC—400kVA等2台变压器的购置安装；低压柜制作安装等。工程于2004年3月开工，2004年11月竣工，经过改造，供电容量由300kVA增加到600kVA。

四、电梯改造

农电所办公大楼的两台电梯1986年投入使用，是原苏州电梯厂20世纪80年代生产的产品，故障率高、噪音大、维护成本高、有效载客小，特别是安全性能差。2003年底，在水利部和南科院的大力支持下，农电所采用上海三菱电梯有限公司制造的GPS—Ⅲ型乘客电梯对两台电梯进行了更新，该型电梯采用个性化智能群控系统，具有运行速度快、安全性高的特点。为最大限度利用原有井道的容积，使更新后电梯的载客量最大化，农电所要求厂家在确保安全的前提下，进行非标准系列产品的设计和生产，和原电梯相比，可以增加电梯轿箱有效容积40%。

五、局域网建设

为了打造现代办公环境，满足员工通过因特网与外界的沟通联系和信息查询，实现数据、打印等资源共享，2002 年 4 月，经南科院批准，农电所进行局域网建设，总投资约 50 万元。工程内容包括机房装修、网络设备（路由器、交换机、服务器等）的购置和安装调试、大楼的局域网布线等，网络接口为 120 个，网络设备采用集中布置在机房的方式，工程于 2002 年 6 月竣工。Internet 出口通过租用铁通数据专线（2M）连接到南科院网络中心，租期 3 年。

2005 年 7 月，与杭州网通公司签订 Internet 数据专线租用协议，农电所局域网 Internet 出口改为通过杭州网通实现，光缆专线带宽为 2M。

2009 年 10 月至 2010 年 4 月，大楼装修时局域网重新布线，网络接口为 220 个。

2009 年 6 月增购 1 台服务器作为邮件服务器。2010 年 5 月增购 1 台 UPS。2009 年 10 月至 2010 年 4 月，大楼装修时局域网重新布线。

六、电话虚拟网工程

随着农电所各项事业的迅猛发展，特别是裙楼改扩建工程项目的实施，使电话线路的需求大大增加，现有电话系统已经无法满足需要。在南科院的大力支持下，2003 年进行了电话虚拟网改造工程，并投入使用。电话虚拟网的建设极大地改善了农电所的通信条件，取得了很好的效果。

七、传达室等拆复建工程

2008 年，因杭州“两纵三横”综合整治工程需要，学院路需向西拓宽 4m，因此农电所传达室及配套用房、所牌以及靠近学院路南北向围墙需拆除重建。2008 年 1 月 3 日，农电所和西湖区建设局就土地、建筑物及附属物的赔偿问题达成了协议。

根据 2008 年 2 月 4 日西湖区道路综合整治指挥部“关于学院路 122 号传达室等拆复建的回复”，重建后传达室及配套用房建筑物东西向宽 6.74m，南北向长 18.24m，占地面积 123m^2，高度 7.0m，为有效利用空间，内部设为 2 层，2 层楼板和楼梯采用可拆除式钢结构。重建后的所牌外形、颜色不变。

工程于 2008 年 4 月开工，同年 12 月竣工，由杭州剑春建筑工程有限公司施工。

八、办公楼基础设施改造工程

农电所科研办公大楼自 1986 年投入使用以来，一直未做大的修缮，存在外墙面脱落、外窗变形、给排水漏水、供配电系统老化等问题，影响了科研业务工作的正常开展。为消除安全隐患，在南科院的大力支持下，2008 年 7 月，水利部以水规计［2008］282 号文批准了工程的可行性研究报告（代项目建议书），2009 年 1 月，水利部以水规计［2009］20 号文批准了工程初步设计，同意项目建设内容并核定工程总投资为 388 万元，资金从中央预算内投资中安排。工程主要建设内容如下：

（1）外立面改造：外墙大面采用精密聚合氟碳涂料，勾勒分格线；花岗岩勒脚高 1.2m；外窗更换成铝合金双层中空玻璃窗；加设空调落水管。

（2）室内外给排水系统改造：给水泵更换、生活泵房至大楼屋顶水箱 DN100 生活供水总管更换；卫生间供水总管、排污立管、排污辅助透气立管更换、室内给水、排水管路改造及卫生洁具更换；屋顶雨水管更换；室外给排水系统改造。

（3）消防改造工程：消防泵房至大楼的消防供水总管更换、室内消防立管及消火栓更换；室内消防自动报警及联动控制系统、自动喷淋、防排烟系统安装。

（4）供配电系统改造：从高配间至大楼一层低压配电房的电缆更换；四个低压配电柜及各层配电箱更换；办公室内照明、插座供电线、网线和电话线铺设以及插座、开关、灯具更换。

（5）配套土建工程：办公室内由于管道和供电线路改造，在墙上凿槽、洞后，将墙面补平、粉刷；卫生间地面防渗处理及地砖、面砖铺贴，洁具、台盆安装；大楼屋面防渗漏修补；室外给排水系统改造配套土建，如路面回补、阴井修建等。

为了给职工创造一个良好的工作环境，提高农电所的对外形象，借基础设施改造的契机，农电所决定自筹资金 350 万元左右，将空调全部改为大金 VRV 中央空调，并将大楼的走道、电梯厅、会议室、卫生间和办公室由原来的修补标准提高到装修标准。

经公开招投标，工程于 2009 年 7 月开工，2010 年 4 月竣工，总投资约 730 多万元。为了保证单位正常工作，工程分两期进行。一期先装修 11～14 层，职工集中在 6～10 层办公；一期装修好后，职工搬至 11～14 层集中办公，再装修 6～10 层。

科研大楼基础设施改造后，解决了马赛克脱落、窗户堕落、管道漏水、电气线路老化等带来的安全隐患，解决了大楼外墙和周边环境整体协调的问题，无论是科研、培训条件，还是对外形象都得到了极大的改善和提高。为提高农电所水利科技创新能力，更好地服务于国家经济和社会建设，提供了良好的硬件保障。

九、实验室建设

农电所长期以来没有实验室和相关的实验设备，严重制约了科研水平和技术开发能力的提高，以及科学研究和技术开发成果在农村水电行业中的推广应用，为了解决这个发展瓶颈，农电所尽最大努力，将锅炉房改建为小水电新技术实验室，利用大楼1层办公室建设为岩土室、可再生能源实验室。

十、主要科研仪器设备

仪器设备是进行科学研究和试验的重要保障，农电所积极申请国家财政专项修购资金，并自筹资金，购置了技术先进、科技含量较高的大中型设备。

1. 小水电站机电安全检测设备

检测设备由多通道逻辑监控系统设备、水轮发电机组动态在线监测及性能试验系统设备、电站调速器试验综合测试仪、发电机和励磁试验综合测试仪等组成。设备主要用于机组启动、验收试验和机组性能评价、静特性、阶跃法测Tq、开停机、关闭时间、机械过速、空载扰动、空载摆动、加负荷、甩负荷等试验。

2. 小水电站水工与金属结构安全检测设备

检测设备主要由金属超声波探伤仪、启闭机安全检测设备、闸门安全检测仪、裂缝观测仪等组成。主要用于检测启闭机的安全、检测水库、渠道、水电站、泵站的闸门安全等。

3. 小水电工程质量检测设备

设备包括万能材料试验机、土壤三轴仪、渗透仪、超声波及磁粉探伤仪、多通道综合测试仪、进口流量计、电厂综合测试仪、桥梁挠度检测仪、全站仪等40余台（套）检测设备和仪器。设备主要是对水利水电工程的质量、安全进行检测。

另外，还购置了流道及水力机械水动力参数检测系统和高速水流作用下泄水建筑物安全检测系统等先进仪器设备。

第四节　人　才　培　养

随着农电所科研及公益性项目不断增加，国际合作与交流不断深入，产业规模不断扩大，对人才建设提出了较高的要求。农电所按照“服务发展、人才优先、以用为本、创新机制、高端引领、整体开发”的人才发展方针，遵循人才成长规律，切实加强科研人才队伍建设，促进人才健康发展。

为改善农电所人才结构，鼓励所属各部门引进人才，制定了“引进人才优惠办法”，制定了“职工教育暂行规定”“科技论文发表与注册师考试奖励办法”，鼓励科技人员参加与业务发展有关的各种培训和注册师考试。

2002年，农电所从外单位引进2人。

2003年，农电所招收毕业生5名。组织21人次参加各类执业资格考试。

2004年，农电所从外单位引进1名会计，招收海外留学生1名。1人获浙江大学MBA（工商管理硕士）学位。

2005年，农电所招收毕业生4名。

2006年，农电所招收毕业生7名，其中硕士生3名，本科生4名。2人参加“开发建设项目水土保持方案编制单位技术人员上岗培训”，通过考试并拿到岗位证书。6人通过注册土木工程师（水利水电）执业资格考核认定。

2007年，农电所招收硕士毕业生1名。组织26人次参加各类执业资格考试。

2008年，农电所招收硕士毕业生1名。1人获得注册土木工程师（水利水电工程）考核认定资格。2人拿到注册咨询工程师注册证及印章。

2009年，农电所招收硕士毕业生1名。2人考取在职博士生，1人获得注册咨询工程师资格，1人获得注册监理工程师资格。

2010年，农电所招收硕士毕业生5名，1人获得注册土木工程师资格，2人获得注册监理工程师资格。

目前为止，农电所共有注册咨询工程师10名，在职注册土木工程师（资格）5名，在职注册电气工程师（资格）1名，注册造价师7名，注册监理工程师31名。

人才的引进和培养，最终是为了更好地使用。为此，农电所采取一系列措施，促进每位职工充分发挥自身优势，开发工作潜能，提高工作积极性。例如，在所的统一领导下，部门负责人和每位职工不定期地进行双向选择。2002年，农电所严格按照中央《党政领导干部选拔任用工作条例》，对各部门负责人全部实行公开竞争上岗，不仅选拔了一批政治素质高、业务能力强的中青年骨干走上部门领导岗位，而且极大地鼓舞了广大职工勇于开拓创新，争相取得工作佳绩的热情。2001年以来，先后选派林凝、陈星、张恬、徐立尉、刘若星等5位同志到水利部国科司或水电局工作。

农电所重视高层次人才的培养，先后选派2人参加水利部党校司局级培训班学习；选派3人参加南科院组织的科研和管理骨干（境外）培训班；并通过重大科研项目、国家和行业标准编制、编写专著等工作造就一批高层次科研人才。

附　　录

附录一　获得各类资质证书表

序号	证书名称	颁发单位	首次颁发日期（年．月）	现行证书颁发日期（年．月）	有效期	专业	服务范围
1	工程设计证书（丙级）	水利电力部	1987.3		升乙级	水利	小型水利工程/建筑工程设计
	工程设计证书（乙级）	建设部	1995.8			中型水利	水利枢纽/小型水利水电工程勘察
	工程设计收费资格证书	建设部	1995.8				
	工程设计资质证书（乙级）	浙江省住建厅	1995.8	2009.11.27	2010.11.27	电力	水力发电（含抽水蓄能、潮汐）
	工程设计资质证书（乙级）	住房和城乡建设部	1995.8	2010.3.12	2011.3.12	水利	水库枢纽、围垦
2	工程咨询资格证书（乙级）	国家发改委	2001.1		部分升甲级	水利工程、水电、建筑	编建议书、可研、工程设计、招标咨询、管理咨询
	工程咨询单位资格证书（甲级）	国家发改委	2001	2009.8.12	2014.8.11	水电	编制可研、项目申请报告、资金申请报告、评估咨询
	工程咨询单位资格证书（乙级）	国家发改委	2001	2009.8.12	2014.8.11	水电、水利工程	规划咨询、编制项目建议书、（水电不含可研报告、项目申请报告、资金申请报告、评估咨询）、工程设计、工程项目管理

续表

序号	证书名称	颁发单位	首次颁发日期（年．月）	现行证书颁发日期（年．月）	有效期	专业	服务范围
3	水土保持方案编制资格证书	浙江省水利厅	1998.5		换证	水土保持	乙级
	水土保持方案编制资格证书	中国水土保持学会	1998.5	2010.6.1	2013.5.31	水土保持	乙级
4	浙江省小型水库工程蓄水安全鉴定资格单位	浙江省水利厅		2004.3.12			
5	试验室机电修试资格等级证书（壹级）	浙江省水利厅	2008.6.1	2008.6.1	2013.5.31		机电修试（限单机2500kW以下）
6	监理资格等级证书（丙级）	水利部	1999.9.10		升乙级		大（2）型及其以下水利水电工程/一般工业与民用建筑工程/一般公路工程
	监理资格等级证书（乙级）	水利部	2001.7.31		升甲级		大（2）型及其以下水利水电工程/一般工业与民用建筑工程/一般公路工程
7	水利工程施工监理资格等级证书（甲级）	水利部	2001.7.31	2007.9.1	2012.8.31		各等级水利工程的施工监理
8	质量管理体系认证证书（ISO 9001：2000）	中国质量认证中心	2004.2.13		换证		
	质量管理体系认证证书（ISO 9001：2008）	中国质量认证中心	2004.2.13	2009.11.30	2012.11.29		

附录二　科研项目及获奖情况一览表

序号	项　目　名　称	起止时间（年．月）	主 要 完 成 人	获奖情况	备注
1	盘溪梯级小水电站自动化远动化（联合国CPR/81/004国际合作科研项目、水利部重点科研项目）	1983—1988	杨玉朋、程夏蕾、罗青、李季、吴卫国、章坚民、孙红星 等	水利部1989年度科技进步四等奖	
2	电子负荷控制器（ELC）的应用研究（水利部科研项目）	1984—1986.3	宋盛义、童建栋、黄嘉秀、孔长才、吕建平、李海燕	水利部1989年度科技进步四等奖	
3	新型水轮机的试验研发	1984	宋盛义		
4	500kW及以下机组自动控制系统系列化产品开发	1983.1—1991.4	杨玉朋、华忠鑫、黄中理 等		
5	农电司信息系统调查报告	1987.9—1987.12	罗青、郑江、蒋杏芬 等		
6	小水电社会经济效益研究	1988	罗高荣 等		
7	线损管理条例征求意见稿	1988.1—1988.2	杨玉朋、黄中理、蒋杏芬、张关松 等		
8	云南省华宁县水电公司电费管理系统软件研制	1988.3—1988.6	罗青、楼宏平、郑江、蒋杏芬、胡芸 等		
9	湖-黄、紧-石两梯级水电站短期（洪水期）联合优化调度	1989—1990	章坚民、蒋杏芬 等	农电所1994年度科技进步二等奖	
10	第一批一百个县级农村初级电气化建设试点研究	1983.1—1992.3	童建栋、罗高荣 等	水利部1993年度科技进步一等奖	
11	农村能源及电气化发展专题研究	1988.6—1990.12	罗高荣 等	能源部1991年度三等奖	

续表

序号	项目名称	起止时间（年．月）	主要完成人	获奖情况	备注
12	60kW电子负荷控制器的研制与应用	1982.9—1990.4	宋盛义、孔长才、吕建平、李海燕、楼宏平	水利部1990年度科技进步四等奖	
13	TC型蓄能式操作器研制	1987—1996.12	李永国、吕建平 等	水利部1992年度科技进步三等奖	
14	YCWD—10/400—6.3型户外交流液压自动油重合器	1988—1993	薛培鑫、赵海龙、刘承然、祝明娟、粟桂祥	电力工业部1994年度科学技术进步三等奖	
15	YCW—10/400—6.3型户外交流液压式自动重合器	1988—1993	薛培鑫、赵海龙、刘承然、祝明娟、粟桂祥	水利部1994年度农村水电科技进步二等奖、农电所1993年度科技进步一等奖	
16	常山县回龙桥二级电站机组改造研究/常山回龙桥二级电站4号机组改造研究	1992—1993	宋盛义、徐伟、孙水林、熊杰、朱敏	水利部1994年度农村水电科学技术进步三等奖、农电所1992年度科技进步二等奖	
17	水电站厂内经济运行研究与应用	1989—1994	罗高荣、徐伟、宋盛义、熊杰	水利部1994年度农村水电科学技术进步三等奖、农电所1993年度科技进步一等奖	
18	水利水电建设经济评价分析方法及参数选择计算研究/水利水电建设项目经济风险分析方法及参数选择计算研究	1991.12—1992.10	李荧、罗高荣、荣丰涛、辛在森、蒋水心、刘玉英	农电所1992年度科技进步一等奖	
19	用电管理信息系统	1992—2003	罗青、章坚民、楼宏平、董大富、赵建达、孙红星 等	浙江省电力工业局优秀软件二等奖	

续表

序号	项　目　名　称	起止时间（年．月）	主 要 完 成 人	获奖情况	备注
20	农村电气化综合年报计算机信息管理系统	1988.8—1989.1	吴华君、万安华、周剑雄、黄嘉秀、江正元	农电所 1992 年度科技进步三等奖	
21	中国地方电网效率研究	1992.11—1993	薛培鑫、蒋杏芬、孙红星、章坚民 等		
22	小河底水电站水轮机机型开发及现场效测技术推广	1991.10—1994.1	徐伟 等	水利部 1995 年度农村水电科学技术进步三等奖、云南省 1995 年度科技进步三等奖	
23	户外交流液压自动油重合器	1988—1993	薛培鑫 等	电力工业部 1995 年度三等奖	
24	液压控制式自动油重合器在农村水电双源区域的应用研究	1987.10—1992.4	薛培鑫、潘丽芳、华强、罗一淼、沈忠威	农电所 1995 年度科技进步二等奖	
25	液压控制式自动油重合器在农村水电双源区域的应用研究和试点工作（水利部科技基金项目）	1987.10—1992.4	薛培鑫 等	水利部 1997 年度科技进步三等奖	
26	农村水电电网线损理论计算实用软件开发	1993—1995	章坚民、罗高荣、玉树田、娄兴江、王春雷	农电所 1995 年度科技进步一等奖	
27	农村水电电网线损理论计算实用软件开发应用（水利部科技基金项目）	1993—1995	章坚民 等	水利部 1997 年度科技进步三等奖	
28	小水电优化运行研究与推广	1988—1993	罗高荣、倪士丹、张笑虹、张晓敏、缪秋波、刘玉英、朱小华 等	水利部 1994 年度农村水电科技进步二等奖、农电所 1993 年度科技进步一等奖	

续表

序号	项目名称	起止时间（年．月）	主要完成人	获奖情况	备注
29	小水电优化运行——理论与方法	1989.1—1990.12	罗高荣、丁光泉、刘玉英、饶大义、陈惠忠、缪秋波、朱小华、林旭新、江正元	农电所1992年度科技进步三等奖	
30	可逆式水泵水轮机参数选择研究	1992	孔长才 等	农电所1992年度科技进步三等奖	
31	内蒙古乌审旗巴图湾电站技术改造项目可行性研究	1992—1993	罗高荣、孙力、徐伟、徐国君 等	农电所1993年度科技进步三等奖	
32	农用400V低压系列配电装置设计	1992—1993	吴卫国、程夏蕾 等		
33	小水电站无人值班自动控制系统	2000—2002	程夏蕾、徐锦才、张巍、徐国君、熊杰、王晓罡 等	水利部2003年度大禹三等奖	
34	金华市安地水库一级电站少人值班自动化系统	1999—2002	熊杰、张巍、王晓罡 等	浙江省2003年度水利科技创新奖	
35	农村水电供电区电力发展规划导则	1988—1992	刘巍、白林、罗高荣、荣丰涛	农电所1992年度科技进步二等奖	
36	水轮泵工程研究	1990—1991	李志明、史荣庆、董大富	农电所1992年度科技进步二等奖	
37	小水电建设项目经济评价软件研究	1990.10—1991.10	缪秋波	农电所1992年度科技进步三等奖	
38	小康水平农村电气化标准研究	1993.1—1994.10	童建栋、罗高荣、朱小华、陈熔、孙力		
39	小康水平农村电气化标准专题研究	1993.1—1994.10	朱小华、王晓罡、孙力、忻莺瑛、周剑雄	农电所1995年度科技进步二等奖	
40	小水电建设项目经济评价规程	1995.6.7发布，1995.7.1实施	李荧、罗高荣、荣丰涛、蒋水心、辛在森、朱小华、缪秋波	水利部1994年度农村水电科技进步二等奖，农电所1992年度科技进步一等奖	

续表

序号	项目名称	起止时间（年．月）	主要完成人	获奖情况	备注
41	农村水电科技扶贫——源泉计划可行性研究	1993.9—1994.3	罗高荣、吴华君、刘玉英、林旭新、饶大义、缪秋波、周卫明	农电所1995年度科技进步一等奖	
42	河北省引滦局南观水电站计算机监测系统	1994—1996	孙力、徐国君、辛在森	农电所1995年度科技进步三等奖	
43	湖南零陵地区阳明山水电工程水系统规划可行性研究咨询报告	1994.3—1994.9	罗高荣、荣丰涛、饶大义	农电所1995年度科技进步三等奖	
44	地电企业财务管理信息系统	1992—1995	章坚民、董大富、楼宏平	农电所1995年度科技进步三等奖	
45	中小水电无人值班技术（水利部“948”引进项目）	1997.2—2001.8	程夏蕾、张关松、熊杰、王晓罡 等		
46	农村电力系统降损节能技术（水利部“948”引进项目）	1996.8—2000.8	罗高荣、章坚民、楼宏平、董大富 等		
47	模式变电站技术及设备（水利部“948”引进项目）	1997.2—1999.2	程夏蕾、徐锦才、张关松 等		
48	国湖抽水蓄能电站输水系统水力过渡过程计算研究	1995	陈惠忠、吕建平	农电所科学技术进步二等奖	
49	新型电网谐波抑制装置（社会公益研究专项资金项目）	2000.10—2003.3	徐锦才、徐国君、俞峰、张巍、方华	南科院2004年度科技进步奖	
50	GZWX高压机组智能型微机自动控制系统（水利部基金项目）	1995.12—1996.12	徐锦才、于兴观、孙力、俞峰、张巍、徐国君、方华		
51	浙江齐溪水电站自动化改造研究及示范（水利部基金项目）	1997.2—1998.12	徐锦才、于兴观、孙力、俞峰、张巍、徐国君、方华		

续表

序号	项 目 名 称	起止时间（年．月）	主 要 完 成 人	获奖情况	备注
52	中小型抽水蓄能电站开发研究（水利部科技重点项目）	2001.8—2003.1	程夏蕾、索丽生、黄建平、李志武、姜和平 等	水利部 2004 年度大禹三等奖	
53	中小水电站无人值班技术（水利部“948”技术创新与转化项目）	2000.1—2001.7	缪秋波、熊杰、王晓罡		
54	数字式漏电保护技术（南科院基金项目）	2002.3—2004.6	程夏蕾、郭行干、祝明娟 等		
55	农村小水电站自动控制系统应用示范（水利部重点科技推广计划项目）	2003.1—2004.12	程夏蕾、徐锦才、楼宏平、徐国君、俞峰、张巍、董大富、熊杰、王晓罡、方华		
56	引进国际先进简易通用型小水电站二次系统计算机监控模块技术（水利部“948”项目）	2003.4—2003.12（2005.5 验收）	程夏蕾、熊杰、王晓罡		
57	小水电网电能量远程抄表和监控系统的研究（水利部“948”技术创新与转化项目）	2003.6—2004.12	张巍、徐锦才、楼宏平、董大富、徐国君、俞峰、熊杰、方华、王晓罡	南科院 2005 年度科技进步一等奖	
58	小水电站新型监控系统研制（南京水利科学研究院基金项目）	2003.6—2004.12	楼宏平、徐锦才、徐国君、俞峰、张巍、董大富、熊杰、王晓罡、徐伟、方华		
59	中国小水电清洁发展机制研究	2004—2006	李志武、陈星、程夏蕾、林凝、沈学群		
60	农村地区新型小水电技术——箱式整装小水电站（2006 年度国家星火计划项目）	2004—2006	徐伟、程夏蕾、徐锦才、徐国君 等		
61	箱式整装小水电站关键技术（引进国际先进水利科学技术项目/水利部“948”引进项目）	2004.6—2006.5	徐伟、李志武、徐锦才、吕建平、程夏蕾、曹斌、徐国君、熊杰、俞峰、张巍、林凝、方华、郑江、邵建平		
62	农村小水电站无人值班自动控制系统（科技部农业科技成果转化资金项目）	2004.11—2006.11	徐国君、徐锦才、张巍、董大富、楼宏平、王晓罡、熊杰、俞峰	水利部 2003 年度大禹三等奖	

续表

序号	项　目　名　称	起止时间 （年．月）	主 要 完 成 人	获奖情况	备注
63	小水电无人值班自动控制系统（水利部科技成果重点推广计划项目）	2004.8—2005.12	徐锦才、徐国君、张巍、董大富、楼宏平		
64	农村小水电站新型配套设备的研制应用（水利部“948”技术创新与转化项目）	2005.3—2006.12	程夏蕾、徐锦才、徐国君、熊杰、张巍、董大富、楼宏平、徐伟、王晓罡、胡长硕	水利部2007年度大禹三等奖	
65	中国小水电可持续发展研究（水利部水利规划及重大专题）	2005.6—2007.10	程夏蕾、陈星、曹丽军 等	水利部2008年度大禹三等奖	
66	水电风能互补的机电系统设计与仿真系统研究（浙江省科技计划项目）	2005.6—2007.6	徐锦才、徐国君、程夏蕾、张巍、楼宏平、董大富、熊杰、王晓罡		
67	水电风能互补蓄能关键技术研究（科技部科研院所社会公益研究专项）	2005.7—2007.7	徐锦才、张巍、董大富、徐国君、楼宏平、熊杰、王晓罡、胡长硕		
68	农村电网电能远程抄表和监控系统（科技部农业科技成果转化资金项目）	2005.9—2007.9	楼宏平、张巍、徐国君、徐锦才、董大富、王晓罡、熊杰		
69	亚太地区小水电现状与问题研究（农电所基金项目）	2005.10	朱效章、程夏蕾、赵建达		
70	小水电国际标准的收集与比较（水利部水利标准化专项）	2005.11—2007.9	李志武、赵建达、朱效章、曹丽军、吴昊		
71	水电风能互补蓄能关键技术研究（国家社会公益研究项目）	2006.1 （2008.5验收）	徐锦才、张巍、董大富、徐国君、楼宏平、熊杰、王晓罡、胡长硕		
72	农村地区分散型水电风能互补发电试验设备功能开发（科学仪器设备升级改造专项工作）	2006.12—2008.12	董大富、楼宏平、徐锦才、徐伟、徐国君、张巍、熊杰、王晓罡、胡长硕、曾嵘		

续表

序号	项 目 名 称	起止时间（年．月）	主 要 完 成 人	获奖情况	备注
73	小型水电站发展和水电站自动化系统（中越科技长期合作项目）	2003.5—2005.5	徐锦才、张巍、徐国君、俞锋、吕建平、沈学群		
74	箱式整装水电站关键技术推广应用（科技部农业科技成果转化资金项目）	2006.7—2008.7	徐伟、徐国君、楼宏平、程夏蕾、徐锦才、张巍、董大富、熊杰、王晓罡、胡长硕		
75	农村水能开发智能控制与管理技术（科技部国际科技合作项目）	2007.1—2009.12	徐锦才、程夏蕾、董大富、楼宏平、徐国君、熊杰、张巍、潘大庆、金华频、杨佳、林凝		
76	水电风能互补的机电仿真系统（水利部“948”引进项目）	2007.6—2009.6	董大富、徐锦才、程夏蕾、张巍、徐国君、楼宏平、徐伟、熊杰、王晓罡、胡长硕、曾嵘、金华频、杨佳		
77	农村小水电站新型操作器推广应用（国家星火项目）	2007.9—2009.9	熊杰、董大富、王晓罡、徐伟、徐国君、楼宏平、张巍、胡长硕		
78	箱式整装小水电站关键技术研究与示范（浙江省重大科技专项项目）	2007.10—2009.9	徐伟、金华频、张巍、熊杰、楼宏平、王晓罡、董大富、徐国君、胡长硕		
79	箱式整装小水电站关键技术推广应用（水利部“948”推广项目）	2008.3—2009.12	徐伟、程夏蕾、徐锦才、董大富、徐国君、熊杰、王晓罡、楼宏平、张巍、胡长硕、金华频、曾嵘、徐立尉		
80	小水电清洁发展机制 CDM 研究（农电所基金项目）	2006.5—2008.3	陈星、张荣梅、程夏蕾		
81	农村小水电站新型配套设备推广应用（水利部“948”推广项目）	2008.3—2010.6	熊杰、董大富、张巍、王晓罡、徐伟、徐国君、楼宏平、胡长硕、金华频、曾嵘、杨佳、徐立尉		

续表

序号	项目名称	起止时间（年.月）	主要完成人	获奖情况	备注
82	农村小水电站新型操作器推广应用（科技部农业科技成果转化资金项目）	2008.5—2010.5	熊杰、董大富、王晓罡、徐伟、徐国君、楼宏平、张巍、胡长硕、金华频、曾嵘		
83	水能资源开发生态补偿机制研究（水利部重大专题研究项目）	2008—1010	程夏蕾、陈星、曹丽军 等		
84	农村水能资源开发利用区域划分研究（南科院青年基金）	2008.12—2010.10	舒静		
85	欧盟及法国小水电环境保护政策及技术标准的研究（南科院基金项目）	2008—2009	曹丽军		
86	民营资本投资小水电研究（农电所基金项目）	2006—2007	李志武、赵建达		
87	农村水电管理和运行体制及农村水电工程设施产权制度研究（南科院基金项目）	2008.8—2009.12	赵建达		
88	数字式漏电保护技术	2002.5—2008.12	程夏蕾、韩雁、谢华跃、祝明娟、郭行干、吴卫国、蒋杏芬、张关松、饶大义	水利部2010年度大禹二等奖	
89	农村水电站安全保障关键技术研究（水利部公益性行业科研专项）	2008.10—2011.10	徐锦才、黄建平、董大富、林旭新、吕建平、徐伟、舒静、金华频、沈学群、刘若星 等		
90	全国水能资源利用区划总体战略及支撑技术（水利部公益性行业科研专项）	2008.10—2011.10	程夏蕾、陈星、曹丽军 等		
91	我国绿色水电认证标准和评价体系研究（水利部公益性行业科研专项）	2009.9—2011.8	陈星、曹丽军、舒静、崔振华 等		

续表

序号	项　目　名　称	起止时间（年．月）	主　要　完　成　人	获奖情况	备注
92	农村水电效率分析与增效关键技术研究与示范（水利部公益性行业科研专项）	2010.9—2013.5	李志武、林旭新、董大富、吕建平、徐伟、陈星、赵建达、陈惠忠、楼宏平、舒静、刘若星、金华频、吴昊、曹丽军、郑江、王航、崔振华、陈吉森、周丽娜 等		执行中
93	水电风能互补机电仿真技术推广应用（水利部科技推广计划项目）	2009.6—2011.6	徐锦才、张巍、董大富、徐国君、楼宏平、熊杰、王晓罡、胡长硕、金华频、舒静、邱宏熳		
94	灾害条件下小水电应急供电安全保障技术研究（南科院基本科研业务费专项资金）	2009.10—2011.10	董大富、徐国君、张巍、金华频		
95	农村地区可再生能源多能互补技术示范应用（科技部农业科技成果转化资金项目）	2010.4—2012.4	张巍、程夏蕾、徐锦才、董大富、徐伟、徐国君、熊杰、方华、周丽娜		执行中
96	农村地区清洁可再生能源多能互补技术开发研究（科技部科研院所技术开发研究专项资金）	2010.5—2012.5	董大富、程夏蕾、徐锦才、张巍、徐伟、徐国君、熊杰、方华、周丽娜		执行中
97	我国绿色水电认证政策框架的研究（南科院青年基金）	2010.8—2011.8	崔振华		
98	全国农村水电增效扩容改造专项规划项目（2010 年中央分成水资源费预算）	2010—2011	林旭新、徐锦才、董大富、舒静、金华频、周丽娜		
99	电网节能表专用集成芯片（水利部“948”引进计划项目）	2011.1—2012.12	祝明娟、吴卫国、程夏蕾 等		执行中
100	智能型数字式漏电保护技术的推广应用（水利部科技推广计划项目）	2011	祝明娟、吴卫国、程夏蕾 等		执行中

附录三　专利申请授权一览表

序号	专利号	专利类别	专利名称	发明人	申请日	授权公告日
1	85204518.2	实用新型	电蓄热炉	吴中木、宋盛义、杨仲麟	1985年1月1日	1986年1月1日
2	85200061	实用新型	过电压保护器	郭行干	1985年4月1日	1985年10月10日
3	85100193	发明	自保持式电磁接触器	郭行干	1985年4月1日	1987年11月18日
4	86102310.2	发明	可自动关闭的机械式水轮机控制器	李永国	1986年1月1日	1987年1月1日
5	86202029	实用新型	漏电保护器	郭行干	1986年4月10日	1987年7月15日
6	88200336.4	实用新型	双功能管道活接头	李永国、张炜	1988年1月12日	1989年1月1日
7	89206021.2	实用新型	家用窗台吊机	李永国、张炜	1989年4月18日	1990年4月1日
8	90107403.9	发明	自动开关电动操作装置	郭行干、郭黎	1990年8月29日	1992年3月11日
9	200420019217	实用新型	带电动操作机构的断路器	郭行干、郭黎、谢华跃	2004年	
10	ZL200420003773.7	实用新型	一种水轮机导叶接力器位移变送装置	徐锦才、李永国、徐国君、熊杰、王晓罡	2004年2月5日	2005年1月26日
11	ZL200620109169.1	实用新型	水轮机液压操作器	徐锦才、熊杰、董大富、楼宏平、王晓罡	2006年11月1日	2007年11月21日
12	200610052324.5	发明	一种漏电保护器重合闸方法	韩雁、郭行干、潘海峰、付文	2006年7月6日	2007年1月24日
13	200610052323.0	发明	一种用于漏电保护器的抗干扰方法	韩雁、郭行干、潘海峰、付文	2006年7月6日	2007年1月24日
14	200710070505.5	发明	一种用于漏电保护器的电网状态检测方法	付文、韩雁、郭行干	2007年8月16日	2008年2月27日
15	200710070506.X	发明	一种用于漏电保护器的上电合闸控制方法	付文、韩雁、郭行干	2007年8月16日	2008年2月27日

续表

序号	专利号	专利类别	专利名称	发明人	申请日	授权公告日
16	ZL200820120990.2	实用新型	双库自调节潮汐能发电系统	顾正华、徐锦才、殷蕾	2008年7月14日	2009年4月15日
17	ZL200920112513.6	实用新型	小型水轮发电机组的电子负荷调节器	徐锦才、徐伟、楼宏平、金华频、董大富、徐国君、熊杰、王晓罡、张巍、胡长硕、曾嵘	2009年1月12日	2009年12月23日
18	ZL200920116474.7	实用新型	一种百叶窗式水力自控闸门	顾正华、徐锦才、殷蕾	2009年3月30日	2010年2月10日
19	ZL200810062950.1	实用新型	双库自调节潮汐能发电方法及其系统	顾正华、徐锦才、殷蕾	2008年7月14日	2010年7月14日
20	ZL201020244126.0	实用新型	箱式整装小水电站	徐国君、徐锦才、董大富、徐伟、林凝、张巍、熊杰、方华	2010年6月29日	2011年1月26日
21	201010104625.4	发明	一种带有光耦隔离的漏电保护器电网状态检测方法	范镇淇、韩雁、彭成、郭行干	2010年1月29日	2010年7月14日
22	2011SR40736	软件著作权	河流水能资源区划地理信息管理系统软件	张仁贡、程夏蕾、陈星	2011年3月10日	2011年6月27日

附录四　国家和行业标准编写汇总表

序号	名　称	编　号	编写人	批准单位	出版社	日　期	编制单位
1	《漏电保护器农村安装运行规程》	SD 219—87	郭行干、李积才、孙文魁、霍宏烈	水利部	西安科学技术出版社	1987年7月4日颁发	水利电力部农村电气化研究所
2	《农村水电供电区电力发展规划导则》	SL 22—92	刘巍、白林、罗高荣、荣丰涛	水利部	水利电力出版社	1992年4月18日发布，1992年1月1日实施	水利部、能源部农村电气化研究所

续表

序号	名　称	编　号	编　写　人	批准单位	出版社	日　期	编制单位
3	《农村水电电力系统调度自动化规范》	SL/T 53—93	杨玉朋、黄中理、程夏蕾、罗青、张关松	水利部	水利电力出版社	1993年5月11日发布，1993年10月1日实施	水利部、能源部农村电气化研究所
4	《小水电水能设计规程》	SL 76—94	李茨、罗高荣、辛在森、荣丰涛、蒋水心、宋小岩	水利部	水利电力出版社	1994年3月28日发布，1994年5月1日实施	水利部、能源部农村电气化研究所
5	《小型水力发电站水文计算规范》	SL 77—94	吕天寿、李季	水利部	水利电力出版社	1994年4月5日发布，1994年5月1日实施	水利部农村电气化研究所
6	《小水电建设项目经济评价规程》	SL 16—95（第二版）	罗高荣、朱小华、缪秋波 等	水利部	中国水利水电出版社	1995年6月2日发布，1995年7月1日实施	水利部农村电气化研究所
7	《农村初级电气化验收规程》	GB/T 5659—1995	罗高荣、童建栋 等	国家技术监督局	中国标准出版社	1995年7月24日发布，1996年1月1日实施	水利部、能源部农村电气化研究所
8	《小水电网电能损耗计算导则》	SL 173—96	罗高荣、章坚民、林青山、缪秋波、刘玉英、饶大义	水利部	中国水利水电出版社	1996年8月17日发布，1996年10月1日实施	水利部农村电气化研究所
9	《中小河流水能开发利用规划导则》	SL 221—98	罗高荣、刘鹏鸿、缪秋波、张笑虹	水利部	中国水利水电出版社	1998年7月9日发布，1998年9月1日实施	水利部农村电气化研究所
10	《小型水轮机型式参数及性能技术规定》	GB/T 21717—2008	吕建平、姚兆明、蒋新春、宋盛义 等	水利部	中国标准出版社	2008年5月4日发布，2008年7月1日实施	水利部农村电气化研究所
11	《漏电保护器农村安装运行规程》	SL 445—2009（修订）	程夏蕾、祝明娟、郭行干 等	水利部	中国水利水电出版社	2009年3月30日发布，2009年6月30日实施	水利部农村电气化研究所
12	《小水电水能设计规程》	SL 76—2009（修订）	黄建平、张同声、刘光裕、周卫明、张喆瑜、饶大义、赵建达	水利部	中国水利水电出版社	2009年12月21日发布，2010年3月21日实施	水利部农村电气化研究所

续表

序号	名称	编号	编写人	批准单位	出版社	日期	编制单位
13	《中小河流水能开发规划编制规程》	SL 221—2009（修订）	林旭新、张同声、何峰、舒静、严峻 等	水利部	中国水利水电出版社	2009年12月21日发布，2010年3月21日实施	水利部农村电气化研究所
14	《小水电站机电设备导则》	行标（翻译）	林凝、吴卫国、潘大庆、沈学群、程夏蕾、朱效章			正在编写	水利部农村电气化研究所
15	《小水电建设项目经济评价规程》	SL 16—2010（修订）	李志武、樊新中、毛义华、彭洪、胡维松、厉莎、黄华爱、赵建达	水利部	中国水利水电出版社	2010年10月22日发布，2011年1月22日实施	水利部农村电气化研究所
16	《小型水电站技术改造规程》	国标（修订）	吕建平、蒋新春、姚兆明 等			正在编写	水利部农村电气化研究所
17	《农村水电供电区电力发展规划导则》	行标（修订）	饶大义、祝明娟、蒋杏芬、张关松			正在编写	水利部农村电气化研究所
18	《小型水电站运行维护技术规范》	国标（制定）	程夏蕾、李志武、徐伟、孙炎飞、赵建达、孙亚芹、蔡付林、葛捍东、陈烨兴、王健平、李超			正在编写	水利部农村电气化研究所
19	《水能资源调查评价导则》	国标（制定）	陈星、程夏蕾、张同声、何峰、董志勇、马俊 等			正在编写	水利部农村电气化研究所
20	《小水电电网节能改造工程技术规范》	国标（制定）	张关松、孙亚芹、吴卫国、楼宏平、饶大义、祝明娟 等			正在编写	水利部农村电气化研究所
21	《小型水电站施工技术规范》	行标（修订）	史荣庆、樊新中、石世忠、陈昌杰、夏伟才、吕燕、周剑雄、任苏明、华强、刘清文、胡嵩、秦钟建、张勇、潘仁友			正在编写	水利部农村电气化研究所

续表

序号	名　称	编　号	编　写　人	批准单位	出版社	日　期	编制单位
22	《小型水电站施工安全规程》	行标（制定）	姜和平、樊新中、唐山松、李志武、夏伟才、许长安、闵惠斌、陈昌杰、吕燕、关键、刘勇			正在编写	水利部农村电气化研究所
23	《小水电电网安全运行技术规范》	国标（制定）	董大富、孙亚芹、熊杰、徐锦才、王晓罡、金华频、舒静、邓长君、郭行干			正在编写	水利部农村电气化研究所
24	《小型水电站建设工程验收规程》	行标（修订）	林旭新、樊新中、裘江海、葛捍东、宋超、吴建璋、卢小萍、吕燕 等			正在编写	水利部农村电气化研究所
25	《小型水电站安全测试与评价规范》	国标（制定）	徐锦才、林旭新、董大富、徐伟、吕建平、徐国君、张巍、舒静、金华频、关键、陈大治			正在编写	水利部农村电气化研究所
26	《小型水电站机电设备报废条件》	国标（制定）	吕建平、吴玉泉、王寅华、祝明娟、姚兆明、葛捍东、崔泰振、蒋新春			正在编写	水利部农村电气化研究所
27	《农村水电站技术管理规程》	行标（制定）	李志武 等			正在编写	水利部农村电气化研究所
28	《农村水电变电站技术管理规程》	行标（制定）	程夏蕾 等			正在编写	水利部农村电气化研究所
29	《农村水电配电线路、配电台区技术管理规程》	行标（制定）	徐锦才 等			正在编写	水利部农村电气化研究所
30	《农村水电送电线路技术管理规程》	行标（制定）	陈星 等			正在编写	水利部农村电气化研究所

续表

序号	名　称	编　号	编 写 人	批准单位	出版社	日　期	编制单位
31	《小水电代燃料项目验收规程》	SL 304—2011	田中兴、邢援越、李如芳、徐锦才、赵建达、吴新黔、张从银、戴群莉、于翔、赵虹、邹体峰	水利部	中国水利水电出版社	正在编写	水利部农村电气化研究所
32	《小水电代燃料生态效益计算导则》	行标（制定）	徐锦才、邢援越、李如芳、于翔、赵虹、王建华、邹体峰、马智杰、禹雪中、韩昌海、杨宇、舒静			正在编写	水利部农村电气化研究所
33	《农村水电供电区电力系统设计导则》	行标（修订）	蒋杏芬、程夏蕾、刘肃、张仁贡、吴卫国、饶大义、张关松、谢文			正在编写	水利部农村电气化研究所
34	《小水电供电区农村电网调度规程》	行标（制定）	熊杰、董大富、王晓罡、金华频、舒静			正在编写	水利部农村电气化研究所
35	《小型水电站消防安全技术规定》	行标（制定）	陈星、侯志、张荣梅、潘士虎 等			正在编写	水利部农村电气化研究所
36	《小型水力发电站水文计算规范》	行标（修订）	饶大义 等			正在编写	水利部农村电气化研究所
37	《小水电规划环境影响评价规程》	行标（制定）	李志武、曹丽军、刘若星 等			正在编写	水利部农村电气化研究所
38	《小水电网电能损耗计算导则》	行标（修订）	楼宏平、徐锦才、张关松、章坚民、董大富、徐国君、张巍			正在编写	水利部农村电气化研究所
39	《水电农村电气化验收规程》	行标（修订）	陈星、许德志、周双、程骏、李喜增 等			正在编写	水利部农村电气化研究所
40	《农村水电电力系统调度自动化规范》	国标（修订）	徐锦才、程夏蕾、张巍、徐国君、胡长硕、金华频、王智峰、丁立大			正在编写	水利部农村电气化研究所

附录五 专著出版汇总表

序号	专著名称	作者	出版社	出版日期（年．月）
1	《国际小水电会议文集》	亚太小水电研究培训中心	水利电力出版社	1982.11
2	《Small Hydro Power in China：A Survey》（中国小水电建设的回顾）	朱效章、郑乃柏、傅敬熙、海靖、杨玉朋、宋盛义、张忠誉	英国中间技术出版公司（书号 ISBN－0946688 X）	1985
3	《Small Hydropower Series NO.3 Chinese Experience in Mini Hydropower Generation》（小水电系列丛书之三：中国小型水力发电的经验）	郭瑞璋、朱效章、刘克伟、卢潮、李侄林，审查：白林	联合国工业发展组织（书号 ISSN 0256－727 X）	1985
4	《中国水利百科全书》“小水电条目”	沈纶章	水利电力出版社	1990
5	《中国水轮泵站工程》	沈纶章	水利电力出版社	1993.10
6	《国际小水电技术咨询手册》	童建栋	河海大学出版社	1989.9
7	《水利工程经济评价风险分析方法》	罗高荣	浙江大学出版社	1989.10
8	《调速器的调试与故障处理》	李永国	河海大学出版社	1991
9	《农村电气化规划优化方法》	农电所参编	浙江大学出版社	1990.10
10	《区域电气化建模技术》	罗高荣	浙江大学出版社	1990.11
11	《小水电优化运行——理论与方法》	农电所参编	浙江大学出版社	1990.12
12	《水轮泵工程研究》	李志明主编，董大富、史荣庆 等参编	河海大学出版社	1991.9
13	《冲击式水轮机》	童建栋	河海大学出版社	1991.10
14	《水轮机水力设计基础》	童建栋	河海大学出版社	1991.10
15	《小水电建设项目经济评价指南》	农电所参编	河海大学出版社	1991.10

续表

序号	专著名称	作者	出版社	出版日期（年．月）
16	《国际小水电的理论与实践》	童建栋	河海大学出版社	1993.3
17	《农村小水电实用技术》	郑贤、罗高荣	金盾出版社	1993.6
18	《农村地方电力计算机应用》	罗高荣、章坚民、饶大义、赵建达 等	河海大学出版社	1993.9
19	《水电工程规划设计中的可靠性计算》	罗高荣	河海大学出版社	1993.10
20	《农村电气化规划指南》	农电所参编	水利电力出版社	1994.7
21	《Mini Hydro Power》（微水电）	亚太小水电研究培训中心	河海大学出版社	1994.4
22	《斜流式水轮机》	亚太小水电研究培训中心	亚太小水电研究培训中心	1996.3
23	《中国水利水电发展文库》	郑乃柏	中国水利水电出版社	1999.11
24	《溪口抽水蓄能电站的实践与研究》	程夏蕾、林旭新 等	浙江大学出版社	2003.3
25	《Rural Hydropower and Electrification in China》（中国农村水电及电气化）	朱效章、程夏蕾、潘大庆、楼宏平、张关松、赵建达、林凝、沈学群	中国水利水电出版社	2004.3
26	《水轮发电机组及辅助设备运行与维修》	富丹华、吕建平、徐伟	河海大学出版社	2005.5
27	《小型水电站计算机监控技术》	徐锦才	河海大学出版社	2005.5
28	《电气设备运行与维护》	黄林根、吴卫国、熊杰	河海大学出版社	2005.5
29	《水利水电工程监理实施细则范例》	陈惠忠、姜和平、陈昌杰、史荣庆、石世忠、周剑雄 等	中国水利水电出版社	2005.6
30	《亚太地区小水电——现状与问题》	朱效章 等编著	河海大学出版社	2005.10
31	《蓝色能源　绿色欧洲——欧盟小水电发展战略研究》	赵建达等译，程夏蕾审核	河海大学出版社	2006.6

续表

序号	专著名称	作者	出版社	出版日期（年.月）
32	新编英文小水电培训教材《Small Hydropower》（小水电）	朱效章、郑乃柏、吕天寿、黄建平、李志武、徐伟、程夏蕾、徐锦才、赵建达	浙江大学出版社	2006.11
33	《中国小水电国际合作的历史轨迹——朱效章回忆录》	朱效章	浙江大学出版社	2006.3
34	《中国电气工程大典》	水利部农村电气化研究所参编	中国电力出版社	2010.7
35	《中国民营资本与小水电》	李志武、赵建达	河海大学出版社	2007.7
36	《Status Quo and Problems of Small Hydro Development in China》	朱效章 等编著，潘大庆 等译	河海大学出版社	2008.3
37	《水电清洁发展机制项目开发》	陈星、张荣梅编著，程夏蕾审核	中国水利水电出版社	2008.4
38	《中国小水电投融资政策思考》	曹丽军	中国水利水电出版社	2008.8
39	《中小型水利水电工程典型设计图集》（水电站机电分册电气一次与电气二次）	陈生水、黄建平、吴卫国、饶大义、祝明娟、蒋杏芬、张关松、吕建平、蒋新春、周卫明、刘维东、张喆瑜	中国水利水电出版社	2008.2
40	《Rural Hydropower and Electrification in China（Second Edition）》（中国农村水电及电气化，第二版）	朱效章、程夏蕾、潘大庆、楼宏平、张关松、赵建达、林凝、沈学群	中国水利水电出版社	2009.5
41	《中国小水电 60 年》	赵建达参编	中国水利水电出版社	2009.9
42	《水能资源开发生态补偿机制研究》	程夏蕾、陈星、曹丽军 等	中国水利水电出版社	2010.11
43	《小水电代燃料工程建设与管理》	徐锦才、李志武、赵建达参编	中国水利水电出版社	2010.9
44	《水能》	吴华君	科学普及出版社	2010.12

附录六 国际培训班汇总表

序号	培 训 班 名 称	学员数（人）	时 间	委托单位
1	国际小水电培训班	14	1983 年 5—6 月	联合国
2	国际小水电水文培训班	11	1984 年 9 月	联合国
3	电气工程现场培训班	1	1985 年 6—8 月	国际劳工组织
4	水轮泵培训班	16	1986 年 4—5 月	联合国
5	小水电可行性培训班	19	1986 年 6 月	联合国
6	简易水工建筑物培训班	18	1986 年 8 月	联合国
7	阿拉伯小水电培训班	16	1986 年 9 月	联合国
8	小水电运行管理培训班	14	1986 年 11 月	联合国
9	小水电机电设备标准化培训班	16	1987 年 5 月	联合国
10	水轮泵培训班	4	1987 年 10—11 月	联合国
11	水轮泵培训班	3	1987 年 11—12 月	联合国
12	水工建筑物培训班	20	1987 年 10—11 月	联合国
13	拉美国家小水电培训班	8	1987 年 10—11 月	联合国
14	农电对社会经济影响培训班	40	1988 年 11 月	联合国
15	小水电站址选择培训班	21	1988 年 12 月	外经贸部
16	小水电运行培训班	2	1989 年 8—9 月	外经贸部
17	小水电技术培训班	1	1990 年 10—11 月	外经贸部

续表

序号	培训班名称	学员数（人）	时间	委托单位
18	小水电水工培训班	12	1991年10月	科技部
19	TCDC小水电培训班	24	1993年4—5月	外经贸部
20	TCDC小水电培训班	37	1994年4—5月	外经贸部
21	TCDC小水电培训班	35	1995年4—5月	外经贸部
22	小水电综合培训班	6	1996年2—4月	外经贸部
23	TCDC小水电培训班	28	1996年4—5月	外经贸部
24	小水电设备培训班	15	1996年5月	科技部
25	TCDC小水电培训班	17	1997年4—5月	外经贸部
26	小水电设备培训班	13	1997年6月	科技部
27	TCDC小水电培训班	31	1998年4—5月	外经贸部
28	小水电设备培训班	8	1998年6月	科技部
29	土耳其小水电研讨班	31	1999年5月	外经贸部
30	希腊小水电研讨班	33	1999年6月	外经贸部
31	朝鲜小水电研讨班	3	1999年10月	科技部
32	TCDC小水电培训班	35	2000年10—11月	外经贸部
33	TCDC小水电培训班	25	2001年5—6月	外经贸部
34	非洲小水电培训班	9	2001年10—11月	外经贸部
35	非洲小水电培训班	9	2002年5—6月	外经贸部
36	TCDC小水电培训班	23	2002年10—11月	外经贸部
37	TCDC小水电培训班	37	2003年10—11月	商务部
38	TCDC小水电设备培训班	25	2004年10—11月	商务部
39	非洲小水电培训班	24	2005年9月	商务部

续表

序号	培训班名称	学员数（人）	时　间	委托单位
40	亚太地区小水电培训班	30	2005年10—11月	商务部
41	古巴小水电培训班	5	2005年11—12月	商务部
42	中亚小水电培训班	7	2006年5—7月	商务部
43	柬埔寨水利研修班	15	2006年11—12月	商务部
44	柬埔寨电力系统管理研修班	15	2006年11—12月	商务部
45	TCDC小水电培训班	42	2006年12月—2007年2月	商务部
46	蒙古小水电管理培训班	13	2007年4月	蒙古能源部
47	亚太地区小水电培训班	31	2007年5—6月	商务部
48	蒙古小水电运行人员培训班	12	2007年6—7月	蒙古能源部
49	非洲小水电培训班	26	2007年8—9月	商务部
50	小水电技术培训班	58	2008年5—6月	商务部
51	非洲小水电培训班	32	2008年8—9月	商务部
52	小水电技术培训班	32	2009年5—6月	商务部
53	越南小水电培训研讨班	13	2009年8月	越南工贸部
54	小水电技术培训班（非洲）	33	2009年10—11月	商务部
55	小水电技术研修班	26	2009年12月	商务部
56	小水电技术培训班	18	2010年4—6月	商务部
57	农村电气化研修班	30	2010年6—7月	商务部
58	发展中国家小水电技术培训班	42	2011年5—7月	商务部
59	非洲法语国家小水电技术培训班	40	2011年8—9月	商务部
60	发展中国家水资源及小水电部级研讨班	25	2011年11月	商务部、水利部
合　计		1249		

附录七　国际会议及重要来访和出访情况汇总表

一、国际会议

序号	会议名称	地点	时间（年．月．日）	参加的国家数和人数	备注
1	联合国新能源与可再生能源大会筹备委员会水电专家组第一次会议	维也纳	1980.2.18—22	12国12人	在亚太中心筹备期间，与亚太中心成立有关
2	联合国第二次国际小水电会议	杭州、马尼拉	1980.10.17—11.8	28国45人	在亚太中心筹备期间，与亚太中心成立有关
3	联合国新能源大会水电专家组第二次会议	日内瓦	1981.1.5—9	12国12人	在亚太中心筹备期间，与亚太中心成立有关
4	联合国新能源与可再生能源大会	内罗毕	1981.8.10—21	124国1400人	在亚太中心筹备期间，与亚太中心成立有关
5	亚太地区小水电高级专家会议	杭州	1982.7.12—17	9国及联合国代表共31人	建议成立“亚太地区小水电网”，秘书处设在杭州亚太小水电中心
6	第三次国际小水电会议	吉隆坡	1983.3	各国代表及联合国官员共82人	专门安排1天讨论亚太地区小水电网及杭州中心的工作计划
7	亚太小水电网技术咨询组第一次会议	杭州	1984.12.11—13	5国及联合国代表13人	作为网的管理机构，讨论制定网的工作计划，并确定网的秘书处设在亚太小水电中心
8	亚太小水电网技术咨询组特别会议	马尼拉	1985.7.22—24	7国及联合国代表共12人	讨论网的工作
9	第一届CRG（Cooperative Research Group）会议电子负荷控制器国际合作研究小组会议	杭州	1986.3.10—21	4国20人	微水电站电子负荷器的应用与安装
10	第二届国际小水电大会	杭州	1986.4.1—4	38国181人，国内96人	与英国《国际水力发电与大坝建设》杂志社联合举办。水利部副部长杨振环、浙江省副省长许行贯等领导出席

续表

序号	会议名称	地点	时间（年．月．日）	参加的国家数和人数	备注
11	亚太地区提水工具研讨会	杭州	1986.4.21—5.3	8国35人	由联合国粮农组织主办，水利部协办，农电所承办
12	亚太小水电网技术咨询组第二次会议	槟城	1986.10.21—25	19国19人	评估网的工作
13	UNIDO专家组会议	杭州	1987.5.18—29	19国46人	讨论小水电设备标准化
14	亚太地区小水电高级决策人会议	杭州	1987.6.25—27	13国及联合国代表共27人	审议网的工作，会议同期举行亚太小水电中心大楼落成典礼
15	亚太小水电网技术咨询组第三次会议	苏瓦	1988.6.27—7.1	23国及联合国代表共27人	总结过去工作，提出今后计划
16	亚太地区新能源与可再生能源应用会议（后期）	杭州	1988.10.19—24	10国18人	由联合国亚太技术转让中心与我国国家科委委托
17	农村电气化对社会经济影响国际会议	杭州	1988.11.7—12	9国26人	联合国亚太经社会及我国水利部、能源部委托
18	'90中小水电国际会议	圣保罗	1990.3.18—22	10国420人	与巴西圣保罗州电力署联合举办
19	国际中小水电设备技术展示会	杭州	1993.6.21—25	40多个国家1000多人次	外经贸部中国国际经济技术交流中心、中国水利地方电力企业协会、中国宁波国际经济技术合作公司协办
20	国际小水电中心成立高级决策人会议	杭州	1994.12.12—15	国际组织40人	会议通过了《杭州宣言》，确定协调委员会成员，标志着国际小水电中心的创建
21	国际能源署（IEA）专家会议	杭州	1996.4.22—24	5国	讨论小水电网相关工作
22	国际小水电经济合作研讨会	杭州	1997.5.16—17	19国包括ABB、富士等5大公司共53人	探讨全球小水电开发

续表

序号	会议名称	地点	时间（年.月.日）	参加的国家数和人数	备注
23	国际水利先进技术推介会	网络	2003.6.2—6	11国31家外商	由水利部科技推广中心主办、中国水利科技网和农电所承办（因SARS原因在网上举办）
24	国际水利先进技术推介会	杭州	2004.5.11—12	15国220人	水利部科技推广中心委托农电所承办
25	马其顿清洁能源技术与设备推介会	斯科普里	2010.3.1—4	马其顿约100人	中国驻马其顿使馆和马其顿经济部共同主办，农电所承办
26	发展中国家水资源及小水电部级研讨班	杭州	2011.11.1—7	12个国家的正、副部长及部门主管共25位高级别政府官员	商务部、水利部共同主办，农电所承办。是中国政府第一次在水资源和小水电领域举办部级研讨班

二、重要来访

序号	时间（年.月.日）	国家/组织	人数	访问目的及成果
1	1981.12	联合国副秘书长凌青等		视察并指导工作
2	1982	联合国开发署驻华代表处顾问锡辛等	2	考察亚太中心基建工地
3	1982	联合国亚太经社会区域能源发展项目负责人	1	考察座谈
4	1982.4.11	美国银行		考察座谈
5	1983	联合国开发计划驻华代表孔雷飒先生等	2	考察座谈
6	1983.8.18	联合国副秘书长毕季龙来访	1	视察并指导工作
7	1983.10	美国东方工程供应公司董事长曾安生先生	1	介绍美国小水电站自动化
8	1984.1	联合国开发计划驻华代表孔雷飒先生	1	评价亚太小水电中心工作成果并探讨下一步工作
9	1984.1.25—29	联合国工发组织高级项目官员沙德尔先生等	2	在外经贸部国际局朱稳根同志陪同下考察访问并洽谈项目
10	1984.2.27	北欧投资银行董事长 Bert Liedstiom 先生等	2	访问座谈

续表

序号	时间（年.月.日）	国家/组织	人数	访问目的及成果
11	1984.2.28	阿根廷驻华商务参赞勃金斯丁	1	访问座谈
12	1984.3	美国东方工程供应公司曾安生先生等	3	为盘溪梯级电站自动化系统提供咨询
13	1984.4.14	联合国粮农组织驻华代表卡南先生	1	商讨提水中心筹建等事宜
14	1984.5.4	联合国工发组织驻京高级工业现场顾问锡辛先生等	2	讨论亚太中心的预算和活动等问题
15	1984.5.18	国际能源研究组德赛博士	1	探讨论文等相关事宜并就能源和小水电问题交换意见
16	1984.5.22—24	美国农村电力合作社全国协会克拉克先生等	3	探讨合作并作专题报告
17	1984.6.20—22	联合国工发组织高级工业发展官员派克先生和联合国开发署总部亚太局区域项目处官员龙永图先生	2	（在京）商定中心1984—1986年工作计划
18	1984.9.3	联合国工发组织技术转让部主任田中宏先生	1	落实亚太小水电网1984—1986年的工作计划
19	1984.9.24	日本水利代表团部分成员	3	访问座谈
20	1984.10.18	英国《国际水力发电与大坝建设》杂志主编艾克先生	1	商谈在该杂志上出版一期中国小水电专辑及共同举办“1986国际水电会议”等事宜
21	1984.12.11—18	巴西伊塔屋巴工学院山托斯夫妇	2	访问座谈并参观
22	1984.12.14	联合国亚太经社会官员克拉夫·休斯先生	1	访问座谈
23	1985	UNDP代表	4	视察工作并讨论未来资金安排等事宜
24	1985.1.18	联合国教科文组织官员格兰德·威尔等	2	访问座谈
25	1985.1.22	刚果能源水利部代表团（部长恩加波罗带队）	6	在水电部对外公司总经理张季农等5人陪同下前来访问座谈

续表

序号	时间（年．月．日）	国家／组织	人数	访问目的及成果
26	1985.2.13	联合国开发计划署助理署长兼阿拉伯国家地区局长穆士塔法·扎安澳尼	1	访问座谈并委托举办培训
27	1985.3	非洲开发银行秘书长尤玛先生等	4	访问座谈
28	1985.3.7	奥地利钢铁联合公司代表	3	洽谈合作
29	1985.3.14—21	英国开放大学肯尼迪博士	1	座谈并讲学
30	1985.3.31	欧洲共同体顾问缪尔博士和莫尼埃先生	2	访问座谈
31	1985.4.13	联合国记者达丽博女士等	2	访问座谈
32	1985.4.24	秘鲁矿业能源部副部长路易斯·雷耶斯·陈先生等	2	访问座谈并参观
33	1985.4.30	联合国开发计划署亚太局区域项目处处长等	4	讨论亚太中心工作
34	1985.5	香港理工学院机械系主任等	3	洽谈科研合作项目
35	1985.5.6	美国国家农村电气化合作协会（NRECA）格兰姆女士	1	洽谈合作举办国际培训班事宜
36	1985.5.13	新加坡爱尔马工程公司刘美星先生	1	讨论委托培训等事宜
37	1985.5.23	香港理工学院机械系讲师庞菲利特先生等	3	就协助尼泊尔 BYS 工厂进行水轮机模型试验并协助香港理工学院建立水轮机试验台等事宜进行座谈
38	1985.6.12—19	英国《国际水力发电与大坝建设》杂志主编莱特脱先生	1	具体商榷落实在杭州联合举办国际小水电会议的组织工作
39	1985.6.27—29	联合国粮农组织官员清水先生	1	考察落实在杭举办提水工具培训讨论班的具体安排
40	1985.7.1	美国西屋电气公司对华业务发展部董事及中国项目经理等	3	洽谈西屋公司向西湖少年电站作捐赠等事宜

续表

序号	时　间 （年．月．日）	国 家 / 组 织	人数	访 问 目 的 及 成 果
41	1985.8.1	加拿大国际开发研究中心雷丝先生等	2	访问座谈
42	1985.9	日本水利代表团	5	探讨日本及亚太地区小水电开发
43	1985.10	欧洲共同体能源总司代表	1	访问座谈
44	1985.11	拉丁美洲小水电考察团	16 国 22 人	访问座谈并参观电站
45	1985.11.14	美国全球能源协会执行主任凯什卡里博士	1	访问座谈
46	1985.11.30	印尼商会代表团部分成员	2	洽谈合作
47	1985.12.20	欧洲共同体能源总司阿尔曼德·考林先生	1	洽谈合作
48	1986.6	联合国工发组织代表勃朗姆雷先生	1	讨论确定网的工作计划
49	1986.6.8	联合国粮农组织技术顾问	1	考察座谈
50	1986.6.11—12	朝鲜外贸部五局副局长 Han Tae Hyok 等	2	访问座谈
51	1986.6.19	奥地利维也纳农业大学勃兰多教授等	5	访问座谈并参观
52	1986.6.30	美国国际合作基金会代表	10	访问座谈
53	1986.11.17	联合国开发计划署驻亚太区域代表	3	考察座谈
54	1987.3.6	联合国开发计划署代表及德国发展合作部副局长等		考察座谈
55	1987.3.8—11	亚洲理工学院罗卡斯系主任	1	探讨合作
56	1987.5.1—4	联合国粮农组织官员	1	商谈继 1986 年在杭州举行亚太地区提水工具研讨会以后的后续行动等事宜
57	1987.5.4	联合国粮农组织亚太地区代表处水利官员	1	访问亚太中心并赴浙江省安吉考察水轮泵站建设
58	1987.8.8	印度能源专家	4	访问座谈

续表

序号	时间 （年．月．日）	国家／组织	人数	访问目的及成果
59	1987.8.19	亚太经社会官员 Philip Matthai 先生	1	就“第一次亚太地区农村电气化对社会经济影响的技术研讨会和农村电气化展览会”1988 年在杭举行的可能性及相关事宜进行初步探讨
60	1987.8.25	挪威德隆汉姆大学学生代表	5	访问座谈
61	1987.9.5	德国代表团	13	在北京国际经济研究所、联合国开发计划署驻华代表处驻地代表以及外经贸部国际经济技术交流中心、省经贸厅官员的陪同下前来访问座谈
62	1987.9.7—13	亚太经社会区域能源顾问贾锡维兹先生	1	座谈讲学
63	1987.9.13—14	新西兰工程和发展部所属水文中心合同部负责人高林博士	1	访问座谈
64	1987.9.21	加拿大国际工程项目管理处	1	访问座谈
65	1987.9.21	联合国工发组织征聘处代处长克雷特	1	在外经贸部国际经济技术交流中心信息处、省科技干部局专家处以及经贸厅有关同志陪同下前来考察座谈
66	1987.11.7—12.9	新西兰奥克兰大学教授伍德沃特和波伊斯	2	进行电子负荷控制器的安装调试
67	1987.11.17	参加亚太经社会（ESCAP）沼气研讨会的各国代表	20	访问座谈并参观
68	1987.12.2	伊朗圣战部能源局局长霍斯拉维先生	1	访问座谈
69	1987.12.14	联合国开发计划署记者	3	在开发署驻华第一副代表柏思涛先生和项目官员贾璐生以及外经贸部有关同志陪同下前来采访座谈
70	1987.12.18	联合国开发署驻华代表处的工发组织高级工业现场顾问司蒂芬斯先生	1	由水利部外事司邹幼兰处长和国际交流中心王粤同志等陪同前来访问座谈

续表

序号	时间 (年.月.日)	国家/组织	人数	访问目的及成果
71	1988.10.18—11.2	新西兰中区 Otago 电力局总工程师 Miller 先生与新西兰 Layland 水电咨询公司电子工程师 Thode 先生	2	应邀前来为全国第一期“小水电与农网自动化培训班”讲课
72	1989.3	联合国开发计划署新闻科	3	来亚太中心进行全面录像
73	1990.6.14	联合国开发署总部新闻官员及摄影师	2	为开发署总部新闻司出版的刊物《南南合作》撰写文章及拍摄照片，介绍亚太中心多年来的活动及其向发展中国家交流小水电发展经验的作用和效果等
74	1990.7.2	美国中美能源开发访问团	10	洽谈合作并签订了临安光潭水电站合资意向书
75	1990.8	伊朗建设部的代表团	5	洽谈合作并委托亚太中心为其举办一期培训班
76	1990.12.2—13	巴西圣保罗州电力委员会代表团	4	考察水电站工程与水轮机制造技术，探讨中小水电合作问题，具体协商在福建省合资兴办中小水电站的可能性
77	1991.12.31	印度籍能源和环境专家 Damodaran 教授	1	经联合国开发计划署介绍并由外经贸部交流中心安排前来访问参观
78	1992.3.1—4.1	世行专家	2	对中国农村电网降损节能试点研究
79	1992.3.31	印度尼西亚 CAHAYA 公司和 BOGATAMA 公司代表	2	洽谈合作
80	1992.4.29	马来西亚 TENAGA 国家电力公司主席等	9	洽谈合作
81	1992.8.23	印尼公共工程部水利发展总司长等	18	考察中国小水电并洽谈双边合作
82	1992.11.16—12.1	世行专家	6	访问座谈
83	1992.12.31	印度专家	1	经联合国开发计划署介绍，前来考察中国小水电
84	1993.6	联合国开发计划署官员	2	了解中心自成立以来在小水电领域所进行的活动，商谈小水电国际合作，并就亚太地区小水电中心国际化问题作了探讨

续表

序号	时　间 （年．月．日）	国　家　/　组　织	人数	访　问　目　的　及　成　果
85	1993.6.8	尼泊尔专家	3	访问座谈
86	1993.9.22—24	马来西亚专家	2	访问座谈
87	1993.10.23	非洲代表团		访问座谈
88	1993.11.16—19	加拿大土木工程学会中国项目主管、安大略省水电公司高级工程师陈海铎博士	1	技术交流并探讨合作
89	1993.11.30	美国 DRANETZ 公司销售部经理及香港英之杰工业集团电子部产品经理	2	技术交流并探讨合作
90	1994.3.17	联合国国贸中心和关贸总协定高级顾问	1	访问座谈
91	1994.3.22	联合国粮农组织总部高级官员拉马达先生	1	访问座谈
92	1994.5.13	日本恒星（南京）公司代表	3	洽谈合作
93	1994.6.3	巴西 A·G 建筑工程公司代表	2	访问座谈
94	1994.6.25	巴西南方电力局机械工程处处长阿麻达汝等	2	探讨合作
95	1995.9.18	扎伊尔能源部代表团	5	探讨合作
96	1995.10—11	古巴水电专家	3	考察并商谈外包合同，初步确定了科罗赫和莫阿两座小水电站的设备材料清单
97	1995.10.20	巴西福纳斯电力公司	1	签订小水电技术合作协议
98	1995.12.1—3	巴基斯坦参议院代表团	14	访问座谈并探讨合作
99	1996.1.27—28	圭亚那水电专家	2	参加莫科—莫科水电站扩初设计审查
100	1996.8.9—10	马来西亚 SESCO 工程师	2	参加马来西亚科塔水电站的三方设计协调会
101	1997.1.28—31	加拿大技术专家	4	为中加拟建立生产电站控制设备的合资企业进行考察

续表

序号	时间（年.月.日）	国家/组织	人数	访问目的及成果
102	1997.3.16—23	印度 MILESTONE 公司总裁	1	洽谈合作
103	1997.3.28—4.7	越南水利研究院水电中心代表	2	探讨 ODA 项目的执行并签订技术合作意向书
104	1997.4.2	加拿大矿能部代表	3	探讨合作
105	1997.6.20	印度 MILESTONE 公司代表	1	签订合作备忘录
106	1997.9.6—9	菲律宾中菲开发资源中心代表	10	考察电站及水电设备厂家并探讨合作
107	1997.10.18—27	印度 MILESTONE 公司总裁	1	技术商务洽谈并签订合作协议
108	1997.12.10	巴西能源、电信及农村发展委员会（CONBRAC）主席等	6	洽谈合作
109	1998	尼泊尔驻华大使	1	洽谈合作
110	1999.10.16—28	朝鲜科学研究院电机所代表	3	了解中国小水电技术
111	2000	英国 IT Power 公司代表	1	洽谈合作
112	2000.1	越南水电中心代表团		洽谈合作并签订新的合作备忘录
113	2000.3.6—16	印度 MILESTONE 公司总裁等	2	商谈橡胶坝、机组出口等事宜
114	2000.3.30—31	古巴水利部部长等	8	商谈亚太中心承担的科罗赫和莫阿两座小水电站有关设计工作
115	2000.6—7	加拿大技术专家	4	两次前来参加浙江嵊州南山电站及贵州小七孔电站自动化系统等合作项目的调试
116	2000.7	印度非常规能源部秘书（副部级）等	6	访问座谈并探讨合作
117	2000.8.4—5	美国国际公众广播电台记者	1	采访亚太中心领导并报道中国小水电的发展
118	2000.8.20	菲律宾微水电服务中心主任	1	洽谈合作

续表

序号	时　间 （年．月．日）	国 家 / 组 织	人数	访 问 目 的 及 成 果
119	2000.10	孟加拉国公共设施与房屋部秘书（副部长）等	3	洽谈合作
120	2000.11	加拿大 TECH－CON INTERNATIONAL 公司总经理等	1	洽谈合作
121	2001	古巴水利代表团	20	商谈科罗赫和莫阿两座小水电站的相关设计工作
122	2002	印度尼西亚矿物能源部官员阿里奥先生	1	洽谈合作
123	2002.5.29	美国 BLUEMOON 基金会代表	3	信息交流并洽谈合作
124	2002.10.22	美国 ORENCO 公司代表	1	洽谈长期合作
125	2002.10.24	主任 Hoang Van Thang 先生带队的越南国家水电中心代表团		洽谈合作
126	2002.10.28—11.3	朝鲜科学院电气研究所所长等	5	对我国中小水电设备制造水平、电站自动控制程度以及其他设备控制、保护等技术进行交流
127	2002.11.11	世界银行官员吴军晖女士	1	访问座谈
128	2002.12.8	印度 Shree－Neel 公司总裁 Sharad Pustake	1	就首期开发项目签订了合作备忘录
129	2003.2.14—16	越南水利科学研究院副院长 Hoang Van Thang 先生等	9	洽谈合作并拟请提供技术支持
130	2003.2.15—19	越南科技部农业与水利司、越南水利科学研究院和水电中心代表团	4	就共同执行的中越科技合作项目的有关内容进行详细讨论
131	2003.4.15	澳大利亚坦斯马尼亚水电公司代表 Polglase 先生	1	就箱式小水电站技术方面的合作交换了意见并明确了下一步工作内容
132	2003.3.21	厄瓜多尔客商 L. Holding 先生等	3	访问座谈并拟请提供小水电技术服务

续表

序号	时　间（年．月．日）	国家／组织	人数	访问目的及成果
133	2003.6.24	蒙古国家议会议员 Gundalai 先生	1	洽谈合作；亚太中心同意派专家赴蒙古，免费为蒙方进行电站规划工作
134	2003.8.2	日本太比雅株式会社代表刘炳义博士与上海关电太比雅环保工程设备有限公司代表	3	洽谈合作
135	2003.8.11	正在参加由联合国工发组织在杭州举办的竹业技术管理高级研讨会代表	6	访问座谈
136	2003.9.12	世界银行东亚太平洋地区能源与矿业发展处吴军晖处长及世界银行驻北京代表处能源专家赵建平先生	2	商谈合作
137	2003.10.22—23	越南科学院国际合作处处长、HPC 中心主任等	4	签订自动化实验室设备供货合同
138	2003.11.1—2	德国波莱梅海外研究与发展协会代表格根先生等	3	访问座谈并考察电站
139	2004.1	南非 Peninsula Technikon 公司代表（2002年非洲小水电培训班学员）	2	访问座谈
140	2004.3	瑞士、香港能源领域	3	探讨可再生能源方面的新技术及多边合作的潜力
141	2004.4.2	奥地利学者	9	访问座谈并参观
142	2004.6	印度教授	1	商谈国际培训班授课事宜
143	2004.8	美国太平洋投资有限公司代表	1	商谈小水电融资合作事宜
144	2004.10	《漫步浙江》杂志美国记者	1	了解中国小水电开发概况，并发表介绍小水电的文章
145	2004.12.11	安哥拉国家电力总局局长 Nelumba 先生等	5	在中国 CMEC、CCC 陪同下前来访问座谈，讨论合作承担安哥拉小水电和输变电工程建设项目事宜

续表

序号	时 间 （年．月．日）	国 家 / 组 织	人数	访 问 目 的 及 成 果
146	2004.12.13	国际环境能源企业风险投资公司的金融专家、美国布莱蒙基金副总裁等	5	在全球环境研究所（中国项目）专家的陪同下前来访问座谈，双方就共同开拓印度、巴西微水电市场；建立合资企业；提高当地生产运行能力等事宜进行了讨论，达成共识，确定了下一步工作计划
147	2004.12.13—14	英国 IT Power 公司专家	1	就微型（PICO）水电设备、CDM 项目等方面进行了交流并签订 CDM 合作协议
148	2004.12.16	澳大利亚 APACE 公司总裁 Bryce 先生	1	双方在小水电国际合作领域展开了业务洽谈，并就进行专业培训和信息交流等方面的双边合作达成了共识
149	2004.12	加拿大 Powerbase 公司专家	4	探讨合作项目技术问题
150	2005.1	苏丹电力部技术专家	1	就苏丹小水电站项目合作及技术培训等问题探讨，达成共识，并签署了合作备忘录
151	2005.1	印度专家	1	就小水电自动化、国际小水电培训等领域的合作进行了探讨
152	2005.3	世行专家	1	确认蒙古泰旭电站进水闸门、压力管道以及厂房等的设计方案
153	2005.3	南非工程师	2	技术交流
154	2005.5	印度尼西亚 PT. NEW RUHAAK 公司总裁等	3	商谈合作参与印度尼西亚 3 座电站的投标等事宜
155	2005.6	日本株式会社东芝电力水力事业中国推进部	1	访问座谈
156	2005.6	巴基斯坦替代能源开发委员会	1	访问座谈
157	2005.6	美国等数个国家的大学生	23	访问座谈
158	2005.7	韩国 Megapoint 公司总经理等	2	洽谈合作

续表

序号	时　间 （年．月．日）	国　家　/　组　织	人数	访　问　目　的　及　成　果
159	2005.10	巴基斯坦替代能源开发委员会高级顾问	1	访问座谈
160	2005.10	泰国 TEAM 咨询公司执行董事及高级顾问专家团	4	洽谈进口中国水电设备等事宜
161	2005.11	德国不来梅海外研究发展协会（BORDA）专家团	4	访问座谈
162	2005.11	智利 CHIHON LEY BCC 公司执行总裁	1	洽谈合作并希望为智方圣地亚哥大学小水电工程师提供培训
163	2005.11	老挝南农水电有限公司总经理	1	探讨在老挝小水电领域的合作
164	2006.3.22—24	秘鲁 CRS 公司代表	2	洽谈进口中国小水电设备等
165	2006.4.8	苏丹能源部专家	1	就非洲小水电合作进行探讨
166	2006.4.23—26	土耳其泰穆萨公司代表	4	就土方即将投建的哥哲德电站（装机 2×1412kW）的设备选型、技术参数、售后服务、付款方式等进行交流
167	2006.6.18—20	参加南科院“水科学”夏令营的 15 个国家的大学生	21	访问交流
168	2006.7.26—28	泰国 TEAM 咨询公司代表	4	签订小水电项目合作备忘录
169	2006.10.18—21	泰国 TEAM 咨询公司代表	4	就拟共同参与泰国小水电投标项目达成一致意见
170	2006.10.19—25	菲律宾 PESI 公司代表	4	签订小水电项目合作备忘录，并探讨进口中国水电设备等事宜
171	2006.10.28—31	秘鲁水电设备业主	4	根据合同，前来查看水电站监控系统的生产情况
172	2006.12.5	越南河江省副省长等官员及太安电站业主	8	洽谈越南 THAI AN 电站设计相关问题并草签协议
173	2007.5.14	智利 TIS（科技、投资与解答）公司高级副总裁维克多先生等	2	就如何在智利、拉美及其他地区进行小水电开发合作进行交流并讨论合作框架协议

续表

序号	时间（年．月．日）	国家／组织	人数	访问目的及成果
174	2007.6.17	坦桑尼亚电力公司工程师（原小水电国际培训班学员）	2	洽谈合作
175	2007.6.21	联合国亚太农业工程与机械中心（AP-CAEM）主任赵重琓博士等	2	访问座谈
176	2007.7.6	秘鲁工程公司代表	3	签订冲击式机组的供货协议
177	2007.7.11	法国开发署及经合促进公司 Nicolas 先生等	4	访问交流
178	2007.9.3—9.9	菲律宾客户	3	洽谈进口中国水电设备等事宜
179	2007.9.10	土耳其客户	2	洽谈进口中国水电设备等事宜并参观电站
180	2007.9.16—9.18	法国开发署专家	2	洽谈合作及培训班授课等事宜
181	2007.10.16—19	土耳其 RC 公司代表	3	探讨即将合作的两个水电项目的设备选型和技术方案等
182	2007.11.15—20	美国 ORENCO 公司代表	2	进一步商谈金华西湖电站改造和在美国 FOX 河上建设小水电站等合作事宜
183	2007.12.13	巴基斯坦 DIEZEL 公司及 SITARA 能源公司代表	2	根据巴方提供的其国内某区域水电开发规划表，洽谈合作
184	2007.12.26	越南河江省省委主席等	12	访问座谈并委托承担小水电项目
185	2008.1.8—12	亚太中心土耳其代理公司代表	2	就土耳其 3 个轴流式电站项目进行洽谈
186	2008.1.14	美国 LLC 工程公司代表	3	就美方正在做可研的斜击式机组项目进行交流
187	2008.2.19	土耳其客户	2	双方就土耳其一座混流式水电站的建设和供货进行洽谈
188	2008.4.14—18	土耳其 FILYOS 公司代表	4	洽谈水电合作项目的设计、供货等事宜
189	2008.4.8—10	越南、德国客户	2	洽谈设备供货等事宜

续表

序号	时间（年.月.日）	国家/组织	人数	访问目的及成果
190	2008.4.21	菲律宾 Clean and Green Energy Solutions 公司代表	3	访问座谈
191	2008.7.8—12	巴基斯坦驻中国使馆经商处参赞	1	访问座谈
192	2008.9.10	美国国际资源公司 2 人	2	洽谈 CDM 方面的合作
193	2008.10.7—10	菲律宾客户	2	洽谈水电设备出口项目
194	2008.10.7—11	土耳其 Filyos 公司代表	5	水电合作项目设备生产进度验收
195	2008.10.7—29	土耳其 PIK ENERJI 公司代表	1	设备出口项目技术讨论及厂家考察
196	2008.10.12—15	土耳其 Filyos 公司代表	4	洽谈水电合作新项目
197	2008.10.26—29	土耳其客户	2	洽谈水电合作新项目
198	2008.10.30	世界银行专家	1	访问座谈
199	2008.12.8—10	土耳其客户	7	洽谈水电合作项目
200	2008.12.24—29	土耳其 PINAR 项目业主	2	设备生产进度检查以及相关项目协调
201	2009.2.23	巴基斯坦总统能源顾问 Majidulla 博士、巡回大使 Ahmad 先生、巴基斯坦能源研究理事会主席 Altaf 博士以及巴基斯坦驻华使馆技术参赞 Tallae 先生等	4	就合作开发巴基斯坦小水电等进行会谈
202	2009.3.31	土耳其 PIK ENERJI 公司总经理以及 ENERMET 公司代表等	5	就土耳其能源市场以及可再生能源（水能、风能及太阳能）合作开发项目进行洽谈
203	2009.4.2	挪威诺尔兰省经贸厅国际关系主管	1	访问座谈
204	2009.4.24	塞尔维亚 ELINS DOO 公司总经理等	3	就塞尔维亚若干个潜在的小水电开发项目及水电设备供货事宜进行洽谈

续表

序号	时间（年．月．日）	国家／组织	人数	访问目的及成果
205	2009.7.1—6	土耳其 Kulak 公司代表	1	洽谈水电合作项目并考察设备生产厂家
206	2009.7.11—20	土耳其 AKFEN HEPP 投资与能源公司代表	3	检查 AKFEN HEPP 公司水电项目设备生产情况并见证试验过程
207	2009.8.3—11	越南工贸部、财政部和四大国有银行代表团	13	学习中国在小水电开发领域的成果和经验
208	2009.8.24—26	越南水利科学院及水电和可再生能源研究所代表	3	就低水头电站开发、小水电自动化技术合作、微水电箱式机组技术以及国际小水电培训等领域的合作进行洽谈并签署了合作备忘录
209	2009.8.27	北京大学和全球水伙伴委员会团队中印代表	20	访问西湖水资源管委会并讨论水治理方面的问题
210	2009.9.1	南非开普半岛理工大学讲师（原国际培训班学员）	1	洽谈合作并确定 2 个站址，拟合建小水电示范站
211	2009.9.5	土耳其 ELTES MUHENDISLIK 公司代表	1	商务考察
212	2009.9.6—9.11	土耳其 Balsuyu 公司代表	1	考察水电站项目设备
213	2009.9.6—9.12	土耳其 PIK ENERJI 公司总经理等	2	商务考察
214	2009.9.13	土耳其 Ram Kaji Paudel 公司代表	3	考察水电站项目设备
215	2009.9.16	土耳其 PIK ENERJI 公司代表	3	商务考察
216	2009.10.14	尼日利亚国家科学与基础工程署代表	2	访问座谈
217	2009.10.16—23	土耳其 PIK ENERJI 公司代表	3	新项目洽谈
218	2009.10.20	印尼 Kencana 集团代表	5	访问座谈

续表

序号	时间（年.月.日）	国家/组织	人数	访问目的及成果
219	2009.10.29	尼泊尔 HULAS 钢铁工业公司常务董事 Chandra Kumar Golchha 以及该公司上海代表处代表	2	商务洽谈
220	2009.11.16	苏丹水电专家哈桑先生	1	洽谈合作并探讨开发方式及技术方案等
221	2009.11.29—12.2	泰国 TGC 集团代表	3	探讨水电领域以及其他可再生能源方面的合作
222	2010.2.16	土耳其莫拉特两级电站设计方 PIK ENERJI 工程师 Murat 先生	1	探讨莫拉特电站的技术问题
223	2010.4.28	加拿大环境部大气科学司司长 Charles Lin 等	3	访问座谈并探讨合作
224	2010.5.2—4	法国 Gena Electric France 公司总裁 Philippe Quinzin 先生及项目总监 Jean Michel Natrella 先生	2	洽谈非洲几内亚境内若干小型水利发电站设备更新成套供应等问题并参观电站及厂家
225	2010.5.7—13	泰国 TEAM 集团 Thongchai Mantapaneewat 先生、Chawalit Chantararat 先生、Jirapong Pipattanapiwong 博士和 Thanawara Thongluan 先生	4	就新能源项目开发进行交流并参观厂家
226	2010.5.29	挪威石油与能源大臣泰里斯·约翰森及北挪威省省长欧德·埃里克森等	16	访问座谈并探讨合作
227	2010.5.31—6.6	巴基斯坦联合电气公司 Sardar Sajid Javed 先生和 Zahid Aziz Mughal 先生	2	就 Hillan（2×300kW）、Rangar—I（2×300kW）和 Halmat（2×160kW）水电项目设备进行洽谈并签订合同
228	2010.6.10—13	甘然项目业主 Taskin 先生	1	检查合作项目的设备制造情况并进行技术交流
229	2010.6.26	土耳其莫拉特两级电站业主 Mehmet Gunes 先生和助手	2	就合作项目进行技术交流

续表

序号	时　间 （年．月．日）	国 家 / 组 织	人数	访 问 目 的 及 成 果
230	2010.7.27	巴西毅龙进出口公司邱成炎董事长等	5	访问座谈并探讨水电合作
231	2010.8.23—24	土耳其 SAF—I 项目业主 Mustafa 等	3	洽谈合作并考察电站及厂家
232	2010.8.27	土耳其 ICTAC 公司总经理等	3	洽谈合作并考察电站及厂家
233	2010.9.17	巴布亚新几内亚水电发展公司 CEO Warren Woo 先生和 Allan Guo 先生	2	访问座谈并探讨水电合作
234	2010.9.20	印度客商 Soni 先生等	2	访问座谈并探讨微水电合作
235	2010.9.25	印度尼西亚 BAGUS KARYA 公司中国总代表林孔贵先生等	3	访问座谈并探讨了今后长期合作的设想和构架
236	2010.10.19	亚太地区未来领导人计划参与者	2	访问座谈
237	2010.10.21—22	尼泊尔固体垃圾资源管理流动中心 Kishor 先生	1	就垃圾焚烧电站前期相关事宜进行交流并探讨合作
238	2010.10.22	由挪威 Rana 发展公司（Rana Utviklingsselskap）总裁 Helge Stanghelle 先生率队，Narvik 市市长 Karen Kuvaas 女士等参加的北挪威省代表团	10	访问座谈并探讨合作
239	2010.12.10	土耳其 Fernas 公司 Taskin 先生	1	对合作项目技术问题进行交流并探讨未来合作
240	2010.12.11	秘鲁代理 Luis 先生及夫人	2	洽谈合作
241	2010.12.16	美国 Hydrotech 公司 John Liu	1	洽谈合作
242	2010.12.20	巴基斯坦 UEC 公司代表	3	洽谈合作项目机电设备验收事宜并探讨新的合作
243	2010.12.24	土耳其 DURAKBABA 公司 Hakki 先生	1	访问座谈并探讨水电、风电、太阳能等方面的合作

续表

三、重 要 出 访				
序号	时间（年．月．日）	本单位人数	出访国家/地区	出 访 任 务 及 成 果
1	1980.1	1	奥地利	朱效章参加联合国新能源与可再生能源大会筹委会水电专家组第一次会议（联合国经费）
2	1980.11	1	瑞士	朱效章参加联合国新能源与可再生能源大会筹委会水电专家组第二次会议（联合国经费）
3	1981.8	1	肯尼亚	朱效章参加联合国新能源与可再生能源大会
4	1983.1.24—3.14	1	哥伦比亚	沈纶章参加由外经贸部、水利部、一机部组成的小水电考察团（外经贸部经费）
5	1983.3	1	马来西亚	朱效章参加联合国第三次国际小水电会议并发表论文（联合国经费）
6	1983.5.14—6.14	1	美国	沈纶章与水电部规划院张槐处长对美一座水坝工程的修复和扩建设计进行技术咨询并提供优化方案（美方经费）
7	1983.10.10—31	1	意大利	郑乃柏参加意大利政府举办的国际小水电培训班（联合国提供经费）
8	1984	1	埃及	刘国萍参加水电部组织的埃及水电考察组
9	1984.5.8—6.5	1	泰国、菲律宾	沈纶章率联合国粮农组织顾问组对水轮泵示范站进行评价验收（联合国经费）
10	1984.10.26—11.20	3	泰国、尼泊尔、菲律宾	朱效章、张忠誉、王琦组成第一次亚太小水电咨询组，加强与成员国的联系，探讨各国小水电开发（联合国经费）
11	1984.12.7—12.22	1	斯里兰卡	沈纶章率联合国粮农组织顾问组对水轮泵示范站的安装进行指导（联合国经费）
12	1985	1	挪威	薛培鑫与水电部农水司总工程师赵增光参加“国际小水电规划及实施研讨会”
13	1985.4.15—5.16	1	孟加拉国、缅甸	沈纶章与水电部农水司总工程师高如山（组长）等一行4人受聘为联合国粮农组织顾问，对水轮泵示范站进行评价验收（联合国经费）

续表

序号	时间 (年.月.日)	本单位 人数	出访国家/地区	出访任务及成果
14	1985.5.25—6.3	1	美国	郑乃柏参加“世界粮食和水”大会(联合国经费)
15	1985.6.10—14	1	瑞典	宋盛义参加联合国工发组织召开的“着重于与能源有关的技术和设备的资本货物工业第二次协商大会”。世界各国代表共200多人参加
16	1985.7.22—24	1	菲律宾	朱效章与水电部农电司司长邓秉礼参加TAG(Technical Advisory Group)特殊会议(Special Session)及参加亚太小水电培训班教材编写讨论会(联合国经费)
17	1985.9	1	爱尔兰	朱效章作为联合国工发组织代表,参加欧洲工程师协会联合年会,发表论文(联合国经费)
18	1985.11.12—12.4	1	印度、马来西亚、菲律宾、斯里兰卡	朱效章率亚太地区小水电网第二次咨询工作组出访四国(联合国经费)
19	1986	1	法国	海靖参加第十三届世界能源会议并作报告
20	1986.2.21—3.13	2	尼泊尔	沈纶章(组长)与潘大庆等一行4人受聘为联合国粮农组织顾问,进行水轮泵技术咨询(联合国经费)
21	1986.10.21—25	1	马来西亚	朱效章与水电部农电司司长邓秉礼参加亚太小水电网技术咨询组第二次会议(联合国经费)
22	1987.2.13—3.5	1	新西兰	朱效章考察当地的小水电站并洽谈电子负荷控制器合作等(新西兰提供经费)
23	1987.5.23—6.13	2	尼泊尔	郑乃柏、李志明受聘为联合国粮农组织顾问,进行水轮泵站选址咨询(联合国经费)
24	1987.7.6—7.27	2	巴基斯坦	沈纶章、吕晋润受聘为联合国粮农组织顾问,进行水轮泵站选址咨询(联合国经费)

续表

序号	时间（年．月．日）	本单位人数	出访国家/地区	出访任务及成果
25	1987.9.22—10.3	1	斐济、巴布亚新几内亚、所罗门群岛、瓦努阿图	童建栋参加第三次小水电咨询组考察
26	1988.10.15—25	1	巴基斯坦	郑乃柏参加“小水电施工管理研讨班”
27	1988	1	加拿大	王显焕参加“加拿大88国际小水电会议”并发表论文（加方提供经费）
28	1988	1	斯里兰卡	海靖参加“长期电力系统规划会议”并发表论文（联合国经费）
29	1988.4	1	墨西哥	朱效章与水电部农电司司长邓秉礼参加《国际水力发电与大坝建设》杂志社主办的第三次国际小水电会议并发表论文（会议主办方经费）
30	1988.5.14—28	3	巴西	朱效章、王显焕、王琦前去考察访问，交流小水电领域的信息与经验，探讨潜在的双边合作，并对圣保罗州电力界发表了演讲（巴方提供经费）
31	1988.5.14—28	2	新西兰	童建栋、黄中理与水电部张建强、杜斌处长参加小水电研讨会，共有11国26位代表
32	1988.6.27—7.1	1	斐济	朱效章参加亚太小水电网技术咨询组第三次会议（联合国经费）
33	1988.10.17—21	1	苏联	傅敬熙参加联合国新能源技术发展与研讨会（联合国经费）
34	1988.12.13—16	1	泰国	沈纶章参加联合国粮农组织召开的亚洲提水灌溉专家会议并当选为会议副主席（联合国经费）
35	1989	2	泰国、菲律宾	朱效章、张莉莉参加外经贸部考察团，考察“区域中心如何实现自给的经验”（联合国经费）
36	1989.1.12—22	2	印度	魏恩赐、潘大庆与水电部刘巍、刘晓田处长参加农电司考察团，交流小水电及农村电气化经验，洽谈未来合作
37	1989.3	2	巴基斯坦	沈纶章、吕晋润受聘为联合国粮农组织顾问，对水轮泵综合利用示范站进行安装指导及竣工验收（联合国经费）

续表

序号	时间（年．月．日）	本单位人数	出访国家/地区	出访任务及成果
38	1989.5—11	1	新西兰	楼宏平赴奥克兰大学进修学习（联合国经费）
39	1989.7.6—8	1	斯里兰卡等10国11人	朱效章与水电部农电司司长邓秉礼参加亚太小水电网技术咨询组第四次会议（联合国经费）
40	1989.8	1	菲律宾	沈纶章参加亚洲开发银行举办的亚洲地区户用水压泵会议并宣读论文（亚行经费）
41	1989.8—10	3	瓦努阿图	郑乃柏、吕天寿、李志明应瓦方邀请，对当地TEOUMA河流作水电开发的可行性研究（联合国经费）
42	1989.10.27—12.10	2	巴基斯坦	沈纶章、吕晋润受聘为联合国粮农组织顾问，为水轮泵综合利用项目做可行性研究（联合国经费）
43	1990	1	斐济	丁慧深由斐济国家能源局局长点名邀请前去担任中国援建的布库亚小水电站的技术监理（联合国经费）
44	1990.5	1	美国	程夏蕾赴美国纽约州立大学（STONY BROOK校区）做访问学者（联合国经费）
45	1990.9	2	巴基斯坦	沈纶章、吕晋润受聘为联合国粮农组织顾问，进行水轮泵站选址咨询（联合国经费）
46	1990	2	美国	宋盛义、徐伟赴美国考察超声波流量计生产及使用情况
47	1991	1	挪威	罗高荣参加水利部代表团赴挪威考察
48	1991	1	意大利	童建栋参加“能源技术对环境影响国际会议”（ESETT'91）
49	1991.1.8—11	1	泰国	沈纶章参加联合国粮农组织召开的亚洲地区提水灌溉工具网成立暨专家磋商会议并担任会议副主席（联合国经费）
50	1991.6.12—15	1	法国	朱效章参加“91水能会议”并宣读论文（法方经费）
51	1991.10	1	泰国	朱效章参加“91亚洲能源会议”（会议主办方经费）

续表

序号	时间（年.月.日）	本单位人数	出访国家/地区	出访任务及成果
52	1992	1	印度	朱效章参加《国际水力发电与大坝建设》杂志社主办的第五次国际小水电会议（主办方经费）
53	1992.6.19—27	2	马来西亚	郑乃柏、黄建平与SESCO商谈合作并签订合作备忘录
54	1992.10—1993.2	6	马来西亚	郑乃柏、黄建平、吕天寿、杨玉朋、陈惠忠、华忠鑫对科塔水电站规划设计进行咨询
55	1992.11.13—27	1	马来西亚	童建栋与水电部农电司司长邓秉礼参加亚太小水电网技术咨询组第五次会议及微小水电政策研讨会
56	1992.11	2	印度尼西亚	华忠鑫、楼宏平赴印度尼西亚为中心出口的1台30kW水轮发电机组安装提供技术咨询
57	1993.4.19—24	4	挪威	魏恩赐、程夏蕾、孔长才、孙力为选购溪口抽水蓄能电站设备考察挪威水电设备厂家
58	1993.5.7—19	2	印度尼西亚	童建栋、李志明对当地小水电建设进行考察咨询，并就今后双方在小水电建设方面的合作问题进行磋商
59	1993.5.11—22	1	印度尼西亚	丁慧深前去洽谈中国和印度尼西亚合作开采用作建筑材料的石矿和商讨在小水电领域里的合作可能性
60	1993.9.21	1	尼泊尔	童建栋应邀前去讲学（培训班举办时间为9.13—10.8）
61	1993.9.27—10.1	1	泰国	沈纶章参加亚洲地区提水灌溉工具网召开的关于“提水灌溉工具与地下水灌溉管理”专家磋商会议并宣读论文（联合国经费）
62	1993.12.8—20	1	美国	童建栋访问Lucas Tech技术集团公司及Voith Hydro水电设备制造厂，就开展经济技术合作事宜进行了商谈并达成了初步成果
63	1994	2	马来西亚	杨玉朋、孙红星赴马来西亚考察当地电站控制系统
64	1994	1	加拿大	朱小华参加水利工程学会代表团考察加拿大水电工程

续表

序号	时间（年．月．日）	本单位人数	出访国家/地区	出访任务及成果
65	1994.3.22—28	1	日本	罗高荣考察日本水电设备厂家
66	1994.5.27—6.4	4	瑞士	魏恩赐、程夏蕾、孔长才、祝明娟参加 ABB、SULZER 公司溪口抽水蓄能电站设计联络会
67	1994.6.13—17	1	尼泊尔	童建栋参加印度喜马拉雅地区微水电开发国际专家咨询会议
68	1994.7—1995.1	3	马来西亚	童建栋、林旭新等赴马来西亚签订科塔电站技术服务协议，并对科塔电站进行技术咨询及现场服务
69	1994.10	1	马来西亚	孔祥彪参加科塔电站压力钢管加工制作咨询
70	1994.9—10	2	美国、斐济、博茨瓦纳、厄瓜多尔	童建栋、潘大庆与水利部郑贤司长、郑如刚处长及外经贸部赵永利处长参加小水电网咨询组出访相关国家，征求创建国际小水电中心的意见并向联合国总部汇报
71	1994.11.21—28	3	越南	罗高荣、孔祥彪、李永国等与越南科学院及水电中心座谈，并签订合作备忘录
72	1995	1	加拿大	童建栋考察访问当地相关水电机构
73	1995.1—12，1996.3—1996.10	7	马来西亚	黄建平、郑乃柏、史荣庆等先后赴科塔电站进行技术咨询及现场服务
74	1995.3.25—28	2	尼泊尔	吴华君、周叶萍考察尼泊尔国际山地综合开发中心
75	1995.4.24—28	1	巴西	罗高荣参加中巴小水电研讨会并作演讲
76	1995.5.5—6.1	2	古巴	林青山、李志明就承接古巴小水电工程进行前期考察
77	1995.7	1	澳大利亚	朱效章参加“’95 亚太地区可再生能源会议”（联合国经费）
78	1995.7.3—14	2	北京	童建栋、潘大庆参加联合国市场营销学习班
79	1995.9	1	美国	朱效章参加 APEC 可再生能源与可持续发展研讨会（美国能源部经费）

续表

序号	时间（年．月．日）	本单位人数	出访国家/地区	出访任务及成果
80	1995.7.17—8.14	3	圭亚那	罗高荣、李志武、林青山赴圭亚那签署莫科—莫科水电站对外设计合同及补充收资考察
81	1995.8	1	印度	程夏蕾参加由印度国际小水电协会、灌溉电力总局组织的“小水电开发培训班”并作专题发言
82	1995.9.18—20	1	意大利	童建栋与水利部郑贤司长、外经贸部李婉明处长参加小水电网工作会议
83	1995.10.13—14	2	北京	程夏蕾、章坚民参加在京召开的水利部/ESCAP/世界银行研讨会
84	1995.12	2	尼泊尔	王曰平、熊杰前去进行电站机组效率实测
85	1996	2	马来西亚	孙力、俞锋对科塔电站厂房布置和设备供应进行咨询
86	1996.2	1	瑞士	程夏蕾应邀参加ABB为期一个月的“溪口抽水蓄能电站计算机监控系统”软件开发和调试
87	1996.6.26—27	1	巴西	周叶萍随水利部郑贤司长参加第三届拉美及加勒比地区能源大会
88	1996.7	2	印度尼西亚	于兴观、姜和平赴印度尼西亚西爪洼省考察，将承担示范小水电站机电设计
89	1996.8.7—18	2	加拿大	童建栋、罗高荣等参加国际小水电网年会并访问加拿大
90	1996.10.27—30	1	马来西亚	罗高荣参加第六次国际小水电会议
91	1996.11.23—12.17	4	圭亚那	罗高荣、饶大义、缪秋波、刘广吉现场考察电站项目，收集数据并签订合同，受到圭亚那总理接见并会谈
92	1997.3.19—29	4	加拿大	程夏蕾现场考察小水电站自动化设备应用并商谈合作
93	1997.5	3	古巴	缪秋波、蒋杏芬、林凝参加援外项目的技术协调会
94	1997.6.14—29	1	意大利、英国	潘大庆为水利部代表团考察当地电力网及电力工业改革担任翻译
95	1997.11	2	印度	程夏蕾、汤一波参加BHORUKA POWER（2×1000kW）电站投标

续表

序号	时间 （年．月．日）	本单位 人数	出访国家/地区	出访任务及成果
96	1997.12	3	加拿大	程夏蕾、吕建平、张关松应加拿大自然资源部的邀请，赴加拿大考察小水电自动化技术，洽谈与加拿大 Powerbase 公司的技术合作
97	1997.12.8—23	2	格鲁吉亚	王曰平、孙力前去商谈出口水电设备事宜
98	1997.12.22—24	2	土耳其	罗高荣、李季与外经贸部李婉明处长和土耳其国家水利工程总局商谈合作
99	1997.12.26—28	2	埃及	罗高荣、李季与外经贸部李婉明处长和埃及水电站管理局商谈合作
100	1997.12.31—1998.1.3	2	津巴布韦	罗高荣、李季与外经贸部李婉明处长和津巴布韦供电署商谈合作
101	1998.3—4	3	古巴	王曰平、刘玉英、周舒前去检查两座小水电站设备情况
102	1998.3.8—28	4	越南、缅甸、菲律宾	罗高荣、宋盛义、潘大庆、缪秋波前去商谈出口水电设备事宜并探讨双边合作
103	1998.10.30—11.11	3	古巴	罗高荣、饶大义、傅廷生前去探讨古巴两座电站设计等事宜
104	1998	4	古巴	罗高荣、刘维东、辛在森、于世锐赴古巴正式签署“关于古巴两个小水电站项目土建设计合同”
105	1998.11.23—29	4	加拿大	罗高荣前去与加拿大矿能部商谈执行培训及举办国际会议等事宜
106	1998.12	4	加拿大	程夏蕾、张关松、章坚民、刘德清与加拿大 Powerbase 公司洽谈国内试点电站设备供货，以及注册合资企业的有关事宜
107	1999.5—6	4	土耳其、希腊	罗高荣、程夏蕾、潘大庆、缪秋波执行外经贸部委托的境外小水电培训
108	2000.10	1	古巴	饶大义执行水电项目工程实施相关协调事宜
109	2000.10—11	1	日本	朱小华参加中日水电持续开发技术培训班
110	2000.12	1	英国	孙力访问 IT Power 公司，进一步洽谈双边合作
111	2001.11	3	蒙古	郑乃柏、刘勇、吴卫国为蒙古乌兰巴托抽水蓄能电站选点收集资料

续表

序号	时间（年．月．日）	本单位人数	出访国家/地区	出访任务及成果
112	2001.12	1	泰国	程夏蕾赴泰国曼谷ESCAP总部参加“自然资源开发战略性规划和管理研讨会”（联合国经费）
113	2001.12.7—14	5	越南	于兴观、徐锦才、吕建平、张巍、沈学群执行第四届中越政府间合作会议项目“小水电站自动化控制系统的联合研究与开发”
114	2001.12.18—29	4	朝鲜	刘勇、李志武、潘大庆、吕建平执行中国水利部与朝鲜水科院第三十七届会议的合作项目之一，考察并研究“小水电开发关键技术”
115	2002.6.5—9	3	越南	陈生水、徐锦才、李志武前去洽谈双边合作并进行技术交流
116	2002.8.5—20	13	日本	徐伟等赴日本参加河南回龙蓄能电站水泵水轮机（由日立公司生产）模型验收试验
117	2002.10.22—25	1	泰国	陈生水参加ASEM绿色新能源网第一次区域网工作会议并作大会发言
118	2003.3.16—23	1	日本	程夏蕾参加第三届世界水论坛会议并提交论文
119	2003.2.28—12.15	1	古巴	饶大义为科罗赫、莫阿两座水电站的机电设备进行安装指导
120	2003.10.20—29	1	日本	陈生水作为中方副团长赴日本参加第十八届中日河工坝工会议，并作“特色小水电的研究与设计”专题发言
121	2003.7	3	加拿大	程夏蕾、徐锦才及浙江省水利厅专家访问Powerbase公司，洽谈小水电自动化进一步合作
122	2003.7.10—17	1	蒙古	李志武对蒙古西北部Ulaan－Ual等2个村附近的小水电资源、用电负荷、可开发站址进行现场考察
123	2004.2.24—3.12	1	圭亚那	黄建平参加商务部组织的莫科—莫科水电站压力管道修复考察
124	2004.3.26—4.8	1	乌兹别克斯坦	吴卫国等一行3人考察拟改造的泵站项目，对第一期需改造的5座泵站进行了初步技术方案设计，并签订了合作备忘录
125	2004.4.13—20	2	越南	吴卫国、吕建平参加堆林水电项目的供货及技术服务协调会

续表

序号	时间 （年．月．日）	本单位 人数	出访国家/地区	出访任务及成果
126	2004.8.1—10	2	蒙古	吴卫国、吕建平与北京凯姆克（COMCO）国际贸易有限责任公司代表一起参加泰旭电站项目技术协调并签约
127	2004.8.3—14	3	越南	徐锦才、张巍和俞峰执行中越自动化长期合作项目
128	2004.9.8—16	1	蒙古	吴卫国参加泰旭电站项目商务合同的正式签订
129	2005.3.13—22	4	澳大利亚	程夏蕾、徐锦才、徐伟、徐国君执行“箱式整装小水电站关键技术研究”项目
130	2005.5.4—6	1	柬埔寨	程夏蕾参加世界银行、全球乡村能源组织（GVEP）和联合国 UNDP 共同举办的东亚“现代能源与扶贫”高级研讨会并作大会发言
131	2005.5.10—22	4	卢旺达	刘恒、潘大庆、吴卫国、饶大义前去进行小水电与水资源规划技术咨询，并向卢方能源部提交了开发小水电咨询报告
132	2005.6.22—7.1	3	蒙古	吕建平、祝明娟参加“蒙古泰旭水电站”技术协调会
133	2005.7.7—12	1	印度	黄建平前去商讨有关锡金邦小水电开发事宜
134	2005.8.30—9.8	2	蒙古	吴卫国、崔振泰为泰旭水电站项目提供现场技术服务
135	2005.9.17—10.9	1	瑞典	赵建达参加瑞典 SIDA 资助的“2005 水电开发管理国际高级培训班”
136	2006.3.15—20	3	蒙古	吴卫国、吕建平、崔振泰参加蒙古泰旭水电站技术协调会
137	2006.3.16—22	1	墨西哥	李志武作为水利部专家团代表，参加第四届世界水论坛大会
138	2006.4.1—8	1	越南	赵建达参加“2005 水电开发管理国际高级研讨班”第二阶段的项目评估活动并提交项目研究报告
139	2006.5.6—12	2	印度尼西亚	黄建平、吴卫国洽谈小水电咨询项目
140	2006.9.10—29	1	瑞典	沈学群参加瑞典 SIDA 资助的“2006 国际水电开发管理高级培训班”

续表

序号	时间（年．月．日）	本单位人数	出访国家/地区	出访任务及成果
141	2006.11.1—12	2	越南	黄建平、吴卫国洽谈太安电站等小水电项目技术服务合同，并考察多个电站的站址
142	2007.1.28—2.12	1	印度	赵建达参加印度新能源及可再生能源部“小水电：评估与开发”国际培训
143	2007.2.1—5	2	越南	黄建平、吴卫国洽谈太安电站等小水电项目技术服务合同，并考察多个电站的站址
144	2007.3	1	泰国	黄建平参加中泰水利合作联合指导委员会第五次会议，并作“中国小水电开发与国际合作”发言
145	2007.3.22—6.27	1	古巴	饶大义参加莫阿水电站的机电设备安装技术指导
146	2007.3.25—30	1	南非	沈学群参加“2006 国际水电开发管理高级培训班”后续研修活动
147	2007.4.15—12.31	1	蒙古	崔振泰参加泰旭水电站现场技术指导
148	2007.7.10—8.10 2007.7.10—12.31	2	蒙古	吴卫国、鲍宇飞参加泰旭水电站现场技术指导服务
149	2007.7.30—8.20	2	土耳其	林凝、徐伟前去进行 4 个水电合作项目及设备供货的技术和商务洽谈
150	2007.9.1—28	1	瑞典	潘大庆参加瑞典 SIDA 资助的“2007 水电开发及利用管理高级国际培训班”
151	2007.10.31—11.4	1	俄罗斯	徐伟对 YAGARLYKSKAYA HEEP 水电站进行了实地考察，并就技术改造合作进行洽谈
152	2007.12.6—12.22	3	土耳其	徐锦才、林凝、徐伟前去进行两个水电项目及设备供货的技术商务洽谈
153	2008.3.17—19	1	巴基斯坦	林凝参加“巴基斯坦水电开发”国际大会并作报告
154	2008.4.1—4.29	1	荷兰	谢益民参加南科院第一期科技骨干和管理人员出国培训
155	2008.4.2—11	1	乌干达	潘大庆参加“2007 水电开发及利用管理高级国际培训班”后续研修活动

续表

序号	时间（年．月．日）	本单位人数	出访国家/地区	出访任务及成果
156	2008.5.23—6.19	2	土耳其	林凝、徐伟前去进行 Otluca 等 6 个水电项目及设备供货的技术商务洽谈，共新签订了 6 个合同
157	2008.5.25—31	3	美国	徐锦才、董大富、张巍执行水利部“948”项目，到 Joss Data 公司进行软件培训
158	2008.6.29—7.7	1	西班牙	程夏蕾作为水利部专家团代表，参加 2008 年萨拉戈萨世博会
159	2008.7.12—28	3	土耳其	徐锦才、林凝、徐伟前去进行技术商务洽谈
160	2008.7.27—8.5	2	肯尼亚	林旭新、潘大庆前去进行 GIKIRA 等水电站项目技术指导
161	2008.10.3—11.5	1	瑞典	张恬参加瑞典 SIDA 资助的“2008 水电开发及应用管理国际高级培训班”
162	2008.10.15	2	北京	应巴基斯坦驻华大使馆邀请，程夏蕾、潘大庆出席了巴基斯坦总统扎尔达里在北京钓鱼台国宾馆举行的午宴。之后，巴基斯坦总统能源顾问 Kamal 博士及巴基斯坦驻华使馆技术参赞 Tallae 先生在巴基斯坦驻华使馆约见了中心代表，商谈合作事宜
163	2008.11.11—12.5	3	土耳其	董大富、林凝、徐伟前去进行 Garzan－I 电站和其他水电项目技术商务洽谈
164	2009.3.15—3.23	1	土耳其	徐锦才作为水利部专家团代表，参加第五届世界水论坛并提交了大会论文；我中心还展出中国小水电技术和设备
165	2009.6.13—7.25	3	土耳其、马其顿	董大富、林凝、徐伟前去进行水电项目技术商务洽谈
166	2009.9.5—10.3	1	瑞典	陈星参加瑞典 SIDA 资助的“2009 水电开发国际高级培训班”
167	2009.9.28—10.1	3	秘鲁	董大富、林凝、徐伟参加秘鲁全国机电工程大会，并作了大会发言
168	2009.10.16—11.16	1	美国	黄建平参加由南科院在美国组织的“水文与水科学先进技术培训班”

续表

序号	时间（年．月．日）	本单位人数	出访国家/地区	出访任务及成果
169	2009.11.3—12	1	土耳其	林凝前去进行项目技术交流及设备供货洽谈
170	2009.11.25—12.9	2	塞拉利昂、利比里亚	周卫明、饶大义执行小水电考察，对两个国家四个小水电站址进行现场的地形测量、流量测验以及供电区的负荷调查等工作
171	2009.12—12.17	2	印度尼西亚	吴卫国、吕建平、丁邦满对 Pakkatt 等 2 座小水电站址进行现场的地形测量以及供电区的负荷调查等工作
172	2009.12.27—2010.1.5	2	苏丹	受 UNESCO 委托，我中心承担“阿拉伯可再生能源框架研究”项目，其中包括两个小水电的开发咨询。黄建平、饶大义进行小水电项目开发及 Jebel Aulia 水库调水工程咨询
173	2010.3.1—10	4	马其顿、土耳其	程夏蕾、林凝、徐伟、沈学群赴斯科普里承办马其顿清洁能源技术与设备推介会；会后赴安卡拉进行水电合作项目技术商务洽谈
174	2010.4.11—24	1	尼泊尔	陈星参加“2009 水电开发国际高级培训班”后续研修活动
175	2010.5.12—27	4	土耳其	徐锦才、董大富、林凝、徐伟前去洽谈小水电双边合作项目
176	2010.7.6—19	2	巴布亚新几内亚	黄建平、周龙龙前去对 TOL 等水电站进行预可行现场考察
177	2010.8.5—23	3	土耳其	徐锦才、林凝、徐伟前去进行 OSMANCIK、KALE 两座水电项目的谈判并签订合同
178	2010.9.18—29	2	土耳其	熊杰、张恬前去执行合作项目设计咨询
179	2010.9.25—10.14	2	土耳其	林凝、徐伟前去进行土耳其 KEMERCAYIR、UCHANLAR、UCHARMANLAR、BINEK 等四个水电项目的谈判及合同签订
180	2010.10. 20—26	2	印度尼西亚	黄建平、周卫明前去对 RAHU2 等水电站进行现场考察并就设计与合同等进行洽谈
181	2010.11.28—12.12	2	土耳其	林凝、徐伟前去进行项目合同谈判

附录八　设计项目业绩汇总表

序号	国　别	工　程　名　称	建 设 规 模	起止时间	备　　注
1	中国	宁波溪口抽水蓄能电站	2×40MW，总投资 3.2 亿元	1990—1998 年	工程咨询、设计
2	马来西亚	科塔水电站	2×2MW	1993—1997 年	工程咨询、设计、监理
3	中国	浙江常山回龙桥二级水电站	2×800kW	1993 年	工程技改设计咨询、设计
4	中国	内蒙古巴图湾水电站	3×800kW+1×400kW	1993 年	工程技改设计咨询、设计
5	圭亚那	莫科—莫科水电站	2×250kW	1994—1997 年	工程咨询、设计
6	中国	浙江金华八达国湖抽水蓄能电站	2×48MW	1994—1998 年	工程咨询、招标设计
7	中国	西藏岗巴县杰龙水电站	2×400kW	1996—1998 年	工程咨询、设计
8	中国	西藏定结县荣孔水电站	3×320kW	1995—1997 年	工程咨询、设计
9	巴西	CACHOEIRA RASA 等 6 座水电站	总装机容量约 20MW	1996—2001 年	工程咨询
10	圭亚那	IKURIBISI 水电站	2×500kW	1997—2001 年	工程咨询、设计、设备成套
11	古巴	莫阿电站	2×1MW	1997—2001 年	工程咨询、设计、设备成套
12	古巴	科罗赫电站	2×1MW	1997—2001 年	工程咨询、设计、设备成套
13	中国	24 座微水电站	微型机组	1997—1999 年	工程咨询、设计
14	中国	湖北竹园水电站	2×1.6MW	1997—1998 年	工程咨询
15	中国	浙江泰顺洪溪一级水电站	2×7.5MW	1998—2002 年	工程咨询、设计、蓄水安全鉴定、水保设计
16	中国	浙江泰顺洪溪二级水电站	2×3.2MW	1997—2001 年	工程咨询
17	中国	浙江台州黄岩长潭水电站	2×5MW+1×1.9MW	1998—2001 年	报废重建咨询、设计
18	中国	河北响水铺电站	4×500kW	1998—1999 年	工程咨询、电气施工设计（包括自动化控制设备供货）

续表

序号	国别	工程名称	建设规模	起止时间	备注
19	中国	广东黄竹溪电站	2×40kW	1998—1999 年	工程咨询、设计
20	中国	浙江南山水电站	3×1.6MW	1999—2000 年	工程技改咨询、设计
21	中国	浙江嵊州艇湖电站	3×500kW	1999—2000 年	工程咨询、电气设计（包括自动化控制设备供货）
22	中国	河北圣佛堂电站	2×400kW	1999—2000 年	工程咨询、电气设计（包括自动化控制设备）
23	中国	浙江对河口水电站	2000kW	1999 年	工程技改设计咨询、设计
24	中国	浙江泰顺扬辽三级水电站	3×500kW	1999 年	工程咨询、设计
25	中国	浙江泰顺翁山水电站	3×500kW	1999 年	工程咨询、设计
26	中国	安徽石梁河电站	3×400kW	1999—2000 年	工程咨询、设计
27	中国	浙江永嘉黄山溪水电站	2×8MW	2000—2005 年	工程咨询、设计、蓄水安全鉴定、水保设计
28	中国	浙江永嘉新龙溪一级水电站	2×5MW	2000—2001 年	工程咨询、设计
29	中国	浙江永嘉新龙溪二级水电站	800kW	2000—2001 年	工程咨询
30	中国	浙江丰潭抽水蓄能电站	400MW	2001—2002 年	工程咨询
31	中国	安徽九井岗电站	2×8MW	2001—2004 年	工程勘测、咨询、初步设计
32	中国	浙江省安吉县孝丰水电站	2×1MW	2001—2003 年	水电厂报废重建设计
33	中国	福建白岩水电站	2×3.2MW	2001—2002 年	技术改造设计
34	中国	浙江峡口水电站	2×5MW	2001 年	技术改造设计
35	中国	浙江富阳受降溪整治工程		2001 年	工程设计
36	中国	浙江定海洋螺标塘		2001—2002 年	工程勘察设计

续表

序号	国别	工程名称	建设规模	起止时间	备注
37	中国	浙江舟山长琦海塘		2001 年	工程勘察设计
38	中国	浙江舟山定海丰产塘标准海塘	4 万亩	2001 年	工程勘察设计
39	中国	湖南三月潭水电站		2001 年	工程咨询
40	中国	福建魁斗水电站监控		2001 年	工程咨询
41	中国	广东枫树坝水电站		2001 年	工程咨询
42	中国	福建后溪水电站监控		2001 年	工程咨询
43	中国	浙江桐庐毕浦水电站	4×1.86MW+2×2.1MW	2001 年	工程咨询
44	中国	浙江长潭水库水力发电厂		2001—2003 年	电厂报废改造设计
45	中国	浙江温州永嘉新龙梯级水电站	装机容量 8MW	2001—2004 年	工程咨询、设计
46	蒙古	乌兰巴托抽水蓄能电站	2×18MW	2002—2003 年	工程咨询
47	中国	浙江富阳寺几水电站	2×200kW	2002—2003 年	工程设计
48	中国	浙江临安石门潭水利枢纽工程	2×1.6MW	2002—2004 年	工程咨询、设计
49	中国	浙江临安石门潭二级水电站工程	2×1.6MW	2002—2004 年	工程咨询、设计
50	中国	浙江临安烂塘湾水电站	1×400kW	2002—2003 年	工程设计
51	中国	浙江临安甘溪三级水电站	2×400kW	2002—2003 年	工程设计
52	中国	湖南玉龙岩水电站	库容 2000 余万 m^3，2×6.3MW	2002—2005 年	水库大坝工程设计
53	中国	浙江舟山市定海临城街道惠民桥段标准海塘工程	民用三级	2002 年	工程设计
54	中国	浙江舟山市定海城东街道十六门塘标准海塘工程	民用三级	2002 年	工程设计

续表

序号	国别	工程名称	建设规模	起止时间	备注
55	中国	浙江舟山市定海岑港蛟下新围段标准海塘工程设计	民用三级	2002 年	工程设计
56	中国	海南吊罗河二级电站设计	2×1.6MW	2002—2005 年	工程设计
57	中国	浙江洪溪一级电站升压站内洪溪二级/仙居电站 110kV 进线间隔工程	三回进出线，360m^2	2002—2003 年	工程设计
58	中国	浙江安吉老石坎水库管理局水力发电厂	1000kW＋2500kW	2003—2004 年	增容改造项目咨询
59	中国	湖北恩施大砂坝水电工程	2×8MW	2003 年	工程咨询
60	中国	湖北恩施马鹿河流域规划	流域面积 400km^2	2003 年	工程咨询
61	中国	福建福鼎桑园水电站	3×12.5MW	2003—2004 年	工程设计
62	中国	浙江富阳湖源水电站改建工程	3×500kW	2003—2004 年	工程设计
63	中国	浙江舟山市定海区西码头渔港扩建工程护岸工程		2003 年	工程咨询
64	中国	湖南省洪江市玉龙岩电站	0.2 亿 m^3，20MW	2003—2005 年	拱坝施工图设计
65	中国	浙江衢州市安仁铺水利枢纽工程	中型	2003—2007 年	工程咨询
66	中国	浙江衢州市衢江区天湖水电站水库工程	2×630kW	2003—2004 年	工程设计
67	中国	咸丰县青狮（南河）水电站	12.6MW～16MW	2003 年	工程咨询
68	中国	浙江临安市临里水电站工程设计	2×3.2MW	2003—2007 年	工程咨询
69	中国	海南谷石滩电站设计	2×3.2MW	2003—2007 年	工程设计
70	中国	浙江省景宁县景润水电站大坝	总库容 300 余万 m^3	2003—2004 年	蓄水安全鉴定
71	中国	海南省琼中县雷公滩水电站	1.5MW～1.89MW	2004—2006 年	工程设计

续表

序号	国别	工程名称	建设规模	起止时间	备注
72	中国	河南南阳回龙抽水蓄能电站	2×60MW	2004—2005年	工程咨询
73	中国	小水电改造可行性研究（世界银行委托）		2004年	工程咨询
74	中国	浙江临安新建水电站工程	2×0.8MW	2004—2005年	工程咨询、设计
75	中国	越南堆林水电项目	2×8MW	2004—2006年	工程设计
76	中国	浙江金华湖海塘区域城市环境建设工程	总投资16452万元，其中水保投资1382万元	2004年	水保方案评估论证
77	中国	浙江临安市仙人湖抽水蓄能电站	2×5MW	2004年	预可阶段咨询
78	中国	贵州德江白水泉电站工程	2×10MW，0.225亿m^3	2004—2007年	工程设计
79	中国	浙江义乌市污水处理工程	总投资56695万元，其中水保投资3400万元	2004—2005年	水保方案评估论证
80	中国	浙江庆元县龙井水电站		2004—2007年	初步设计
81	中国	浙江师范大学校园三期扩建工程	投资350万元	2004—2005年	水保方案评估论证
82	中国	湖北省鹤峰县燕子桥水电站	库容1236万m^3	2004年	水库大坝蓄水安全鉴定
83	中国	陕西太白县观音峡水电站	装机容量20MW，库容360万m^3	2004—2007年	工程咨询、设计
84	中国	浙江富阳市春南污水处理回用工程水土保持方案		2004年	工程咨询
85	中国	浙江虎鹰、金圆水泥生产线	总投资18491万元，其中水保投资400万元	2004—2005年	水土保持方案评估论证
86	中国	浙江磐安县城市污水处理工程		2004年	水土保持方案评估论证
87	中国	浙江临海市城市防洪二期工程	水保投资703万元	2004年	水土保持方案评估论证
88	中国	浙江瑞安市下埠水闸工程	投资16652万元	2004—2005年	水土保持方案评估论证

续表

序号	国别	工程名称	建设规模	起止时间	备注
89	中国	浙江台州市老人社会福利中心（崇德山庄）	总投资28779万元，其中水保投资1024万元	2004年	水土保持方案评估论证
90	中国	浙江温州市鹿城区七都岛环岛防洪堤工程	投资60517万元	2004年	水土保持方案评估论证
91	中国	浙江淳安县大市下坑水电站工程	800kW	2004—2007年	工程设计
92	中国	上海市青浦工业园区庄天河、桃园泵闸工程		2004年	工程设计
93	中国	浙江省桐庐县三狮水泥厂	小型	2004—2005年	水土保持方案
94		农业灌溉用泵站改造和建设项目		2004—2006年	工程设计
95	中国	浙江常山县天马镇城市供水一期工程		2004—2005年	水土保持方案评估论证
96	中国	浙江新建铁路衢州至常山线工程	总投资94585万元	2004—2005年	水土保持方案评估论证
97	越南	科电水电项目	2×4.5MW	2004—2006年	工程设计（机电部分）
98	中国	浙江义乌市姑塘水库大坝	小型，总库容493万m^3	2004—2005年	安全鉴定
99	中国	浙江玉环线城市生活垃圾处理项目工程	总投资8129万元，其中水保投资312万元	2004年	水土保持方案评估论证
100	中国	浙江省“千万亩十亿方节水工程”定海区实施方案		2004年	工程咨询
101	中国	浙江江南镇朱山堰坝工程		2004—2005年	工程咨询
102	中国	浙江前溪分水镇天英村段河道整治工程	小型	2004—2005年	工程咨询
103	中国	浙江新都热电有限公司垃圾焚烧项目	焚烧垃圾400t，12MW汽轮发电机	2004—2005年	水土保持方案评估论证

续表

序号	国　别	工　程　名　称	建 设 规 模	起止时间	备　　注
104	中国	浙江省海宁重点镇联建污水处理工程	改建10年一遇防洪标准的堤防540m，总投资30000万元，其中水保投资420万元	2004—2005年	水土保持方案评估论证
105	蒙古	泰旭水电站	3×3.450MW+650kW	2005—2007年	工程咨询、机电设计设备成套
106	中国	保国水电站迁建工程设计		2005—2006年	工程设计
107	中国	向阳水电站扩建工程	2500kW	2005—2006年	工程设计
108	中国	杭州市江东大桥（钱江九桥）及接线工程		2005年	水土保持方案评估论证
109	中国	浙江省龙泉市岩樟溪一级水电站水库	库容1143万m^3	2005年	大坝蓄水安全鉴定
110	中国	浙江瑞安市飞云江南岸（飞云镇）城市防洪工程	Ⅲ级防洪，10年一遇，水保投资600万元	2005年	水土保持方案评估论证
111	中国	浙江桐庐县钟山乡林塘水库保安工程	小型	2005—2006年	工程设计
112	中国	钟山寺、大令塘水库千库保安	小型	2005—2007年	工程设计
113	中国	浙江桐庐县富春江镇大令堂水库保安工程	小型	2005—2006年	工程设计
114	中国	浙江宁海县一市镇中低产田改造工程	20年一遇防洪标准	2005—2006年	工程设计
115	中国	浙江省泰顺县洪溪一级水电站水库洪水位影响清除咨询	2×6.3MW	2005年	工程咨询
116	中国	浙江舟山市岱山县双剑涂围涂工程	投资额31043万元，面积11270亩	2005年	水土保持方案评估论证
117	中国	振兴置业和家园防洪专题	投资额995万元	2005—2006年	水保方案编制
118	中国	中远船务舟山修船基地二期工程	水保投资2646万元	2005年	水土保持方案评估论证

续表

序号	国　别	工　程　名　称	建 设 规 模	起止时间	备　　注
119	中国	浙江桐乡市第一人民医院（市医疗中心）迁建工程	投资额 395 万元	2005 年	水土保持方案评估论证
120	中国	浙江温岭市西环路（甬台温铁路温岭站进出线道路）工程	投资额 26913 万元	2005 年	水土保持方案评估论证
121	中国	浙江温岭市石塘镇里西水库坝基渗漏处理	库容 13 万 m^3	2005 年	施工图设计
122	中国	浙江开化县城市供水工程	小型	2005 年	水土保持方案评估论证
123	中国	浙江临安市河桥镇千万农民饮用水工程	小型	2005—2006 年	初步设计
124	中国	安徽省金寨县栖鹤水电站	2×400kW	2005 年	工程设计
125	中国	浙江安吉川达物流货运码头工程	中型，水保投资额 1352 万元	2005 年	水土保持方案评估论证
126	中国	浙江桐庐县钟山乡下邵溪河道整治工程		2005—2006 年	工程设计
127	中国	浙江桐庐县合村乡洪水工程		2005—2006 年	初步设计
128	中国	浙江桐庐县富春江—清渚江两岸土地整理项目		2005—2006 年	工程设计
129	中国	浙江临安兴溪水电站工程设计	工业小型	2005—2007 年	工程设计
130	中国	浙江海宁市垃圾焚烧发电厂项目	工业小型	2005 年	水土保持方案评估论证
131	中国	广东省南沙市东方电气码头连接段工程	小型	2005—2006 年	工程设计
132	中国	浙江省淳安县严家水库	库容 2140 万 m^3	2005—2006 年	大坝蓄水安全鉴定
133	中国	上海市青浦工业园区西长泾泵站庄天河涵洞工程		2005—2006 年	工程设计

续表

序号	国别	工程名称	建设规模	起止时间	备注
134	中国	黄阁污水处理厂尾水排放口	小型	2005—2006年	施工图设计
135	中国	云南省临沧市云县南河一级水电站	40MW	2005—2009年	工程勘察、设计
136	中国	云南省临沧市云县南河二级水电站	24MW	2005—2009年	工程勘察、设计
137	中国	云南省临沧市云县罗闸河一级水电站	30MW	2005—2009年	工程勘察、设计
138	中国	云南省临沧市云县罗闸河二级水电站	50MW	2005—2009年	工程勘察、设计
139	中国	云南省禄劝县小蓬组水电站	44MW	2006—2009年	工程勘察、设计
140	中国	浙江定海区双桥镇狭门灌区节水工程		2005年	工程设计
141	中国	浙江定海区西大塘外涂围垦工程	围垦面积2025亩，50年一遇防潮标准，工程等别为Ⅲ等	2005—2009年	工程咨询、设计
142	中国	浙江定海区陷塘涂外涂围垦工程	工业中型，50年一遇防潮标准	2005—2009年	工程设计
143	中国	浙江正和造船有限公司册子造船基地围垦工程	20年一遇防潮标准，工程等别Ⅳ等	2005—2007年	工程设计
144	中国	浙江平湖九龙山西沙湾筑岛备料工程与里蒲山沙滩修筑工程	小型	2005年	工程设计
145	中国	浙江普陀区螺门长峙山围垦工程	围垦面积445亩，20年一遇防潮标准，工程等别为Ⅳ等	2005—2009年	工程咨询、设计
146	中国	浙江舟山豪舟物资仓储有限公司驳岸工程	20年一遇防潮标准，工程等别Ⅳ等	2005—2007年	工程设计
147	中国	浙江定海区马岙镇大小蚶涂围垦工程	围垦面积348亩，50年一遇防潮标准，工程等别为Ⅲ等	2005—2009年	工程设计
148	中国	浙江定海区双桥镇狭门大溪坑河道治理工程	长5800m，防洪标准为10年一遇，工程等别为Ⅴ等	2006—2007年	工程设计

续表

序号	国别	工程名称	建设规模	起止时间	备注
149	中国	浙江金塘大浦口闸泵站工程	水闸设计流量 177m^3/s，泵站 7m^3/s	2005—2008 年	工程设计
150	中国	浙江定海区白泉西岙底陈水库除险加固工程	总库容 64.12 万 m^3，小（2）型	2006—2009 年	工程咨询、设计
151	中国	浙江定海区小沙紫窟岭水库除险加固工程	总库容 28.63 万 m^3，小（2）型	2006—2008 年	工程设计
152	中国	浙江海盐黄沙坞治江围垦工程	100 年一遇，投资 1.8 亿元	2006—2008 年	施工图审查
153	中国	浙江定海区小沙镇毛峙东闸、毛峙大闸及连接段河道	东闸设计过闸流量 97m^3/s，大闸设计过闸流量 93m^3/s，小（1）型	2006 年	工程设计
154	中国	浙江定海区白泉东岙底陈水库除险加固工程	总库容 18.7 万 m^3，小（2）型	2007—2009 年	工程咨询、设计
155	中国	海南省加略水电站	640kW	2006—2007 年	工程设计
156	中国	福建福利水电站		2006—2007 年	工程设计
157	中国	福建莺歌岭二、三级水电站	2.06kW	2006—2007 年	工程设计
158	中国	海南省龙江一级水电站	800kW	2006—2007 年	工程设计
159	中国	海南省南中河二、三、四级电站	3 座电站共 22.2MW	2006—2007 年	项目申请报告编制
160	中国	广东省南沙热电厂取水管道穿堤工程		2006 年	工程设计
161	中国	浙江桐庐富春江孝门村深塘水库保安工程	18.50 万 m^3	2006—2007 年	工程设计
162	中国	浙江诸暨壶源江水电站	小型	2006—2008 年	工程咨询
163	中国	浙江丽水开潭水利枢纽工程（一期工程）	48MW	2006 年	蓄水安全鉴定

续表

序号	国别	工程名称	建设规模	起止时间	备注
164	中国	浙江里石门水库一级电站机组报废重建设计	10MW	2006—2007 年	工程设计
165	中国	浙江宁海县黄坦镇、胡陈乡中低产田改造工程	投资额 310 万元	2006—2007 年	工程设计
166	中国	湖南龙船岗水电站和上坪水电站	50MW、3.2MW	2006—2007 年	工程设计
167	中国	湖北省巴东县泗渡河水电站	15MW	2006 年	工程咨询、设计
168	中国	浙江临安市昌化镇白牛片农村饮用水工程	小型	2006 年	工程设计
169	中国	浙江嘉和科技园	水保投资额 460 万元	2006—2008 年	水土保持方案报告表
170	中国	浙江桐庐县江南镇周家坞水库工程	小型	2006—2007 年	工程设计
171	中国	浙江桐庐县双坑水库工程	小型	2006 年	大坝蓄水安全鉴定
172	中国	浙江三门县老北塘水库除险加固工程	小型	2006—2007 年	工程设计
173	中国	浙江三门县尖坑山水库除险加固工程	小型	2006—2007 年	工程设计
174	中国	浙江三门县团结水库除险加固工程	小型	2006—2007 年	工程设计
175	中国	浙江新昌县长诏电站报废重建工程	3×2250kW	2006—2007 年	工程设计
176	中国	浙江苍南皇帝平风电场工程	水保总投资 474 万元	2006—2007 年	水土保持方案评估论证
177	中国	浙江宁海县大佳何高湖塘内塘改造工程		2006—2007 年	工程设计
178	中国	贵州省铜仁天生桥水电站	2×11MW	2006—2007 年	工程设计（电气部分）
179	中国	浙江大大线景宁段改建工程（新桥至高演）	水保总投资 1350 万元	2006—2007 年	水土保持方案报告书
180	越南	河江省太安水电站工程	2×41MW	2006—2010 年	工程设计

续表

序号	国别	工程名称	建设规模	起止时间	备注
181	中国	浙江定海区小沙竹峙山水闸除险加固工程	设计过闸流量 169m^3/s，中型水闸	2007—2009 年	工程咨询、设计
182	中国	浙江舟山市定海区干览东闸工程	设计过闸流量 104m^3/s，中型水闸	2007—2009 年	工程设计
183	中国	浙江舟山市定海区双桥镇黄马锲闸门工程	小型水闸	2007 年	工程设计
184	中国	浙江舟山市定海区 2009 年度马岙中低产田改造（控制性工程）项目	设计过闸流量 52m^3/s，小（1）型	2008—2010 年	工程咨询、设计
185	中国	安徽省宁国市沙埠水电站工程	960kW	2007—2008 年	工程设计
186	中国	杭州市固体废弃物处理有限公司新建环境监测用房项目		2007 年	水土保持方案
187	中国	收购水电站工程项目评估	3 座电站，总装机容量 21MW＋12MW＋12MW	2007 年	工程咨询
188	中国	白水岭水电站工程	小型	2007—2008 年	工程设计
189	中国	吊灯岭水电站		2007 年	项目申请报告编制
190	中国	浙江诸暨市泉安水电站报废重建	630kW	2007 年	工程设计
191	中国	宁波溪口蓄能电站 1 号 2 号尾水洞及下库面板坝混凝土裂缝处理方案设计	中型	2007 年	工程咨询
192	蒙古	泰旭水电站	3×3.45MW＋650kW	2007 年	工程咨询、工程培训服务
193	中非	中非共和国博亚利电站改造及其电网规划		2007 年	工程设计
194	越南	太安水电站项目机电设备工程	2×41MW	2007 年	工程设计

续表

序号	国别	工程名称	建设规模	起止时间	备注
195	中国	浙江宁海县土地开发整理	小型	2007—2008年	工程设计
196	中国	浙江桐庐横村镇东南村闸门水库保安工程	小型	2007年	工程设计
197	中国	浙江临安市高虹镇农村饮用水工程	小型	2007年	工程设计
198	中国	丽水市水阁污水处理厂工程	水保总投资695万	2007年	水土保持方案报告书编制
199	中国	湖北省巴东县泗渡河水库电站工程		2007年	防洪影响评价
200	中国	浙江桐庐供水工程二期工程	水保投资128万元	2007—2008年	水土保持方案评估论证
201	中国	浙江苍南县大渔湾围垦工程	总面积4698hm²，南堤长2140m，北堤长3175m，50年一遇，投资13亿元	2007年	水土保持方案报告评估论证
202	中国	浙江临安市藻溪镇农村饮用水工程	小型	2007—2008年	工程设计
203	中国	浙江宁海县茶院乡胡陈乡中低产田改造工程		2007—2008年	工程设计
204	中国	浙江景宁县永库水电站技改增容工程可行性研究	小型	2007年	评估咨询
205	中国	浙江诸暨市荪溪坞水库千库保安工程	小型	2007年	工程设计
206	中国	浙江临安市玲珑街道等九个镇（街道）农村引用水工程	小型	2007—2008年	工程设计
207	中国	浙江临安市湍口镇山核桃节水灌溉示范项目	小型	2007—2008年	可行性研究和初步设计
208	中国	浙江省三门县葛岙片标准海塘工程	小型	2007—2008年	工程设计
209	中国	浙江省三门县河道采砂规划	小型	2007—2008年	工程咨询

续表

序号	国别	工程名称	建设规模	起止时间	备注
210	中国	浙江定海区盐仓街道螺头海塘除险加固建设工程	小型	2007年	工程设计
211	中国	浙江江山市双塔底水电站工程	小型	2007—2008年	工程设计
212	中国	浙江省天台县黄龙水库大坝	1625万m^3	2007年	蓄水安全鉴定
213	中国	浙江舟山市定海区西大塘排涝泵站工程	设计流量为$20m^3/s$，工程等别为Ⅲ等	2008—2009年	工程设计
214	中国	浙江舟山市普陀区展茅畈中低产田改造（控制性工程）项目	设计过闸流量$65m^3/s$，小（1）型	2008—2010年	工程咨询、设计
215	中国	浙江舟山市岱山大衢岛修造船基地海堤工程	50年一遇防潮标准，工程等别为Ⅲ等	2008—2009年	工程设计
216	中国	浙江舟山螺头船厂海堤工程	20年一遇防潮标准，工程等别为Ⅲ等	2008—2009年	工程设计
217	中国	浙江舟山市白泉浪洗滩涂围垦工程	围垦面积680亩，50年一遇防潮标准，工程等别为Ⅲ等	2008年	工程咨询、设计
218	中国	浙江临安市潜川镇农村饮用水工程	工业小型	2008年	工程设计
219	中国	浙江临安市锦城街道横溪上东片农村饮用水工程	小型	2008年	工程设计
220	中国	浙江东航杭州疗养院改造工程		2008—2009年	水土保持方案报告编制
221	中国	浙江官寮坡水电站工程		2008—2009年	工程设计
222	中国	浙江丽水市青田县外雄水电站工程		2008年	蓄水安全鉴定
223	中国	浙江诸暨市水域调查		2008年	工程咨询
224	中国	云南省兰坪县碧玉河四级水电站工程设计	2×50MW，水库总库容3362万m^3	2008—2009年	工程设计

续表

序号	国别	工程名称	建设规模	起止时间	备注
225	中国	浙江省宁海县大庵坑水库		2008年	大坝蓄水安全认定
226	中国	浙江省东阳东白山风电场工程		2008年	水土保持方案报告书咨询评估
227	越南	孟洪水电站工程	2×16MW	2008—2010年	工程设计
228	中国	浙江衢州市衢江区樟潭防洪工程	总投资22731万元，其中水保投资1792万元	2008年	水土保持方案报告书咨询评估
229	中国	浙江临安市岛石镇农村饮用水工程	总投资435万元	2008—2009年	工程设计
230	中国	浙江温岭东海塘风电场工程	总投资42005万元，2×2000kW	2008年	水土保持方案报告编制
231	中国	浙江临安市大峡谷镇农村饮用水工程		2008—2009年	工程设计
232	中国	浙江舟山岑港风电场工程		2008年	水土保持方案报告书评估论证
233	中国	浙江30万吨造船（升级）项目	总投资33亿元	2008年	水土保持方案报告书咨询评估
234	中国	浙江象山檀头山风电场工程		2008年	水土保持方案报告书咨询评估
235	中国	浙江临安市藻溪镇集镇农村饮用水工程		2008年	工程设计
236	中国	浙江临安市太湖源镇二期农村饮用水工程		2008—2009年	工程设计
237	中国	浙江临安市龙岗镇二期农村饮用水工程		2008—2009年	工程设计
238	中国	浙江临安市湍口镇农村饮用水工程		2008—2009年	工程设计
239	中国	浙江临安市清凉峰镇农村饮用水工程		2008年	工程设计
240	越南	站奏水电站	3×12MW	2008—2011年	工程设计
241	中国	浙江临安市昌化镇农村饮用水工程	总投资567万元	2008—2009年	工程设计

续表

序号	国别	工程名称	建设规模	起止时间	备注
242	中国	浙江临安市河桥镇农村饮用水工程	总投资 900 万元	2008—2009 年	工程设计
243	中国	浙江临安市横畈镇二期农村饮用水工程	总投资 495 万元	2008—2009 年	工程设计
244	中国	浙江临安市於潜镇二期农村饮用水工程		2008—2009 年	工程设计
245	中国	重庆市杨东河（渡口）水电站工程	48MW，库容 4035 万 m^3	2008—2011 年	工程设计
246	中国	浙江温州经济技术开发区污泥综合利用热电工程		2008 年	水土保持方案报告书咨询
247	中国	浙江桐庐县分水镇外范村金毛坞水库保安工程		2008 年	工程设计
248	中国	浙江临海市生活垃圾焚烧发电厂		2008 年	水土保持方案报告书咨询评估
249	中国	浙江永康市生活垃圾焚烧发电厂	总投资 24500 万元	2008 年	水土保持方案报告书咨询评估
250	中国	浙江东阳市生活垃圾焚烧发电厂	总投资 28700 万元	2008 年	水土保持方案报告书咨询评估
251	中国	浙江临安市青山湖街道二期农村饮用水工程	日供水量 2923m^3/d，年平均用水量 138.67 万 m^3	2008—2009 年	工程设计
252	中国	浙江舟山团鸡山垃圾焚烧发电项目围堤工程	50 年一遇防潮标准，工程等别为Ⅲ等	2009—2010 年	工程设计
253	中国	浙江兰溪市钱塘水库工程	水保投资 1298 万元	2008 年	水土保持方案报告书咨询评估
254	中国	浙江诸暨市西岩、溪口、择坞等 8 座水库千库保安工程		2008 年	工程设计
255	中国	浙江省嵊泗中心渔港（新港区）扩建工程		2008—2009 年	水土保持方案报告书咨询评估

续表

序号	国别	工程名称	建设规模	起止时间	备注
256	中国	浙江临安市大峡谷镇三期农村饮用水工程		2008—2009年	工程设计
257	中国	浙江舟山市定海区双桥镇大浦新河及联勤新闸建造工程	设计过闸流量115m^3/s，中型水闸	2009—2011年	工程设计
258	中国	浙江舟山市定海区白林金泉水库千库保安工程	总库容156万m^3，小（1）型	2009—2011年	工程设计
259	中国	浙江舟山银马水泥有限公司项目建设用地滩涂围垦工程	围垦面积32亩，50年一遇防潮标准，工程等别为Ⅲ等	2009—2010年	工程设计
260	中国	浙江舟山市定海区2011年度马岙中低产田改造（控制性工程）项目	设计过闸流量63m^3/s，小（1）型	2010—2011年	工程咨询、设计
261	中国	宁波溪口抽水蓄能电站引水隧洞及调压井加固防渗处理		2009—2010年	工程设计
262	中国	浙江南尧河四级水库拦河坝优化设计	6MW	2009—2010年	工程设计
263	中国	浙江改建铁路浙赣线临浦货场搬迁工程	总投资38813万元，水保投资1068万元	2009年	水土保持方案咨询
264	中国	浙江舟山市定海长白风电场工程	小（1）型	2009年	水土保持方案报告书咨询评估
265	中国	浙江富阳永安抽水蓄能电站工程	2×40MW	2009—2013年	工程设计
266	中国	浙江上虞市0901人防工程	水保投资138万元	2009年	水土保持方案编制
267	越南	越南光江水电站机电设备成套项目	3×4MW	2009—2010年	工程设计
268	越南	太安220kV变电站工程	220kV	2009—2010年	工程设计
269	越南	方度电站	3×7.5MW	2009—2011年	工程设计
270	中国	浙江新昌县长诏电站报废重建工程	3×2.25MW	2010—2011年	工程设计

续表

序号	国 别	工 程 名 称	建 设 规 模	起止时间	备 注
271	印度尼西亚	帕卡特电站工程	2×6.3MW	2010—2013 年	工程设计
272	中国	浙江三门县六敖北塘中低产田改造一期工程		2010 年	工程设计
273	土耳其	亚尼兹电站管路设计		2010 年	工程设计
274	中国	浙江诸暨市农田水利建设规划		2010 年	工程咨询
275	中国	浙江西岩、溪口、孙溪坞水库千库保安工程		2010 年	工程设计
276	中国	浙江诸暨市金家湾水库千库保安工程		2010 年	工程设计
277	中国	浙江绍兴港上虞港区曹娥作业区工程	总投资 3.68 亿元，水保投资 578 万元	2010—2011 年	水土保持方案报告书咨询评估
278	中国	浙江桐庐县农田水利建设规划		2010—2011 年	工程咨询
279	中国	浙江诸暨市陈蔡江山区中低产田改造项目		2010 年	工程设计
280	中国	浙江临安市河桥镇小凉溪水库		2010—2011 年	工程设计
281	越南	富安省 LAHIENG2 水电工程		2010 年	设计审查
282	巴布亚新几内亚	TOL MINI HYDRO 水电站工程		2010 年	工程咨询
283	中国	仙华温泉国际度假村（仙华水寨）人工湖		2010—2011 年	工程设计
284	中国	浙江岱山县农田水利建设规划		2010—2011 年	工程咨询
285	中国	16 省道与 320 国道连接线工程水土保持设施竣工验收技术报告		2010—2011 年	工程咨询、水土保持方案

续表

序号	国别	工程名称	建设规模	起止时间	备注
286	中国	20省道桐庐段改建工程水土保持设施竣工验收技术报告		2010—2011年	工程咨询、水土保持方案
287	越南	顺和水电站工程设计	2×25MW	2010年	工程设计
288	巴布亚新几内亚	UPPER BAIUNE水电站	2×4.8MW	2011年	工程设计
289	印度尼西亚	LUBUK GADANG水电站	2×4MW	2011年	工程设计
290	印度尼西亚	RAHU2水电站工程设计	2×2.5MW	2011年	工程设计
291	土耳其	Kemercayir、Uchanlar、Ucharmanlar设计	2×6435×2+1×3015 2×4950+1×2250	2011年	工程设计
292	中国	舟山市定海区双桥茶人谷引水泵站工程	设计流量为0.1m^3/s，引水管道长1200m，工程等别为Ⅳ等	2010—2011年	工程设计

附录九　监理项目业绩汇总表

序号	工程名称	工程规模	工程投资（万元）	建设时间（年.月）
一、围垦工程				
1	舟山市定海区干览西码头围垦工程	三级	9300	2000.4—2002.3
2	舟山市定海区岑港蛟下围垦建设工程	三级	7800	2002.10—2003.8
3	舟山市定海区紫窟围垦建设工程	三级	1928	2003.9—2005.9
4	舟山市钓浪围垦建设工程	二级	16200	2003.11—2007.10
5	舟山市普陀小郭巨围垦促淤工程	四级	10000	2004.3—2006.2

续表

序号	工　程　名　称	工程规模	工程投资（万元）	建设时间（年．月）
6	舟山市钓梁促围工程	二级	29000	2004.12—2008.12
7	瑞安市丁山二期围涂工程	二级	19500	2008.10—2011.10
8	浙江省洞头县状元南片围涂工程	二级	29900	2005.4—2011.3
9	普陀区朱家尖福利门围垦工程	三级	19000	2005.11—2009.9
10	宁波市镇海区新泓口围垦工程	三级	28000	2005.12—2009.5
11	舟山市岱山县衢山南扫箕围垦工程	四级	11000	2006.2—2008.8
12	温州市龙湾区海滨围垦工程	三级	18100	2006.6—2012.3
13	定海区西大塘外涂围垦工程	三级	8000	2006.6—2009.8
14	舟山市普陀区松帽尖围垦一期工程	三级	15000	2006.8—2009.8
15	舟山市普陀区鲁家峙东南涂围垦工程	三级	8482	2008.6—2010.11
16	舟山市岱山县双剑涂围涂工程	二级	35000	2007.3—2011.3
17	象山县高塘岛乡长大涂围涂工程	三级	5100	2007.7—2011.1
二、堤防、河道及城防工程				
1	宁海县新标准海塘二期工程	三、四级	4500	1999.2—2000.2
2	宁海县新标准海塘三期工程	三、四级	5000	1999.12—2000.12
3	绍兴县 2000 年度标准海塘	二级	7800	2000.2—2000.12
4	定海区 1998—2002 年度标准海塘建设工程	三、四级	21300	1998.1—2003.10
5	三门县 2000 年度标准海塘工程	三级	3000	2000.2—2001.10
6	瑞安市飞云江北岸标准海堤工程	三级	2000	2000.6—2002.6
7	钱塘江三级干堤加固金华市区河盘桥—婺江铁路大桥北段Ⅰ、Ⅱ标段工程	三级	2916	2000.10—2002.10

续表

序号	工　程　名　称	工程规模	工程投资（万元）	建设时间（年．月）
8	宁海县科技工业园区一期防洪工程	四级	2001	2001.1—2002.4
9	瑞安市飞云江北岸标准海堤二期工程	三级	2600	2001.6—2003.4
10	宁海县大佳何镇三期新标准海塘工程	三级	3000	2001.1—2004.12
11	三门县2002年度标准海塘工程	三级	6000	2002.2—2004.1
12	三门县海游港整治南岸防洪堤工程	三级	2200	2002.2—2004.1
13	定海区2003年度标准海塘及河道整治工程	三级	2500	2003.2—2004.2
14	嵊州市经济开发区（浦口）启动区水利工程及城市防洪工程（五期）	三级	3000	2003.4—2004.7
15	宁波市姚江江北堤防一期工程	三级	2000	2004.3—2005.9
16	宁波市科技园区甬江防洪堤建设工程	三级	3000	2003.6—2006.6
17	浙江省舟山市虾峙渔港防波堤工程	三级	3750	2004.6—2006.8
18	丽水市城市防洪工程好溪东岸防洪堤工程	三级	2980	2005.8—2007.11
19	宁波市江北区姚江堤防二期工程	三级	3000	2005.10—2007.2
20	舟山国家石油储备基地海堤工程	三级	839	2005.12—2007.3
21	曹娥江至慈溪引水工程（余姚段）七塘横江河道	三级	10000	2006.9—2010.4
三、水库及电站工程				
1	浙江嵊州艇湖水利枢纽工程	Ⅳ等	8000	1998.10—2000.5
2	浙江江山碗窑二级电站	中型水库	9000	1998.10—2000.9
3	温州泰顺三插溪二级电站	中型水库	6000	1999.8—2001.8
4	临海双坑电站	Ⅳ等	5000	1999.2—2000.5
5	浙江省常山县芙蓉水库工程	中型水库	27400	2002.11—2005.6

续表

序号	工 程 名 称	工程规模	工程投资（万元）	建设时间（年．月）
6	衢州市棠村水电站工程	小（2）型水库	3500	2003.4—2005.1
7	金华市磐安县三跳水电站工程	小（2）型水库	6000	2003.9—2004.12
8	鄞州区溪下水库工程	中型水库	26000	2003.7—2005.12
9	河南南阳回龙抽水蓄能电站工程	中型	45000	2000.2—2006.1
10	舟山市展茅平地水库工程	小（1）型水库	8674	2004.4—2007.3
11	淳安林家坞水电站工程	小（1）型水库	2420	2005.1—2007.12
12	南水北调东线第一期工程台儿庄泵站工程	大（1）型	24000	2005.5—2010.6
13	南水北调东线第一期工程二级坝泵站工程	大（1）型	25500	2007.8—2011.12
14	洪渡河石垭子水电站工程	大（2）型	99352	2007.8—2011.6
15	贵州省盘县哮天龙供水水库工程	小（1）型	3319	2007.10—2009.4
16	浙江永康市杨溪水库除险加固工程	中型水库	3295	2008.12—2011.6
17	浙江江山市峡口水库除险加固工程	中型水库	5480	2009.7—2011.2
18	浙江嵊州市剡源水库除险加固工程	中型水库	2237	2009.7—2011.5
19	浙江临安市英公水库除险加固工程	中型水库	3789	2008.12—2010.3
20	浙江仙居县里林水库除险加固工程	中型水库	3200	2008.12—2010.4
21	浙江青田县金坑水库除险加固工程	中型水库	3398	2008.12—2009.11
四、引水及其他工程				
1	舟山大陆引水工程	中型	6500	2001.5—2003.2
2	三门经济开发区大湖塘新区排涝泵站工程及石羊溪改造工程	小（2）型	600	2002.9—2004.1
3	乌引工程	小（1）型	1003	2003.11—2004.10

续表

序号	工程名称	工程规模	工程投资（万元）	建设时间（年．月）
4	沈家门渔港扩建（墩头段）驳岸建设工程		1000	2002.10—2004.11
5	舟山市岛北引水工程	中型	14047	2007.4—2009.3
6	舟山市钓浪水闸工程	中型	1690	2007.8—2010.10
7	温岭市金清新闸排涝二期工程	中型	52086	2008.2—2012.2
8	宁波市姚江大闸加固改造工程	大（2）型	5981	2010.1—2012.9
9	宁波市三江河道恢复性清淤工程	二级	17812	2010.2—2011.12

附录十　国内外小水电设备成套项目业绩汇总表

序号	国别	工程名称	建设规模	起止时间（年．月）
1	中国	浙江缙云盘溪梯级电站计算机远程调度系统	3×200kW　3×800kW 3×800kW　2×800kW	1985.10—1987.4
2	中国	江西黄岗山电站自动化监控设备	1×320kW	1988.1—1988.12
3	中国	安徽潜县高峰电站自动化监控设备	2×320kW	1988.3—1989.7
4	中国	北京房山西河电站自动化监控设备	2×400kW	1989.6—1990.3
5	中国	河北迁西南观电站自动化监控设备	2×4000kW	1995.10—1996.6
6	中国	浙江东阳横锦水库电站自动化监控设备	2×4000kW	1996.3—1998.3
7	中国	浙江开化齐溪电站自动化监控设备	2×5000kW+2×1500kW	1996.11—1998.10
8	中国	辽宁本溪松树台电站自动化监控设备	2×2500kW+4×500kW	1996.12—1998.2

续表

序号	国别	工程名称	建设规模	起止时间（年．月）
9	中国	浙江淳安铜山二级电站自动化监控设备	2×2000kW	1998. 4—1999. 6
10	中国	浙江淳安铜山一级电站自动化监控设备	2×3200kW	1999. 4—2000. 6
11	中国	浙江桐庐肖岭二级电站自动化监控设备	1×200kW	1998. 4—1999. 8
12	中国	河北响水铺电站自动化监控设备	4×500kW	1998. 5—1999. 10
13	中国	浙江黄岩柔级溪二级电站自动化监控设备	3×630kW	1999. 5—2001. 1
14	中国	浙江武义麻阳电站自动化监控设备	1×500kW+2×1600kW	1999. 1—2000. 6
15	中国	浙江德清对河口电站自动化监控设备	1×1600kW	2000. 4—2001. 12
16	中国	浙江金华沙畈二级电站计算机监控系统开发	2×5000kW	1998. 12—1999. 12
17	中国	浙江嵊州南山电站自动化监控设备	3×1600kW	2000. 5—2001. 3
18	中国	浙江嵊州艇湖电站自动化监控设备	3×500kW	2000. 1—2000. 12
19	中国	陕西榨水县塔尔坪电站自动化监控设备	2×320kW	2000. 1—2000. 12
20	中国	四川名山蒙阳 110kV 变电站	2×2000kW	2000. 1—2000. 6
21	中国	福建安溪县福前后溪电站自动化监控设备	2×2500kW	2001. 1—2001. 12
22	中国	福建安溪县魁斗东洋电站自动化监控设备	3×400kW	2001. 1—2002. 2
23	中国	浙江杭州将村商住开发区变频排污泵站自动化监控设备	4×90kW	2001. 3—2001. 6
24	中国	浙江省金华县安地水库一级电站自动化监控设备	4×1500kW	1995. 5—2001. 12
25	中国	福建省宁德白岩水电站技术改造设计及计算机监控系统	2×3200kW	2001. 10—2003. 10
26	中国	浙江宁波溪口抽水蓄能电站有限公司小水电站自动化计算机监控设备	1×2500kW	2002. 2—2003. 12

续表

序号	国别	工　程　名　称	建设规模	起止时间（年．月）
27	中国	浙江泰顺洪溪一级电站水电站计算机监控系统	2×7500kW	2001.12—2002.12
28	中国	浙江省绍兴汤蒲水电站计算机监控保护系统	2×1600kW	2001.12—2002.3
29	中国	浙江义乌市塔下水轮泵站自动化控制屏设备成套	3×320kW＋250kW	2002—2004
30	中国	浙江鄞县农电信息管理系统软件开发		2002—2003
31	中国	浙江金华白沙驿电厂计算机监控系统	3×320kW	2002.7—2002.10
32	中国	浙江金华市婺城区西畈电站计算机监控系统	500kW	2002.8—2002.10
33	中国	广东省鹤山市四堡水库信息化建设项目	320kW＋250kW	2002—2003
34	中国	浙江金华市白沙驿电厂厂用系统开发	3×320kW	2002.9—2002.10
35	中国	浙江泰顺仙居溪电站接入洪溪一级线路的监控与保护系统	2×7500kW	2002.9—2002.12
36	中国	安徽省石台县六百丈二级水电站计算机监控系统	2×400kW	2002.10—2002.12
37	中国	贵州省贵阳市大塘河水电站计算机监控系统	1×500kW	2002.10—2002.12
38	中国	浙江东阳横锦水库新增机组计算机监控系统	2×4000kW＋320kW＋1250kW	2003.4—2004.12
39	中国	浙江淳安铜山一级、二级电站监控系统软件升级	2×3200kW＋2×2000kW	2003.5—2003.10
40	中国	浙江省磐安县三曲里水电站计算机监控、保护系统	2×5000kW	2003.5—2003.12
41	中国	浙江泰顺洪溪一级水电站机组原型效率测试及技术分析	2×7500kW	2003.9—2004.3
42	中国	浙江金华莘畈水库电站自动控制系统	3×400kW＋2×320kW＋160kW	2003.8—2004.12
43	中国	安徽省黄山市徽州区宝塔水电站计算机监控系统	2×400kW	2003.8—2004.3
44	中国	浙江东阳江滨电站计算机监控系统	4×250kW	2003.10—2004.12

续表

序号	国别	工　程　名　称	建设规模	起止时间 （年．月）
45	中国	浙江义乌乌江橡胶坝工程泵站及船闸辅助设备		2003.7—2004.5
46	中国	浙江省金华市安地水库信息化建设项目（一期）		2003.9—2003.12
47	中国	浙江省鄞州区供电局线损计算软件系统		2004.6—2005.12
48	中国	农村小水电站自动控制系统应用示范（重庆云阳）	2×6300kW	2003.12—2004.12
49	中国	贵州省岑巩县新兴水电站计算机监控系统	3×630kW	2003.12—2004.9
50	中国	浙江磐安三跳水电站计算机监控系统	2×2000kW	2003.12—2004.3
51	中国	浙江金华山下吴水电站自动化系统成套	1×125kW	2003.12—2004.3
52	中国	浙江省鄞州区供电局线损计算软件系统		2003.12—2004.2
53	中国	广东省鹤山市鹤山大堤安全监控系统		2004.5—2004.12
54	中国	安徽省黄山市歙县旭翔水电站计算机监控系统	2×500kW	2004.5—2004.9
55	中国	广东鹤山四堡水库信息化系统增加设备		2003.10—2003.11
56	中国	江苏小塔山水库视频监视系统及管理处局域网系统		2004.3—2004.12
57	中国	浙江省金华市安地水库信息化建设项目（二期）		2004.4—2004.5
58	中国	陕西省勉县娘娘滩水电站计算机监控系统	2×500kW	2004.6—2004.10
59	中国	陕西省勉县板凳堰一级水电站扩容机组监控系统	1×800kW	2004.6—2004.8
60	中国	土石坝安全远程分析系统		2004.7—2005.12
61	中国	甘肃英东水电站计算机监控系统	1×800kW	2004.8—2004.10
62	中国	贵州思南县双鱼关水电站计算机监控系统	3×500kW	2004.9—2005.3
63	中国	浙江义乌乌江橡胶坝工程泵站及船闸计算机监控系统	2×75kW	2003.10—2004.6

续表

序号	国别	工　程　名　称	建设规模	起止时间 （年．月）
64	中国	海南黎母山天河二级水电站计算机监控系统	2×500kW	2004.12—2005.6
65	中国	浙江宁海双峰曼湾水电站计算机监控系统	1×2000kW	2004.11—2005.3
66	中国	浙江余杭四岭水库大坝计算机及图像监控系统		2005.4—2005.10
67	中国	浙江余杭四岭水库信息化建设		2005.5—2005.12
68	土耳其	土耳其 BASARAN 水电站计算机监控系统	2×300kW	2005.6—2005.11
69	中国	浙江淳安严家水电站自动控制系统	2×1600kW	2005.6—2005.12
70	中国	浙江淳安林家坞水电站自动控制系统	2×1250kW	2005.7—2006.7
71	越南	越南科电电站计算机监控系统和微机保护系统	2×4500kW	2005.8—2006.4
72	中国	浙江省金华市安地水库闸门远程监控系统建设		2005.10—2006.2
73	越南	越南低压机组 TC 操作器与监控软件		2005.11—2006.2
74	中国	广东省鹤山市沙坪水闸自动化监控系统		2005.11—2006.10
75	斯里兰卡	斯里兰卡斜击式水轮机设备成套	200kW	
76	中国	贵州黄平县西堰水电站计算机监控系统	2×630kW	2006.1—2006.4
77	中国	甘肃英东二级水电站计算机监控系统	1×1250kW	2005.7—2006.12
78	中国	浙江台州望春水电站计算机监控系统	2×1250kW	2006.4—2007.12
79	中国	浙江余杭四岭水库视频会商系统	2×630kW	2006.4—2007.12
80	秘鲁	秘鲁吉拉电站机组设备成套	1×1950kW	2006.4—2007.6
81	菲律宾	菲律宾微型水电站机组成套	30kW	2006.4—2006.8
82	中国	浙江省鄞州区水电公司电费计算系统改造		2006.6—2007.12

续表

序号	国别	工　程　名　称	建 设 规 模	起止时间 （年．月）
83	中国	蒙古泰旭水电站计算机监控保护系统	3×3450kW+650kW	2006.6—2007.6
84	中国	四川省金堂县九龙滩灌区自动化设备		2006.7—2006.8
85	中国	陕西城固县樵坝水电站计算机监控系统	2×500kW	2006.9—2007.12
86	菲律宾	菲律宾小水轮机设备	30kW	2006.11—2007.2
87	中国	甘肃临洮金家河水电站自动控制系统	4×500kW	2006.11—2007.12
88	秘鲁	秘鲁吉拉电站计算机监控系统	1×1950kW	2006.12—2007.3
89	中国	江西省樟树坑水电站工程电站监控保护系统	4×2500kW	2006.7—2008.7
90	中国	浙江金华莘畈水库视频监控系统		2007.6—2007.10
91	中国	浙江金华莘畈水库闸门远程监控系统		2007.8—2007.12
92	中国	浙江金华莘畈水库大坝安全监测系统		2007.4—2007.8
93	斐济	斐济发电机设备	250kW	2007.5—2007.12
94	秘鲁	秘鲁桑迪亚电站 1200kW 冲击式机组设备成套	1×1200kW	2007.7—2008.5
95	中国	云南省德宏州槟榔江电站二期增容工程		2007.5—2007.7
96	土耳其	土耳其卡卡尼电站卧轴混流机组设备成套	2×4500kW	2007.7—2008.1
97	中国	陕西省勉县马蹄沟水电站计算机监控系统	3×630kW	2007.9—2008.6
98	中国	海南省琼中县英歌岭二、三级水电站计算机监控系统	2×400kW　2×630kW	2007.8—2008.8
99	土耳其	土耳其开卡乐电站机组设备成套	1×250kW	2007.6—2007.10
100	中国	甘肃临洮油磨滩水电站自动控制系统	2×630kW	2007.10—2007.12
101	中国	甘肃临洮兴中水电站 SDJK-2000 计算机监控系统	3×2200kW	2007.10—2008.6

续表

序号	国别	工　程　名　称	建 设 规 模	起止时间 （年．月）
102	中国	浙江浦江县壶源江电站1＃水轮机转轮技改	1000kW	2007.10
103	中国	浙江金华市九峰水库保护监控及直流系统设备采购	2×3200kW	2007.11—2008.6
104	中国	贵州黄平西堰电站上位机系统	2×630kW	2007.12—2008.4
105	土耳其	土耳其亚尼兹电站立式轴流转桨式机组设备成套	3×5000kW	2007.12—2009.8
106	土耳其	土耳其匹那电站立式混流式机组设备成套	3×10MW	2007.12—2009.8
107	土耳其	土耳其卡的亚电站卧式混流式机组设备成套	3×2670kW	2007.12—2009.5
108	中国	甘肃舟曲曲瓦一级水电站自动控制系统	2×1000kW	2008.4—2009.12
109	土耳其	土耳其阿克洽电站机组设备成套	2×10MW＋5000kW	2008.5—2009.8
110	中国	四川省金堂县九龙滩灌区中控室改造及泵站自动化监控系统		2008.4—2008.9
111	中国	贵州省贵阳市大塘河水电站自动控制系统	2×200kW	2008.5—2009.5
112	土耳其	土耳其奥路加一级电站机组设备成套	3×12296kW	2008.5—2010.10
113	土耳其	土耳其奥路加二级电站机组设备成套	3×1936kW	2008.5—2010.10
114	土耳其	土耳其博昆图电站机组设备成套	3×1107kW	2008.5—2010.10
115	土耳其	土耳其沙拉齐电站机组设备成套	3×5918kW	2008.5—2010.10
116	土耳其	土耳其尤瓦拉克电站机组设备成套	3×1655kW	2008.5—2010.10
117	土耳其	土耳其恰木将三级电站机组设备成套	3×9052kW	2008.5—2010.10
118	中国	浙江台州长潭100kW水电站自动控制系统	100kW	2008.7—2009.12
119	中国	陕西省勉县瓦房沟水电站计算机监控系统	3×630kW	2008.12—2009.10
120	中国	浙江金华安地水库二级电站自动控制系统	2×230kW	2008.12—2009.12

续表

序号	国别	工程名称	建设规模	起止时间（年．月）
121	中国	重庆云阳咸盛电站前池闸门远程监控系统	2×6300kW	2009.1—2009.4
122	土耳其	土耳其甘然水电站计算机监控系统	2×20MW	2009.2—2010.10
123	中国	浙江金华市九峰水库电站小机组自动控制系统	400kW	2009.2—2009.12
124	中国	甘肃省临洮县瑞龙水电站工程	4×3200kW	2009.4—2010.12
125	中国	安徽黄山苏坑水电站计算机监控系统	2500kW	2009.4—2009.8
126	中国	湖南三江口、贵州永福水电站工程评估		2009.4
127	中国	安徽休宁五明水电站机组自动控制系统	500kW	2009.4—2010.12
128	中国	浙江省金华市沙畈二级电站自动化设备部分改造	2×2500kW	2009.5—2009.8
129	中国	甘肃岷县祥云电站机组自动控制系统	3×4000kW	2009.6—2010.12
130	秘鲁	秘鲁俄诺亚电站阀门		2009.5—2009.8
131	土耳其	土耳其莫拉特一级、二级电站设备成套	3×8410kW+3×3416kW	2009.11—2011.2
132	中国	浙江省金华市金兰水库东畈电站水力发电机组及其配套设备	2×160kW	2009.10—2010.4
133	中国	四川省石棉县干池沟电站机组自动控制系统	400kW	2009.10—2009.11
134	中国	安徽休宁五明电站 2×400kW 机组控制系统改造	2×400kW	2010.3—2011.9
135	阿塞拜疆	阿塞拜疆 Chichekli 电站 SDJK 监控软件	3×1000kW	2010.4—2011.12
136	巴基斯坦	巴基斯坦 HILAN、RANGER－I、HALMAT 电站机组设备成套	2×160kW+2×320kW+2×320kW	2010.5—2010.12

续表

序号	国别	工　程　名　称	建 设 规 模	起止时间（年．月）
137	亚美尼亚	亚美尼亚 GETIK 电站 SDJK 监控软件	2×2000kW＋1600kW	2010.3
138	中国	浙江淳安县木瓜水库工程水电站综合自动化控制设备	2×2500kW	2010.8—2010.10
139	中国	河北承德双洞子电站机组自动控制及励磁系统	2×400kW	2010.8—2013.8
140	土耳其	土耳其奥斯曼水电站机组设备成套	2×4850kW	2010.8—2012.8
141	土耳其	土耳其开莱水电站机组设备成套	3×11.7MW	2010.8—2012.10
142	中国	福建宁德白岩水电站工控机及通信系统改造	2×3200kW	2010.8—2010.10
143	土耳其	土耳其宾客水电站计算机监控保护系统	2×2800kW	2010.10—2012.10
144	土耳其	土耳其 ICTAS - KEMERCAYIR、UCHANLAR、UCHARMANLAR 三电站计算机监控保护系统	2×6435kW＋1×3015kW 2×4950kW＋1×2250kW 2×7380kW＋1×2430kW	2010.10—2012.1
145	土耳其	土耳其赛纳电站机组设备成套	2×10800kW	2011.3—2013.3
146	中国	广东鹤山坦尾泵站更新改造	4×560kW＋2×200kW	2010.12—2011.5
147	中国	浙江金华沙畈一级电站计算机监控及微机保护系统	2×5000kW＋500kW	2011.2—2011.12
148	马其顿	马其顿特瑞吉箱式水电站	160kW	2011.8—2012.5
149	土耳其	土耳其奥路捷水电站设备成套	2×16MW	2011.8—2012.12
150	中国	四川南江叁熙口箱式小水电站	2×250kW	2011.8—2012.5
151	中国	浙江东阳横锦水库一级电站计算机监控保护及励磁系统	2×4000kW	2011.9—2011.12

附录十一　监测项目业绩汇总表

序号	国别	工程名称	建设规模	起止时间	备注
1	中国	浦江县通济桥水库除险加固工程Ⅱ标拦河坝原型观测	总库容 8097 万 m^3，装机容量 1.76MW，中型水库	2006—2009 年	原位观测
2	中国	舟山市定海区西大塘外涂围垦原位观测	50 年一遇防潮标准，海堤长 2524m，围垦面积 2025 亩	2006—2008 年	原位观测
3	中国	宁波市北仑区郭巨峙南围涂工程Ⅳ标原位观测	50 年一遇防潮标准，海堤长 1661m，围垦面积 412 亩	2006—2008 年	原位观测
4	中国	海盐县黄砂坞治江围垦工程原位观测	50 年一遇防潮标准，海堤长 8.31km，围垦面积 2.25 万亩	2006—2008 年	原位观测
5	中国	诸永高速台州段Ⅰ标滑坡体边坡加固工程原型观测		2007 年	原位观测
6	中国	舟山市定海区东大塘紫窟涂外涂围垦工程原位观测	50 年一遇防潮标准，海堤长 3875m，围垦面积 3266 亩	2007—2010 年	原位观测
7	中国	浙江瑞安市城市防洪三期工程原位观测	防洪堤长 1945m，防洪标准 50 年一遇	2008 年	原位观测
8	中国	浙江仙居县里林水库除险加固工程原型观测	中型水库；总库容为 1216 万 m^3，装机容量 1600kW	2009 年	原位观测
9	中国	宁波市皎口水库加固改造工程大坝安全监测系统及三防会商系统		2007—2009 年	工程监测
10	中国	宁波市鄞州大嵩围涂工程原位观测	50 年一遇防潮标准，海堤长 8062m，围垦面积 1.38 万亩	2008—2010 年	原位观测
11	中国	浙江省温岭市担屿围涂工程原位监测	50 年一遇防潮标准，围垦面积 1.52 万亩	2009—2012 年	原位观测
12	中国	舟山市定海区金塘北部区域开发建设项目沥港建设工程（西堤）原型观测	50 年一遇防潮标准，堤长 2400m	2009—2012 年	原位观测

续表

序号	国别	工程名称	建设规模	起止时间	备注
13	中国	舟山市金塘北部区域开发建设项目沥港渔港建设工程（防波堤东堤）爆破堤心石地质物探勘测	50年一遇防潮标准，堤长2180m	2010年	工程监测
14	中国	舟山市长峙岛浙江海洋学院科研养殖基地围垦工程安全监测	50年一遇防潮标准，海堤长2455m，围垦面积712亩	2010—2012年	原位观测
15	中国	舟山市定海区金林水库千库保安工程原位观测	总库容125万m^3，小（1）型水库	2010—2011年	原位观测

附录十二　2002—2011年发表论文汇总表

年份	序号	学术论文名称	期刊名称/会议名称	刊号	学术论文分类	作者
2002年	1	洒鹤水电站涵管进水口事故检修闸门设计	《小水电》2002年第1期	ISSN 1007—7642	非中文核心期刊	王林军
	2	鄞州区农电数据库信息管理系统	《小水电》2002年第5期	ISSN 1007—7642	非中文核心期刊	董大富
	3	应用Excel软件拟合库容曲线	《小水电》2002年第6期	ISSN 1007—7642	非中文核心期刊	陈昌杰、姜和平
2003年	1	水与农村能源——亚洲发展中国家的小水电建设	第三届世界水论坛中国代表团论文集，2003年3月，日本东京		国际学术会议	程夏蕾
	2	经济实用的小水电自动化控制技术	第十三届世界水电大会论文集，2003年7月29—31日，美国		国际学术会议	程夏蕾、潘大庆
	3	特色小水电的研究与设计	第十八届中日河工坝工会，2003年10月21日，日本东京		国际学术会议	黄建平、陈生水
	4	中国民营企业参与小水电建设的框架体系	公私合作参与水电建设国际研讨会，云南省人民政府、世界银行，2003年11月16—18日，昆明		国际学术会议	李志武

续表

年份	序号	学术论文名称	期刊名称/会议名称	刊　号	学术论文分类	作者
2003年	5	A Private Affair	英国《International Water Power & Dam Construction》，2003年7月	ISSN 0306—400x	英文学术期刊	林凝
	6	大力开发小水电促进竹藤业等乡村企业的发展	《农村电气化》2003年第11期	ISSN 1003—0867	中文核心期刊	张关松
	7	小水电自动控制技术的应用及发展趋势	《中国水利水电》2003年第8期	ISSN 1684—4692	非中文核心期刊	徐锦才
	8	岩壁吊车梁锚固力的有限单元法计算	《浙江水利科技》2003年第1期	ISSN 1008—701X	非中文核心期刊	陈昌杰、石世忠
	9	Web技术在水库信息化系统建设中的应用	《大坝与安全》2003年第1期	ISSN 1671—1092	非中文核心期刊	董大富、赵建达
	10	无人值班技术在小水电代燃料工程中的应用	《中国水利学会2003学术年会论文集》、《小水电》2003年第5期	ISSN 1007—7642	非中文核心期刊	徐锦才、徐国君、俞锋、张巍
	11	洪溪一级水电站事故检修闸门设计	《小水电》2003年第1期	ISSN 1007—7642	非中文核心期刊	王林军
	12	南山水库电站电气二次技术改造	《小水电》2003年第3期	ISSN 1007—7642	非中文核心期刊	熊杰
	13	小水电发电量计算的分析探讨	《小水电》2003年第3期	ISSN 1007—7642	非中文核心期刊	陈星
	14	复杂条件下的碾压混凝土入仓施工实例	《小水电》2003年第3期	ISSN 1007—7642	非中文核心期刊	石世忠
	15	回龙抽水蓄能电站输水系统下弯段断层带开挖处理方案	《小水电》2003年第4期	ISSN 1007—7642	非中文核心期刊	石世忠
	16	我国小水电激励政策框架设计	《小水电》2003年第4期	ISSN 1007—7642	非中文核心期刊	李志武
	17	小流域小水电梯级开发的探讨	《小水电》2003年第4期	ISSN 1007—7642	非中文核心期刊	刘维东

续表

年份	序号	学术论文名称	期刊名称/会议名称	刊　号	学术论文分类	作者
2003年	18	微水电在生态保护工程中的应用	《小水电》2003年第4期	ISSN 1007—7642	非中文核心期刊	王林军
	19	温州洪溪一级水电站的总体设计和特色	《小水电》2003年第5期	ISSN 1007—7642	非中文核心期刊	黄建平
	20	柏坑水库大坝溢流段橡胶坝的设计与安装	《小水电》2003年第5期	ISSN 1007—7642	非中文核心期刊	周剑雄
	21	Powerbase水电控制系统在六百丈二级水电站的应用	《小水电》2003年第6期	ISSN 1007—7642	非中文核心期刊	王晓罡
	22	富春江水电站机组改造中的水轮机选型问题	《水电站机电技术》2003年第1期	ISSN 1672—5387	非中文核心期刊	王曰平
2004年	1	中国民企投资小水电的概况及其与国际社会的比较	“联合国水电与可持续发展国际研讨会”，中国国家发展和改革委员会、联合国经济社会事务部、世界银行，2004年12月27—29日，中国北京		国际学术会议	赵建达、朱效章
	2	中小水电设备的发展现状与存在的问题	《中国农村水利水电》2004年第1期	ISSN 1007—2284	中文核心期刊	徐锦才
	3	农村小水电站机组增容改造的方法	《中国农村水利水电》2004年第6期	ISSN 1007—2284	中文核心期刊	徐锦才、张巍、徐国君、俞锋、方华
	4	小型水电站变速发电技术的研究	《水利水电技术》2004年第10期	ISSN 1000—0860	中文核心期刊	徐锦才
	5	异步电机转子串电阻折波调速技术	《可再生能源》（原名《农村能源》）2004年第5期	ISSN 1671—5292	中文核心期刊	徐锦才

续表

年份	序号	学术论文名称	期刊名称/会议名称	刊　号	学术论文分类	作者
2004年	6	农村小水电站新技术的应用	《农村电气化》2004年第10期	ISSN 1003—0867	非中文核心期刊	徐锦才
	7	无人值班技术在农村小水电站的应用	《地方电力管理》2004年第3期	CN 51—1421/TM	非中文核心期刊	徐锦才、徐国君、俞锋、张巍
	8	小型水电站的设备防雷设计	《能源工程》2004年第3期	ISSN 1004—3950	非中文核心期刊	王晓罡
	9	甘溪三级水电站枢纽布置设计	《小水电》2004年第1期	ISSN 1007—7642	非中文核心期刊	刘维东
	10	新型水力自控翻板闸门在小水电站的应用	《小水电》2004年第2期	ISSN 1007—7642	非中文核心期刊	张关松
	11	私企投资小水电的国际概况及其与我国的异同	《小水电》2004年第3期	ISSN 1007—7642	非中文核心期刊	朱效章、赵建达
	12	农村电网中谐波的危害和抑制措施	《小水电》2004年第3期	ISSN 1007—7642	非中文核心期刊	徐锦才
	13	水电站实时监控系统数据库的优化设计	《小水电》2004年第4期	ISSN 1007—7642	非中文核心期刊	张巍、徐锦才、徐国君、俞锋
	14	小水电效益分析的新思考	《小水电》2004年第4期	ISSN 1007—7642	非中文核心期刊	朱效章、陈星
	15	低水头小型水电站设计的几点体会	《小水电》2004年第5期	ISSN 1007—7642	非中文核心期刊	刘维东
	16	复杂地质条件下尾水隧洞的开挖与支护	《小水电》2004年第5期	ISSN 1007—7642	非中文核心期刊	石世忠、姜和平
	17	激励政策对小水电发展的重要意义	《小水电》2004年第5期	ISSN 1007—7642	非中文核心期刊	朱效章、林凝
	18	国际小水电资源开发概况及与我国的比较	《小水电》2004年第6期	ISSN 1007—7642	非中文核心期刊	朱效章、潘大庆
	19	一种小水电社会效益的评价方法	《小水电》2004年第6期	ISSN 1007—7642	非中文核心期刊	陈星、潘世虎、罗秀卿

续表

年份	序号	学术论文名称	期刊名称/会议名称	刊　号	学术论文分类	作者
2004年	20	农村小水电站新型配套设备	《中国水电控制设备论文集》，2004年11月1日，苏州		国内学术会议	徐锦才
	21	小水电站经济实用型自动化模式	《中国水电控制设备论文集》，2004年11月1日，苏州		国内学术会议	徐锦才
	22	期刊网络化：科技期刊新的发展方向	《首届长三角科技论坛——科技期刊发展》论文集，浙江省科技期刊编辑学会、上海市科技期刊编辑学会、江苏省科技期刊编辑学会，2004年10月，杭州		国内学术会议	赵建达、吴昊
	23	高水头、高转速水轮发电机组中的几个问题	《水电站机电技术》2004年第4期	ISSN 1672—5387	非中文核心期刊	王日平
2005年	1	Features of Private Investment in Small Hydropower in China	第五届国际水电大会（HYDRO POWER'05），2005年5月23—25日，挪威斯塔凡格，国际水电中心	ISBN 82—92706—00—3	国际学术会议	赵建达、程夏蕾
	2	Discussion on SHP Cascade Development in Small River Basin	第五届国际水电大会（HYDRO POWER'05），2005年5月23—25日，挪威斯塔凡格，国际水电中心	ISBN 82—92706—00—3	国际学术会议	刘维东、林凝、赵建达
	3	箱式整装小水电站研究	《中国农村水利水电》2005年第3期	ISSN 1007—2284	国内中文核心期刊	徐伟
	4	电动机调速节电方式的选择	《电力需求侧管理》2005年第2期	ISSN 1009—1831	国内非中文核心期刊	徐锦才
	5	小水电的效益及其评价方法	《农村电气化》2005年第2期	ISSN 1003—0867	国内非中文核心期刊	陈星
	6	厄瓜多尔电气化发展动态	《农村电气化》2005年第10期	ISSN 1003—0867	国内非中文核心期刊	潘大庆
	7	关于加快小水电国际化进程的探讨	《小水电》2005年第1期	ISSN 1007—7642	国内非中文核心期刊	程夏蕾

续表

年份	序号	学术论文名称	期刊名称/会议名称	刊　号	学术论文分类	作者
2005年	8	论国外小水电发展情况与发展道路及与我国的异同	《小水电》2005年第1期	ISSN 1007—7642	国内非中文核心期刊	朱效章
	9	重视设计在小水电现代化建设中的先导作用	《小水电》2005年第2期	ISSN 1007—7642	国内非中文核心期刊	程夏蕾、朱效章
	10	欧洲小水电发展现状、制约因素和对策	《小水电》2005年第3期	ISSN 1007—7642	国内非中文核心期刊	朱效章、赵建达
	11	考察澳大利亚小水电站	《小水电》2005年第3期	ISSN 1007—7642	国内非中文核心期刊	程夏蕾、徐锦才、徐伟、徐国君
	12	谈如何当好总监及监理公司对项目总监的管理	《小水电》2005年第3期	ISSN 1007—7642	国内非中文核心期刊	陈惠忠、姜和平
	13	水利水电企业质量认证重在实效	《小水电》2005年第5期	ISSN 1007—7642	国内非中文核心期刊	陈惠忠、李志武、陈昌杰
	14	混凝土双曲拱坝施工质量控制与管理	《小水电》2005年第6期	ISSN 1007—7642	国内非中文核心期刊	李志武
	15	水利水电工程监理分层次技术交底的必要性	《小水电》2005年第6期	ISSN 1007—7642	国内非中文核心期刊	陈惠忠、姜和平
	16	南阳回龙抽水蓄能电站上库库盆渗漏处理方案与施工技术	《小水电》2005年第6期	ISSN 1007—7642	国内非中文核心期刊	石世忠
	17	Private Participation in Small Hydropower Development in China—Comparison with International Communities	《SHP News》Vol. Spring 2005, Total No 79	ISSN 0256—3118	国内英文核心期刊	赵建达、朱效章

续表

年份	序号	学术论文名称	期刊名称/会议名称	刊　号	学术论文分类	作者
2005年	18	小水电开发中的环保和生态问题及其对策研究	水利部发展研究中心“水利工程生态影响”高层论坛优秀论文，2005年8月1日，北京。中国工程院工程科技论坛第44场——长三角清洁能源论坛专题报告，2005年11月25—26日，上海。《能源技术》ISSN 1005—7439，第26卷增刊（2005）第063号		国内学术会议	赵建达、程夏蕾、朱效章
	19	美国在水电领域的环境研究对我国发展生态水电的启示	中国工程院工程科技论坛第44场——长三角清洁能源论坛，2005年11月25—26日，上海。《能源技术》ISSN 1005—7439，第26卷增刊（2005）第063号		国内学术会议	曹丽军
	20	溪口抽水蓄能电站工程特点与关键技术研究	抽水蓄能电站建设管理技术研讨会，2005年11月，浙江天荒坪		国内学术会议	李志武、程夏蕾
	21	厂内经济运行理论在小水电站应用的研究	《水电站水库运行调度科学进展（第3卷）第三届全国水电站水库运行调度研讨会》，2005年9月，广州，中国水利水电出版社		国内学术会议	徐伟、林凝
	22	新型简易型水轮机控制设备——TC型弹簧储能操作器	《水电站水库运行调度科学进展（第3卷）第三届全国水电站水库运行调度研讨会》，2005年9月，广州，中国水利水电出版社		国内学术会议	徐伟、李永国
	23	水电站机组效率的超声波测量技术	水能动力工程新技术全国水利水电水力机械信息网，2005年8月，天津，中国水利水电出版社		国内学术会议	徐伟

续表

年份	序号	学术论文名称	期刊名称/会议名称	刊　号	学术论文分类	作者
2006年	1	小水电开发与环境整合	水电2006国际研讨会，中国昆明，2006年10月23—25日，中国水电工程顾问集团、中国水利水电科学研究院、中国大坝委员会、中国水力发电工程学会、中国水利学会		国际学术会议	赵建达
	2	小水电站与环境的结合在欧洲的新近发展	可再生能源规模化发展国际研讨会暨第三届泛长三角能源科技论坛，中国南京，2006年11月16—18日，东南大学、江苏省发展和改革委员会、江苏省科学技术协会		国际学术会议	赵建达
	3	流域规划与小水电的可持续发展	中荷水资源管理创新研讨会，上海，2006年5月18—19日，水利部及荷兰交通、公共工程与水管理部		国际学术会议	曹丽军
	4	试论中国小水电的投融资	可再生能源规模化发展国际研讨会暨第三届泛长三角能源科技论坛，中国南京，2006年11月16—18日，东南大学、江苏省发展和改革委员会、江苏省科学技术协会		国际学术会议	曹丽军
	5	农村水电开发中的生态和环境问题及其对策	《中国水利》2006年第10期	ISSN 1000—1123	国内中文核心期刊	赵建达、程夏蕾、朱效章
	6	异步发电技术在农村小水电的应用	《中国农村水利水电》2006年第10期	ISSN 1007—2284	国内中文核心期刊	徐锦才
	7	欧洲的小水电实践及发展趋势	《中国农村水利水电》2006年第6期	ISSN 1007—2284	国内中文核心期刊	潘大庆

续表

年份	序号	学术论文名称	期刊名称/会议名称	刊　号	学术论文分类	作者
2006年	8	农村水电可持续发展研究会议	《中国农村水利水电》2006年第2期	ISSN 1007—2284	国内中文核心期刊	陈星
	9	关于我国发展生态水电的几点思考	《水电能源科学》2006年第1期	ISSN 1000—7709	国内非中文核心期刊	曹丽军
	10	中小水电发电引水系统施工技术	《中国农村水电及电气化》2006年第1期	ISSN 1673—2243	国内非中文核心期刊	李志武
	11	中型混凝土双曲拱坝施工技术	《中国农村水电及电气化》2006年第7期	ISSN 1673—2243	国内非中文核心期刊	李志武
	12	我国小水电资源及技术发展	《农村电气化》2006第1期	ISSN 1003—0867	国内非中文核心期刊	陈星
	13	小水电清洁发展机制项目开发	《小水电》2006年第2期	ISSN 1007—7642	国内非中文核心期刊	程夏蕾
	14	小水电从技术培训转向经济合作	《小水电》2006年第2期	ISSN 1007—7642	国内非中文核心期刊	程夏蕾、潘大庆
	15	芙蓉水库大坝安全监测设计、埋设安装与初期成果分析	《小水电》2006年第2期	ISSN 1007—7642	国内非中文核心期刊	李志武
	16	小型水利水电工程项目监理的探讨	《小水电》2006年第2期	ISSN 1007—7642	国内非中文核心期刊	陈惠忠、姜和平、姜建军
	17	农村水电站安全运行管理	《小水电》2006年第3期	ISSN 1007—7642	国内非中文核心期刊	李志武
	18	加强监理日记的规范化提高监理的现场管理	《小水电》2006年第3期	ISSN 1007—7642	国内非中文核心期刊	陈惠忠
	19	小水电站技术改造工作亟待加强	《小水电》2006年第4期	ISSN 1007—7642	国内非中文核心期刊	陈生水
	20	如何有序进行小水电站的更新改造	《小水电》2006年第5期	ISSN 1007—7642	国内非中文核心期刊	朱效章

续表

年份	序号	学术论文名称	期刊名称/会议名称	刊　号	学术论文分类	作者
2006年	21	芙蓉水库工程金属结构制作与安装技术	《小水电》2006年第5期	ISSN 1007—7642	国内非中文核心期刊	李志武
	22	碾压混凝土重力坝原型观测仪器埋设施工技术	《小水电》2006年第5期	ISSN 1007—7642	国内非中文核心期刊	姜和平
	23	Environmental Integration of Small Hydropower Development	《SHP News》Volume 23，Summer 2006	ISSN 0256—3118	国内英文学术期刊	赵建达
	24	Framework for Chinese Private Sector's Participation in Rural Hydropower	《SHP News》Volume 23，Summer 2006	ISSN 0256—3118	国内英文学术期刊	李志武
	25	新型配套设备在农村小水电站的应用	2006年水力发电学术研讨会，2006年11月，云南昆明		国内学术会议	徐锦才、董大富、熊杰
	26	应用视频监控实现鹤山西江大堤闸门远程监控	2006年水力发电学术研讨会，2006年11月，云南昆明		国内学术会议	胡长硕、曾嵘、董大富
	27	莘畈水库梯级电站无人值班技术的应用	2006年水力发电学术研讨会，2006年11月，云南昆明		国内学术会议	王晓罡、董大富
2007年	1	Factors Contributing to the Development of SHP in China	英国《Renewable Energy World》2006年9—10月号	ISSN 1462—6381	国外学术期刊	潘大庆
	2	Analysis of Environment Impact in Rural Hydropower Engineering	中国国际发电技术会议，中国上海，2007年6月5—6日，中国电力企业联合会、国家电网公司		国际学术会议	陈星
	3	小水电开发中的环保和生态问题及其对策	《中国农村水利水电》2007年第2期	ISSN 1007—2284	国内中文核心期刊	赵建达、程夏蕾、朱效章
	4	小水电站与环境的结合在欧洲的新近发展	《中国农村水利水电》2007年第9期	ISSN 1007—2284	国内中文核心期刊	赵建达

续表

年份	序号	学术论文名称	期刊名称/会议名称	刊　号	学术论文分类	作者
2007年	5	中国小水电投融资分析	《中国农村水利水电》2007年第11期	ISSN 1007—2284	国内中文核心期刊	曹丽军
	6	优化小水电梯级开发案例研究	《中国水能及电气化》2007年第7期	ISSN 1673—2243	国内非中文核心期刊	李志武
	7	关于在农村水电行业开展“绿色水电认证”的思考	《中国水能及电气化》2007年第7期	ISSN 1673—2243	国内非中文核心期刊	陈星
	8	我国小水电技术发展路线的探讨	《小水电》2007年第1期	ISSN 1007—7642	国内非中文核心期刊	程夏蕾、朱效章
	9	我国小水电技术水平与国际差异	《小水电》2007年第2期	ISSN 1007—7642	国内非中文核心期刊	程夏蕾、朱效章、吕建平
	10	可再生能源多能互补发电综述	《小水电》2007年第3期	ISSN 1007—7642	国内非中文核心期刊	徐锦才、董大富、张巍
	11	土层锚杆支护在台儿庄泵站工程中的应用	《小水电》2007年第4期	ISSN 1007—7642	国内非中文核心期刊	史荣庆
	12	闸门自动化在安地水库的应用	《小水电》2007年第4期	ISSN 1007—7642	国内非中文核心期刊	胡长硕
	13	罗闸河一级水电站水库泥沙淤积分析	《小水电》2007年第5期	ISSN 1007—7642	国内非中文核心期刊	李志武、郑乃柏
	14	罗闸河下游段水电开发方式研究	《小水电》2007年第6期	ISSN 1007—7642	国内非中文核心期刊	李志武
	15	核心企业模式——小水电项目融资的新方法	《小水电》2007年第6期	ISSN 1007—7642	国内非中文核心期刊	朱效章
	16	Case Study on the Construction of Double - curvature Concrete Arch Dam	《SHP News》，Volume 22，Winter 2007	ISSN 0256—3118	国内英文学术期刊	李志武

续表

年份	序号	学术论文名称	期刊名称/会议名称	刊　号	学术论文分类	作者
2007年	17	大管径大流量水电厂机组的现场流量测试实践	《第十六次中国水电设备学术讨论会论文集》，2007年8月，哈尔滨		国内学术会议	徐伟
	18	小水电站水轮机改造设计中需要考虑的几个问题	《第十六次中国水电设备学术讨论会论文集》，2007年8月，哈尔滨		国内学术会议	徐伟
	19	科技期刊青年编辑的成长	《科技期刊创新与发展——2007中国科技期刊发展论坛论文集》，中国科学技术协会主编，中国科学技术出版社，2007年10月，浙江杭州		国内学术会议	吴昊、赵建达
2008年	1	Big Plans for Small Hydro（小水电的宏伟计划）	英国《Water Power & Dam Construction》2008年5月号	ISSN 0306—400X	国外学术期刊	潘大庆
	2	借鉴印度经验 创新小水电技术	《中国农村水利水电》2008年第1期，中国水利学会2008学术年会论文集，中国水利水电出版社，2008年10月	ISSN 1007—2284	国内中文核心期刊	赵建达
	3	风能水能互补发电系统仿真分析	《中国农村水利水电》2008年第7期	ISSN 1007—2284	国内中文核心期刊	徐锦才、董大富、张巍
	4	国外农村电气化的经济分析与实施途径	《小水电》2008年第2期	ISSN 1007—7642	国内非中文核心期刊	朱效章
	5	欧洲小水电站环境设计典型案例研究	《小水电》2008年第2期	ISSN 1007—7642	国内非中文核心期刊	赵建达、李志武、吴昊
	6	中国小水电国际贸易话语权的新思考	《小水电》2008年第3期	ISSN 1007—7642	国内非中文核心期刊	朱效章

续表

年份	序号	学术论文名称	期刊名称/会议名称	刊　号	学术论文分类	作者
2008年	7	具有分段关闭功能的TC型水轮机操作器	《小水电》2008年第3期	ISSN 1007—7642	国内非中文核心期刊	徐伟、李永国
	8	非洲撒哈拉以南地区首期农村微水电能力建设与投资项目分析	《小水电》2008年第5期	ISSN 1007—7642	国内非中文核心期刊	沈学群、Goufo Yemtsa
	9	甲供主材前提下的相关结算问题初探	《小水电》2008年第5期	ISSN 1007—7642	国内非中文核心期刊	史荣庆等
	10	树立科学发展观 促进农村水电健康发展	《小水电》2008年第6期	ISSN 1007—7642	国内非中文核心期刊	程夏蕾
	11	TFW型调压阀在低水头水电站的选用局限性	《小水电》2008年第6期	ISSN 1007—7642	国内非中文核心期刊	姚兆明
	12	黄山溪一级水电站技术供水系统缺陷及分析	《小水电》2008年第6期	ISSN 1007—7642	国内非中文核心期刊	姚兆明、蒋新春
	13	台儿庄泵站工程温控防裂措施	《小水电》2008年第6期	ISSN 1007—7642	国内非中文核心期刊	史荣庆
	14	小水电站与环境融合典型案例——意大利里诺水电站	《中国水能及电气化》2007年第12期	ISSN 1673—2243	国内非中文核心期刊	李志武、赵建达、吴昊
	15	农村水电清洁发展机制项目开发现状及分析	《中国水能及电气化》2008年第4期	ISSN 1673—8241	国内非中文核心期刊	陈星等
	16	规划型清洁发展机制在水电站灾后重建中的作用	《中国水能及电气化》2008年第9期	ISSN 1673—8241	国内非中文核心期刊	陈星等
	17	水利工程类科技期刊与核心期刊的现状和思考——以《小水电》为例	《第六届全国核心期刊与期刊国际化、网络化研讨会论文集》，中国科学技术期刊编辑学会、中国科学技术信息研究所、万方数据股份有限公司，2008年9月5—10日，广西南宁		国内学术会议	赵建达、吴昊

续表

年份	序号	学术论文名称	期刊名称/会议名称	刊　号	学术论文分类	作者
2009 年	1	Analysis on the Simulation of Complementary Power - generating System between Wind Power and Hydropower（水能风能互补发电系统仿真分析）	《第五届世界水论坛交流文集》，第五届世界水论坛，土耳其伊斯坦布尔 2009 年 3 月 16—22 日		国际学术会议	徐锦才、林凝、董大富、张巍
	2	On the SHP Mission in Kenya（肯尼亚小水电咨询）	英国《Water Power & Dam Construction》，September 2009	ISSN 0306—400X	国外学术期刊	潘大庆、林旭新
	3	中国小水电可持续发展研究	《中国农村水利水电》2009 年第 4 期	ISSN 1007—2284	国内中文核心期刊	程夏蕾、朱效章
	4	我国小水电开发对生态环境影响的研究	《中国农村水利水电》2009 年第 4 期	ISSN 1007—2284	国内中文核心期刊	陈星
	5	水能开发智能控制技术研究与实践	《中国农村水利水电》2009 年第 10 期	ISSN 1007—2284	国内中文核心期刊	徐锦才、董大富、熊杰
	6	欧洲小水电困境中寻求新的机遇	《中国农村水利水电》2009 年第 11 期	ISSN 1007—2284	国内中文核心期刊	赵建达
	7	我国小水电之“伤”	《高科技与产业化》2009 年第 12 期	ISSN 1006—222X	国内非中文核心期刊	赵建达
	8	农村水能开发智能控制与管理技术	《小水电》2009 年第 1 期	ISSN 1007—7642	国内非中文核心期刊	徐锦才、董大富、熊杰
	9	欧洲复兴开发银行小水电项目审贷环境影响评价准则	《小水电》2009 年第 1 期	ISSN 1007—7642	国内非中文核心期刊	赵建达
	10	超低水头小型水电站技术发展	《小水电》2009 年第 2 期	ISSN 1007—7642	国内非中文核心期刊	程夏蕾、赵建达
	11	行使水能资源开发管理职责做好农村水电安全监管工作	《小水电》2009 年第 4 期	ISSN 1007—7642	国内非中文核心期刊	徐锦才、章文裕

续表

年份	序号	学术论文名称	期刊名称/会议名称	刊　号	学术论文分类	作者
2009年	12	小型水库除险加固工程设计洪水简化计算	《小水电》2009年第4期	ISSN 1007—7642	国内非中文核心期刊	饶大义
	13	水利工程施工监理的安全管理	《小水电》2009年第4期	ISSN 1007—7642	国内非中文核心期刊	史荣庆
	14	后工业景观设计与我国小水电设计理念的更新	《小水电》2009年第5期	ISSN 1007—7642	国内非中文核心期刊	董国锋、赵建达
	15	长诏水库电站报废重建工程水资源分析	《小水电》2009年第6期	ISSN 1007—7642	国内非中文核心期刊	吕建平、苏剑谷
	16	浅谈大坝安全监测设计及施工组织的几点体会	《小水电》2009年第6期	ISSN 1007—7642	国内非中文核心期刊	陈吉森
	17	IFIX 组态软件在阿克治水电站的应用	《小水电》2009年第6期	ISSN 1007—7642	国内非中文核心期刊	曾嵘、胡长硕、董大富
	18	农村小水电 DW15 断路器的应用情况调查	《小水电》2009年第1期	ISSN 1007—7642	国内非中文核心期刊	王平、熊杰
	19	原位监测在黄沙坞治江围涂工程中的应用与分析	《小水电》2009年第1期	ISSN 1007—7642	国内非中文核心期刊	王林尧、陈惠忠、陈吉森
	20	微机综合自动化系统在英东电站的应用	《小水电》2009年第5期	ISSN 1007—7642	国内非中文核心期刊	王菁、王履公、王晓罡
	21	石垭子水电站上游围堰设计及施工技术	《小水电》2009年第2期	ISSN 1007—7642	国内非中文核心期刊	张宗坤、石世忠
	22	通济桥水库大坝安全监测设计	《小水电》2009年第4期	ISSN 1007—7642	国内非中文核心期刊	金君辉、陈吉森、张华

续表

年份	序号	学术论文名称	期刊名称/会议名称	刊　号	学术论文分类	作者
2010年	1	农村水电增效扩容改造的惠农机制研究	《中国水利》2010年第14期	ISSN 1000—1123 CN 11—1374/TV	国内中文核心期刊	程夏蕾、樊新中、卢小萍
	2	关于社会公益类科研机构改革的思考	《水利发展研究》2010年第9期	ISSN 1671—1408	国内非中文核心期刊	程夏蕾
	3	浅谈我国农村水电安全保障问题	《小水电》2010年第2期	ISSN 1007—7642	国内非中文核心期刊	徐锦才、周丽娜
	4	箱式小水电站在老电站技术改造中的应用	《小水电》2010年第2期	ISSN 1007—7642	国内非中文核心期刊	徐伟
	5	水电风能互补调节系统的研究	《小水电》2010年第2期	ISSN 1007—7642	国内非中文核心期刊	金华频、董大富、徐锦才
	6	Simplorer软件在水电风能互补系统中的应用	《小水电》2010年第2期	ISSN 1007—7642	国内非中文核心期刊	张巍、董大富、徐锦才
	7	卧式混流高转速机组现场故障的分析与处理	《小水电》2010年第2期	ISSN 1007—7642	国内非中文核心期刊	王晓罡
	8	农村电网漏电保护器的技术发展及规程修订	《小水电》2010年第3期	ISSN 1007—7642	国内非中文核心期刊	祝明娟
	9	重视公众舆论对小水电发展的影响	《小水电》2010年第5期	ISSN 1007—7642	国内非中文核心期刊	程夏蕾
	10	越南光江水电站技术供水自动控制的优化设计	《小水电》2010年第5期	ISSN 1007—7642	国内非中文核心期刊	祝明娟、姚兆明
	11	越南太安水电站发电机中性点设备的选择计算	《小水电》2010年第5期	ISSN 1007—7642	国内非中文核心期刊	蒋杏芬
	12	吊罗河二级水电站枢纽设计	《小水电》2010年第5期	ISSN 1007—7642	国内非中文核心期刊	严俊
	13	电网节能表的技术核心和前景分析	《小水电》2010年第6期	ISSN 1007—7642	国内非中文核心期刊	祝明娟

续表

年份	序号	学术论文名称	期刊名称/会议名称	刊　号	学术论文分类	作者
2010年	14	中小型水电站三相交流系统短路电流计算的几点思考	《小水电》2010年第6期	ISSN 1007—7642	国内非中文核心期刊	蒋杏芬
	15	基于Modbus/TCP协议的通讯服务器应用	《小水电》2010年第6期	ISSN 1007—7642	国内非中文核心期刊	胡长硕
	16	帕卡特水电站设计径流量计算	《小水电》2010年第6期	ISSN 1007—7642	国内非中文核心期刊	饶大义
	17	农村水电工程产权制度实证研究	《中国农村水利水电》2010年第3期	ISSN 1007—2284	国内中文核心期刊	姚岳来、赵建达
	18	小水电投资应注意的几个关键问题	《小水电》2010年第6期	ISSN 1007—7642	国内非中文核心期刊	陈开军、吕建平
	19	开展农村水电更新改造、走可持续发展之路	《小水电》2010年第2期	ISSN 1007—7642	国内非中文核心期刊	刘仲民、林旭新
	20	运河系统钢闸门制作安装的质量控制	《小水电》2010年第4期	ISSN 1007—7642	国内非中文核心期刊	王艳军、周剑雄
	21	水电站智能化体系研究	《小水电》2010年第4期	ISSN 1007—7642	国内非中文核心期刊	周智芝、袁越、徐锦才
	22	汶川地震对冶勒大坝影响分析	《岩土力学》2010年第31卷第11期	ISSN 1000—7598	SCI、EI、ISTP检索系统收录论文	曹学兴、何蕴龙、熊堃、刘斌
2011年	1	建立国际小水电标准的思考与建议	《中国水利》2011年第2期	ISSN 1000—1123 CN11—1374/TV	国内中文核心期刊	董大富、赵建达、程夏蕾、朱效章
	2	我国水能资源区划总体战略研究	《中国水利》2011年第6期	ISSN 1000—1123 CN 11—1374/TV	国内中文核心期刊	程夏蕾、陈星、曹丽军、刘德民

续表

年份	序号	学术论文名称	期刊名称/会议名称	刊　号	学术论文分类	作者
2011年	3	小型水电站变压器差动保护现场调试	《中国农村水利水电》2011年第10期	ISSN 1007—2284	国内中文核心期刊	陈大治、关键、李婷婷
	4	日本抽水蓄能电站发展经验对华东电网的借鉴作用	《水力发电》2011年第12期	ISSN 0559—9342 CN 11—1845/TV	国内中文核心期刊	吴世东、蒋杏芬
	5	转角角钢塔耐张挂板型式的改进	《小水电》2011第1期	ISSN 1007—7642	国内非中文核心期刊	章碧辉、尹晓琴、方华
	6	回龙电站隧洞衬砌温度应力分析	《小水电》2011第2期	ISSN 1007—7642	国内非中文核心期刊	任苏明、陈向明、叶建远、李茜茜
	7	水库分层取水方案的探讨	《小水电》2011第2期	ISSN 1007—7642	国内非中文核心期刊	唐素娟、汤文、周剑雄
	8	排桩结构在居民区防汛堤防中的应用	《小水电》2011第3期	ISSN 1007—7642	国内非中文核心期刊	张华、谢慧
	9	虹桥水库套井施工质量与安全管理	《小水电》2011第3期	ISSN 1007—7642	国内非中文核心期刊	单贤忠、陈昌杰
	10	杨溪水库大坝上游防渗面板伸缩缝水下修补实践	《小水电》2011第3期	ISSN 1007—7642	国内非中文核心期刊	蒋晓阳、史荣庆、朱宁宁

续表

年份	序号	学术论文名称	期刊名称/会议名称	刊　号	学术论文分类	作者
2011年	11	奥内卡卡小水电站技术改造实践	《小水电》2011第5期	ISSN 1007—7642	国内非中文核心期刊	刘若星、康鹏
	12	小型水电站更新改造适用技术探讨	《小水电》2011第5期	ISSN 1007—7642	国内非中文核心期刊	舒静、林旭新、方华、金华频
	13	带PID调节的新型操作器	《小水电》2011第5期	ISSN 1007—7642	国内非中文核心期刊	周雨风、金华频、徐国君
	14	全国水能资源区划可拓评价模型及决策支持系统	《小水电》2011第6期	ISSN 1007—7642	国内非中文核心期刊	张仁贡、程夏蕾
	15	小水电经济性与电气设备安全性研究	《小水电》2011第6期	ISSN 1007—7642	国内非中文核心期刊	袁越、白雪、傅质馨、徐锦才
	16	农村水电站安全风险评估与保障技术	《小水电》2011第6期	ISSN 1007—7642	国内非中文核心期刊	徐锦才、董大富、金华频、舒静、蔡新
	17	中小型抽水蓄能电站现状及其在浙江省的发展	《小水电》2011第6期	ISSN 1007—7642	国内非中文核心期刊	蒋杏芬
	18	Creative design work：Developing a small hydro scheme in China	英国《Water Power & Dam Construction》Jan 2011	ISSN 0306—400X	国外学术期刊	林旭新、潘大庆